U0175391

西北干旱区
大气水分循环过程及影响研究

姚俊强　陈亚宁　赵　勇　杨　青　等　著

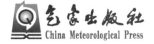

气象出版社
China Meteorological Press

内 容 简 介

本书以我国长期观测的水文气象数据和多源融合产品为基础,采用先进的气候诊断分析和检测方法,结合遥感、同位素技术和数值模拟等手段,对我国西北干旱区大气水分循环要素及演变过程进行了系统分析,定量估算了水汽输送路径对干旱区强降水过程的影响,揭示了干旱区大气水分循环结构及其演变规律;分析了干旱区干湿气候变化特征,揭示了气候变化对生态环境和水文水资源的影响。

本书深化了对我国西北干旱区大气水分循环过程的科学认识,为丝绸之路经济带核心区应对气候变化和生态文明建设提供科学支持,为干旱区生态和水资源脆弱性与适应对策研究提供基础科学信息。

本书适合与气候变化、水资源和生态环境有关的政府部门、高等院校和科研院所从事教学、研究的人员以及相关专业研究生、本科生等阅读。

图书在版编目(CIP)数据

西北干旱区大气水分循环过程及影响研究 / 姚俊强
等著. —北京:气象出版社,2020.4
　　ISBN 978-7-5029-7164-9

　　Ⅰ.①西…　Ⅱ.①姚…　Ⅲ.干旱区-水文循环-研究-西北地区　Ⅳ.①P339

中国版本图书馆 CIP 数据核字(2020)第 025748 号

西北干旱区大气水分循环过程及影响研究

出版发行:气象出版社

地　　址:北京市海淀区中关村南大街 46 号　邮政编码:100081
电　　话:010-68407112(总编室)　010-68408042(发行部)
网　　址:http://www.qxcbs.com　　**E-mail**:qxcbs@cma.gov.cn
责任编辑:王萃萃　　　　　　　　　终　审:吴晓鹏
责任校对:王丽梅　　　　　　　　　责任技编:赵相宁
封面设计:楠竹文化
印　　刷:北京建宏印刷有限公司
开　　本:787 mm×1092 mm　1/16　印　张:14.875
字　　数:430 千字　　　　　　　　彩　插:13
版　　次:2020 年 4 月第 1 版　　　印　次:2020 年 4 月第 1 次印刷
定　　价:110.00 元

前　言

大气水分循环是地球水循环系统的重要组成部分,也是水循环中变化最剧烈的部分,包括大气水汽输送、降水、蒸发和水汽再循环等过程。从大气及相关科学领域来说,水汽是水分循环系统中最重要的大气分量之一。大气中的水汽输送与大气环流密切相关,直接影响着降水的形成和分布,而降水是一切水资源的直接来源。蒸发作为最活跃的过程,是联系水循环系统的纽带。

西北干旱区是亚洲中部干旱区的重要组成部分,水资源是西北干旱区制约社会经济发展的命脉和影响生态环境变化的关键要素。受青藏高原隆升、西风环流作用和高大山、盆相间地貌格局的影响,干旱区水循环系统具有独特性,水资源分布极不均匀。大气降水是地表水和地下水体的根本补给源,空中水汽是降水的物质基础,降水量的变化和大尺度环流背景下的水汽输送密切相连。在气候变暖的背景下,干旱区水资源系统更为脆弱和敏感,大气水汽和降水变化正改变着水循环过程和水资源时空分布,极端气候水文事件发生频率和强度不断增加,水资源供需矛盾日益突出成为制约区域经济、社会和生态环境可持续发展的瓶颈。因此,应对气候变化的西北干旱区水资源调控与管理必然聚焦于水循环过程及其对区域水资源和生态环境影响等问题。

西北干旱区受西风带主导的气候系统影响,在复杂地貌格局影响下,在水汽源地、输送路径以及产生降水的机理方面与我国东部季风区有着明显差异,形成了独具特色的天气气候特征。由于受观测资料、技术手段等的限制,对干旱区大气水分循环过程及其影响等问题认识还不够客观、定量和科学,无法满足社会经济发展的需求。因此,全面系统地利用观测资料、新的技术手段和方法研究干旱区大气水分循环过程及其影响很有必要。我们课题组经过多年的努力,取得了大量新的研究成果,在此基础上编写了本书。

本书章节安排和编写人员如下:第1章绪论,主要介绍了西北干旱区的地理环境状况、气候特征和大气水分循环的研究进展,由姚俊强、陈亚宁、杨青执笔;第2章大气水汽与水汽输送变化特征,由姚俊强、杨青、赵勇、石晓兰执笔;第3章降水量的时空变化特征,由姚俊强、赵勇、杨青、于晓晶、胡文峰执笔;第4章西北干旱区实际蒸发量估算,由姚俊强、邓兴耀执笔;第5章大气水分循环及其变化,由姚俊强、李漠岩执笔;第6章暴雨过程大气水循环过程与模拟,由姚俊强、赵勇、杨青执笔;第 7 章西北干旱区西部气候干湿转折变化,由姚俊强、陈亚宁、毛炜峄、胡文峰、陈静执笔;第 8 章气候变化对水资源的影响,由姚俊强、陈亚宁执笔;第 9 章气候变化对植被的影响,由姚俊强、陈亚宁、毛炜峄执笔。全书由姚俊强、陈亚宁和赵勇统稿。

本书是在中国气象局乌鲁木齐沙漠气象研究所承担的国家自然科学基金(41605067)、国家重点研发计划课题(2018YFA0606403、2018YFC1507101)的研究基础和成果上总结完成的;此外,还吸收了新疆维吾尔自治区自然科学基金(2018D01B06)、荒漠与绿洲生态国家重点实验室开放基金(G2018-02-02)、国家自然科学基金(U1903208、U1903113)的部分研究成果。在此对中国气象局乌鲁木齐沙漠气象研究所的大力支持表示感谢!

本书的研究成果积累过程中受到领导和专家们的悉心指导和大力支持,他们是:新疆维吾尔自治区气象局副局长何清研究员,中国气象局乌鲁木齐沙漠气象研究所杨莲梅研究员、买买提艾力博士,新疆大学 刘志辉 教授、丁建丽教授、吕光辉教授、郑江华教授等,在此一并感谢! 感谢我求学过程中各位导师对我的帮助和指导,他们是杨青研究员、陈亚宁研究员和 刘志辉 教授,没有他们的鼓励和支持,本书很难付梓出版。

由于在全球变化背景下干旱区大气水分循环过程及其影响科学问题复杂,且相关领域科学研究快速发展,加上我们水平所限,书中难免存在缺点和不足,恳请读者批评指正。

姚俊强

2019 年 9 月

目　录

第1章 绪 论

1.1 地理环境概述

1.1.1 地理位置

西北干旱区是指贺兰山以西的我国西北地区,位于73°—125°E和35°—50°N,东面以黄河流域西边线为界,南面以新疆维吾尔自治区边界与青藏高原为邻,西面和北面直抵国界,共与八个国家接壤。它的面积约占全国土地面积的22%,在行政区划上包括新疆维吾尔自治区全部、甘肃省的河西走廊地区和内蒙古及宁夏回族自治区贺兰山以西的地区(陈曦,2009)。

西北干旱区深居内陆,位于中纬度欧亚大陆的中心,是亚洲中部干旱区的重要组成部分。距海遥远,四周有阿尔泰山、帕米尔高原、喀喇昆仑山、昆仑山、阿尔金山、祁连山、贺兰山等高山高原环绕,远离水汽最主要源地,使其成为全球典型的干旱区之一(陈亚宁,2014)。

1.1.2 地形地貌

(1)地形轮廓

西北干旱区的自然地理环境独特,地形地貌复杂多样,形成高大山体与盆地相间的地貌格局。干旱区西部的新疆地区最具特色,它具有"三山夹两盆"的地形轮廓。"三山"即北部的阿尔泰山脉、中部的天山山脉以及南部的昆仑山山脉;"两盆"即阿尔泰山和天山等山系环抱的准噶尔盆地,以及由天山和昆仑山等山系环抱的塔里木盆地。山脉内部又有许多山间盆地和谷地,其中较大的有:吐鲁番盆地、焉耆盆地、拜城盆地、哈密盆地、伊犁谷地、巴音布鲁克盆地等。天山山脉横亘中央,把新疆分割为南北两大地理单元,分别称为北疆和南疆。祁连山系和北山、阿拉善高原之间形成河西走廊。

阿尔泰山地是中、蒙、俄三国的界山,主体在蒙古境内,在新疆境内的山段属阿尔泰山脉南坡,呈西北—东南走向,最高的友谊峰海拔4373 m。受构造运动的影响,形成阶梯状断块山地,从过境山脊到额尔齐斯河谷地,有三到四级阶梯,山势由西北向东南逐渐降低,而山前平原由东南向西北倾斜。山体多低矮平缓,山势较低。阿尔泰山受西风气流迎风面的影响,降水较多,水源充足,孕育出额尔齐斯河和乌伦古河等河流。山区草场繁茂,是新疆重要的畜牧业生产基地。

天山山脉横贯亚洲中部干旱区,是世界七大山系之一,是世界上最大的独立纬向山系,同时也是世界上距离海洋最远的山系和全球干旱地区最大的山系(胡汝骥,2004)。天山呈东西走向,全长约2500 km。中国境内主要为天山的中段和东段,长约1700 km,宽200~300 km,由三列大致平行的山岭组成。北部有阿拉套山、婆罗科努山和依连哈比尔尕山,中部有乌孙山、那拉提山和额尔宾山,南部为科克沙勒山、哈尔克他乌山、贴尔斯克山、科克铁克山和霍拉山,东部有博格达山、巴里坤山和哈尔力克山。在山地之间,分布着大大小小的山间盆地和谷地,形成了良好的山区天然草场,如昭苏—特克斯盆地、巴音布鲁克盆地、焉耆盆地、吐鲁番盆地和伊犁谷地等。天山山脉将新疆分隔成南疆、北疆两大部分,一般海拔高度在 4000～5000 m,最高峰托木尔峰海拔 7455 m。天山有发育良好的森林、草原和冰川,景观壮丽,分布着 6890 多条大小冰川,总面积达 9500 多 km^2,约占全国冰川总面积的 16%。天山冰川是新疆最大的固体水库,夏日来临,冰川和积雪消融,汇集成 200 多条河流,滋润和灌溉着天山南北的广阔绿洲。2013 年 6 月 21,中国境内天山的托木尔峰、喀拉峻—库尔德宁、巴音布鲁克、博格达四个片区以"新疆天山"名称成功申请成为世界自然遗产,成为中国第 44 处世界遗产(杨兆萍等,2017)。

昆仑山山系环绕塔里木盆地的南缘,其范围从帕米尔高原一直绵延到柴达木盆地的边缘及藏北高原的广大地区,包括帕米尔高原、喀喇昆仑山和阿尔金山。山体壮阔绵长,势如巨蟒蜿蜒于亚洲中部,故有"莽昆仑"和"亚洲脊柱"之称。在新疆境内,长达 1800 km,宽达 150 km,平均山脊线为 5000～6000 m。在新疆与克什米尔地区之间,耸立着海拔为 8611 m 的世界第二高峰乔戈里峰。昆仑山海拔 7000 m 以上的高峰共有 10 多座。山体中也有较大的山间盆地,如塔什库尔干、阿牙克库木等盆地。山体两侧冰川广布,其中位于乔戈里峰北坡的音苏盖提冰川,全长 40.3 km,是中国最长的现代冰川。

准噶尔盆地位于阿尔泰山和天山之间,是半封闭性内陆盆地。盆地轮廓呈不等边三角形,地势向西倾斜,平均海拔不到 500 m,最低处艾比湖,海拔为 189 m。盆地中部的古尔班通古特沙漠,是中国第二大沙漠,绝大部分是固定和半固定的沙丘,是中国最大的固定和半固定沙漠。植被覆盖度在固定沙丘上达 40%～50%,半固定沙丘上达 15%～25%,为良好的冬季牧场。

塔里木盆地位于天山与昆仑山之间,是我国面积最大的内陆盆地。地势由西向东倾斜,平均海拔 1000 m 左右。塔克拉玛干沙漠位于盆地中部,是我国面积最大的沙漠,也是世界第二大流动性沙漠。沙丘形态多样,大多为新月形流动沙丘和高大的复合沙垄。盆地的北、西、南三面环山,只是东部形成个"喇叭口",可通向河西走廊,为古丝绸之路的要冲,而冷空气经常会"东灌"进入南疆。盆地内流经有我国最长的内陆河——塔里木河,罗布泊洼地是塔里木盆地的最低部分,为盆地水系的最后"归宿"。在罗布泊湖积平原,经流水侵蚀和长期风蚀的作用,形成了与风向大致平行的风蚀墩与风蚀凹地相间的"雅丹"地形,因其形似龙,顶部多有白色的盐壳层,故又称"白龙堆"。

祁连山山系是河西走廊与柴达木盆地之间的巨大山系,由许多北西走向的平行山脉与宽谷组成。祁连山地势高峻,许多山峰超过 5000 m。祁连山西部与阿尔金山相接,东至六盘山,全长 850 km,宽度在 160～280 km,山势西高东低,山系内部广布山间宽谷和盆地。其东段森林呈带状分布,草原面积广阔。

河西走廊位于祁连山和北山之间,是一个狭长的大型山间盆地,东至古浪峡口,西至新疆交界,长约 1000 km,宽度一般在 50～60 km。走廊内部山系横向隆起,把走廊分成三个独立的盆地:武威盆地、张掖—酒泉盆地和安西—敦煌盆地。盆地内分布着河西走廊的主要绿洲。

(2)地质构造复杂,地貌类型众多

西北干旱区幅员辽阔,地域广大,地层出露齐全,构造运动频繁,地质构造复杂,因而地貌形态多样,地貌类型众多。地貌山与山相连,山系与盆地相间,构成一幅"山盆"的地貌格局,基本轮廓同板块构造的主要单元相吻合。板块构造是大地貌格局的基础,而组成地貌的岩石性质与地层产状,对于中小型地貌的发育则具有重要的影响。

地质构造与气候条件复杂,地貌类型众多。根据形态成因分类原则和地貌外营力作用差异,干旱区地貌类型可划分为:①湖成地貌,如湖泊沿岸地区的湖积平原、博斯腾湖湖水浅滩、罗布湖底盐土平原等;②流水地貌,如博斯腾湖鸟足状三角洲、河漫滩、冲积平原、冲积扇平原、昆仑山北麓洪积扇平原、伊犁侵蚀剥蚀丘陵、准噶尔西部侵蚀剥蚀山地等;③风成地貌,如乌尔禾风蚀平原、罗布泊"白龙堆"、雅丹、沙漠边缘的沙地和风沙堆积沙丘等;④黄土地貌,主要分布于天山、准噶尔西部山地和昆仑山北坡的低、中山及山麓地带,包括黄土塬、黄土梁、黄土覆盖丘陵和黄体覆盖山地等类型;⑤冰缘地貌,主要分布于阿尔泰山、准噶尔西部山地、天山和昆仑山、喀喇昆仑山—阿尔金山地区,包括冰缘湖沼平原、冰缘河谷平原、冰缘作用丘陵、冰缘作用山地等类型;⑥冰川地貌,如尤尔都斯盆地的冰川倾斜平原、冰水扇、冰水河谷平原、冰碛台地与丘陵和冰斗、角峰、刃脊、冰川槽谷发育;⑦火山熔岩地貌,主要分布在昆仑山阿什库里和库木库勒盆地,主要有火山锥、熔岩丘、熔岩台地、熔岩丘岭、火山丘岭等类型。1951 年,昆仑山阿什库里盆地内的火山爆发,形成最年轻的火山地貌。

(3)地貌特点及成因

西北干旱区地貌的基本特点包括:①山地走向与深大断裂方向一致;②山地与盆地高差悬殊大;③山间盆地多,山地层状地貌明显;④沙漠面积大;⑤山地气候地貌具有地带性;⑥地貌类型组合环状结构明显。

以上地貌形成的主要原因是:①构造运动及其所产生的地质地貌架构为干旱区环境的形成创造了条件;②封闭的地理环境为地貌的形成具有决定性作用;③强大而持久的外营力作用造就了干旱区的地貌景观(陈曦,2010)。

1.1.3 水文水资源

水资源是制约和影响干旱区社会经济发展和生态环境保护的战略性资源,其分布和变化对未来区域生态安全和社会经济可持续发展至关重要。西北干旱区境内山区、荒漠与绿洲交错分布,水资源分布极不均匀。荒漠与绿洲的演替对水资源分布和变化高度依赖,即"有水就有绿洲,无水则成荒漠"。由于全球气候变化的影响,西北干旱区水资源问题受到社会各界和科学领域的广泛关注。大气降水、地表径流、湖泊和地下水是水资源利用的主要形式,高山冰川和积雪是固体水库,对水资源起重要调节作用。

(1)干旱区河流水文的基本特征

西北干旱区河流具有河流数量众多、流程较短、水量小、变率大等特点,且以内陆河为主。西北干旱区分布着大小河流近 700 条,其中年径流量 10×10^8 m³ 以上的河流只有 19 条,而年径流量 1×10^8 m³ 以上的河流有 503 条(陈曦,2010)。根据新疆维吾尔自治区水文局统计数据,新疆共有大小河流 570 条,其中北疆有 387 条,南疆有 183 条。85.3%的河流年径流量在 1×10^8 m³ 以下,仅占新疆年总径流量的 9%左右,而年径流量在 10×10^8 m³ 以上的河流仅有 18 条,但径流量占新疆总径流量的 60%。同时,新疆河流的流量变率大,年内分配极不均匀。一般而言,夏季流量占比最大,其中在南疆西部的昆仑山区则高达 70%～80%;春、秋两季流量相当,冬季最小,而在北疆西部山区春季流量较大。这与新疆河流主要依靠山地降水和高山

3

冰雪融水补给有关(王志杰,2008)。

西北干旱区河流大多发源于天山、昆仑山和祁连山等高大山系,流经山前平原和绿洲,构成向心水系,最后消失在荒漠里,有部分流入盆地低洼部位,形成尾闾湖,如艾比湖、玛纳斯湖等。

塔里木河是我国最长的内陆河,由叶尔羌河、和田河及阿克苏河汇合而成,总长为2437 km,其中干流长为1321 km,最终流入台特玛湖。有部分河流流入国外,形成国际河流,如发源于天山的伊犁河是新疆水量最大的河流,最终流入巴尔喀什湖。发源于准噶尔盆地西部的额敏河,最终汇入哈萨克斯坦境内的阿拉湖。据水系统计,新疆共有33条国际河流,其中流出国境的河流有12条,从国外流入我国的河流有15条,界河有6条。其中发源于阿勒泰山的额尔齐斯河最终注入北冰洋,是西北地区唯一的一条北冰洋水系河流。

经分析计算,西北干旱区多年平均降水量为 3070.9×10^8 m³,其中山区降水占75.6%。山区地表水资源量为 845.3×10^8 m³,其中地表径流为 539.4×10^8 m³;平原区水资源量为 1081.9×10^8 m³(陈曦,2010)。其中新疆地表水资源量为 788.7×10^8 m³;国外年入境水量 89.61×10^8 m³;国内邻省(区)年入区水量 0.6864×10^8 m³;河川总径流量 879.0×10^8 m³;多年平均出国境水量 226.2×10^8 m³;年流入邻省(区)水量 2.976×10^8 m³。

(2)干旱区的湖泊

西北干旱区的湖泊约有700个,主要分布在新疆,其中10 km²以上的湖泊有29个。新疆河流以内陆河为主,在河流末端经常形成许多孤立的集水盆地,蒸发量大,矿化度高,属内陆湖,多为尾闾湖和咸水湖。新疆湖泊具有数量多、面积大的特征。据统计,新疆的湖泊面积约为5307 km²,仅次于西藏和青海,居全国第三位。其中,面积大于1 km²的湖泊有135个,面积大于15 km²的湖泊有26个。

新疆湖泊的总储水量约为 520×10^8 m³,其中只有约 23×10^8 m³为淡水湖。博斯腾湖是我国最大的内陆淡水湖,是开都河的尾闾,也是孔雀河的源头,是西北干旱区唯一的吞吐湖(夏军等,2003)。

大部分平原沙漠区湖泊多为咸水湖和盐湖,利用程度低。盐湖是西北干旱区的另一类湖泊,而且具有重要的价值,如罗布泊、乌尔禾盐湖和玛纳斯盐湖。

中国干旱区湖泊种类多样,有九种类型,具体为:①沉降湖,如罗布泊、玛纳斯湖、居延海、艾丁湖、阿牙克库木湖等;②陷落湖,如博斯腾湖、乌伦古湖、艾比湖、赛里木湖、巴里坤湖等;③终碛湖,如天山天池;④冰川阻塞湖,如叶尔羌河上游的吉尔冰川湖;⑤河间湖,如塔河尉犁段的赛伊特湖;⑥牛轭湖,如在开都河有分布;⑦风蚀湖,如塔河干流的大西海子;⑧潜水溢出湖,如艾丁湖;⑨人工湖,即水库,干旱区各种水库近500座,对区域经济发展具有重要的支撑作用。

(3)干旱区的冰川和积雪

在西北干旱区的水资源构成中,冰川和积雪形成的冰川水资源和积雪水资源占有重要地位。冰川主要分布在天山西部、帕米尔高原、喀喇昆仑山、祁连山和昆仑山区,主要分布在新疆境内(表1.1)。新疆是我国大陆性冰川较多的省(区)之一,新疆的冰川面积为26561.48 km²,约占全国冰川总面积的46.96%;冰川储量为 2750.59×10^8 m³,约占全国冰川储量的55.02%,位居第一。新疆的冰川融水年径流量约为 201.5×10^8 m³,占有冰川河流年径流量的33.3%,其补给比重占新疆河川总径流量的22.92%。融雪或冰川融水是新疆河流的主要补给源。天山是我国冰川分布最集中的山区,而冰川融水量是塔里木河等河流的主要水源(表 1.2)。

表 1.1 新疆各山系冰川数量分布

山系	最高峰海拔(m)	冰川条数	冰川面积(km²)	冰储量(km³)
阿尔泰山	4374	403	280	16
穆斯套岭	3835	21	17	1
天山	7435	9035	9225	1011
帕米尔高原	7649	1289	2696	249
喀喇昆仑山	8611	3563	6262	692
昆仑山	7167	7697	12267	1283
阿尔金山	6295	235	275	16
合计		22243	31022	3268

表 1.2 新疆河源冰川资源表

水系	冰川条数	冰川面积(km²)	冰川融水量(亿 m³)
伊犁河	2373	2022.66	38.547
准噶尔盆地内陆河	3412	2254.10	35.409
塔里木盆地内陆河	11665	19877.65	139.650
吐鲁番盆地内陆河	352	164.04	2.509
哈密盆地内陆河	94	88.69	1.351
额尔齐斯河	403	289.29	7.931
合计	18299	24696.43	225.397

新疆也是中国季节积雪储量最丰富的省(区)之一,年平均积雪储量为 181×10^8 m³,占全国的 1/3。冬春积雪资源是新疆重要水源之一。积雪主要分布在阿尔泰山、天山和准噶尔西部山地。融雪洪水是春季的主要水文灾害之一,主要发生在准噶尔西部山地、帕米尔地区和阿尔泰山区等。

1.1.4 生态环境

西北干旱区地处欧亚大陆腹地,中亚、西伯利亚、蒙古和青藏高原的结合部,属于亚洲中部干旱区的东部。特殊的地域环境,使其自然环境差异显著,极端生境多样,且以荒漠植被为基带。该区域属典型的温带大陆性干旱半干旱气候,区域内生态系统脆弱,生态环境问题突出。生态环境的突出特征是:干旱少雨、水资源匮乏、森林稀少、植被覆盖率低、沙漠戈壁面积大。以风沙和干燥为主的荒漠环境,是干旱区的主体景观,生态与环境恶劣。

目前,西北干旱区的生态环境问题主要有水资源严重短缺、土地荒漠化和沙漠化严重、湖泊萎缩、土壤和水质污染严重等。随着人口的增加,灌溉耕地面积增加,水资源短缺严重,致使河道下游及绿洲外围地下水位急剧下降,河流下游存在断流现象,荒漠生态系统可利用水量迅速减少,胡杨林、红柳、野生牧草等荒漠天然植被大面积衰退死亡,森林面积衰减明显。湖泊有着不同的动态萎缩现象,著名的罗布泊、玛纳斯湖、台特玛湖、艾丁湖等相继干枯或者面积萎缩。同时,过量的灌溉引起灌区次生盐渍化,导致作物大面积的低产,制约了农业的发展。此外,由于工农业废污水排放和农药、化肥使用量的不断增加,致使水资源遭受污染。

近年来,各级政府坚持保护与建设并举,努力改善生态环境,天然林保护、平原绿化、荒漠植被保护和塔里木盆地、准噶尔盆地周边沙漠化治理、"三北"四期防护林等重点生态工程建设全面推进,生态环境和人居环境状况继续得到改善,为实现可持续发展奠定了重要基础。

1.2 西北干旱区气候特征

1.2.1 西北干旱区气候概述

中国西北干旱区是全球最大的非地带性干旱区的重要组成部分,是连接高低纬度的过渡地带,是季风气候系统和西风带气候系统相互作用的区域。受青藏高原大地形的影响,对全球气候变化响应敏感,并对区域和全球气候变化有相应的反馈作用。西北干旱区主要是我国年降水量小于 200 mm 的地区,其中,在干旱区内部存在若干个相对多雨带,一般在 500 mm 左右,是西风或季风气流在天山、祁连山和帕米尔高原迎风坡强迫抬升造成的(陈曦,2010;陈亚宁,2014)。

西北干旱区气候的特征主要包括以下几个方面。

一是年平均气温南部高北部低,盆地高山地低。山区年平均气温随海拔的增加而降低,如天山中段的小渠子(海拔为 1853 m)年平均气温为 2 ℃,而大西沟(海拔为 3400 m)降至 -5 ℃。7 月最热,1 月最冷,月均最高温度南北差异小,但最低温度南北差异大。气温年较差也大,尤其在盆地腹地和荒漠环境下,如沙漠腹地的莫索湾气温年较差达到 44.8 ℃,而山区的气温年较差小。

二是降水稀少,且时空分布极不均匀。在空间上,西部多于东部,山区多于盆地。塔克拉玛干是最干的地区,库姆塔格沙漠的罗布泊地区被称为干极;而山区降水丰富,大部分山区在 400～600 mm,其中在天山山区的中国科学院天山积雪雪崩站有年降水量大于 1000 mm 的记录。从季节分布来看,降水主要分布在夏季,但在新疆北部沿天山一带春夏季降水量相差不大。降水日数的空间分布与降水量分布基本一致。

三是光热和风能资源丰富,但热量资源不稳定。干旱区空气干燥,云量少,晴天多,多年平均太阳辐射量达到 160～210 W/m²,仅次于青藏高原。空间上表现为东南多、西北少的特点。全年日照时数可到 2500～3500 h,其中阿拉善高原北部超过 3400 h,居全国之首。东部多、西部少,盆地多、山地少。但热量资源不稳定,年际变化和季节变化较大,冷热变化剧烈。西北干旱区风能资源极其丰富,表现为北部大、平原戈壁大、盆地边缘大的特征。气流通过的山口风能资源最为丰富。

四是灾害性天气气候种类繁多。干旱区灾害性天气气候主要包括干旱、大风、沙尘暴、高温热浪、寒潮、低温冷冻、暴雨、暴雪、风吹雪、冰雹、霜冻等,具有种类多样、分布不均匀、频率高、持续时间长、突发性和群发性等特点,对农林牧业的影响较大。

1.2.2 大气环流对西北干旱区气候的影响

大气环流是影响全球和区域气候形成及变化的重要自然因子之一。随着全球气候变化,大气环流也随之发生了相应的变化。作为各种尺度天气系统活动的背景,大气环流对中国西北干旱区气候形成和变化具有重要影响。

(1)西风带环流对西北干旱区气候的影响

中国西北干旱区处于盛行西风影响区。西风环流主要有纬向环流和经向环流两种基本状态。纬向环流主要通过长波及其携带的水汽输送控制干旱区气候,而经向环流包括亚洲急流的经向偏移、阻塞高压、丝绸之路遥相关波列等的影响(刘玉芝等,2018)。西北干旱区降水格局从西部和东部向中间递减,其东部主要受东亚夏季风的影响,而西部受西风主导,盛行西风携带来自大西洋及沿线的水汽。西北干旱区降水和降水的变化与西风指数的变化显著相关。当西风指数高时,西风以纬向环流为主,干旱区西部冬季降水偏多。当西风显著减弱时,东亚季风携带水汽更容易向西北输送,引起东部地区降水的增加。西风带上的阻塞高压可以影响大范围地区的天气和气候,阻塞高压的位置及持续时间的不同对干旱区不同区域的气候产生影响。

(2)东亚季风对西北干旱区气候的影响

东亚夏季风环流系统对西北干旱区东部的水汽输送有重要作用。东亚夏季风最西可以影响到100°E左右,东亚季风的强度和位置变化可引起干旱区东部的干湿气候变化(Zhang et al.,2016)。同时,该区域还受西风环流的影响,是季风区和西风区的过渡带,也是相互作用影响区(刘玉芝等,2018)。随着全球气候的变化,东亚季风不断减弱,使得季风边缘影响区的西北地区东部有变干趋势。

(3)南亚季风对西北干旱区气候的影响

南亚季风对西北干旱区气候和水汽输送的影响以纬向为主(黄荣辉等,1998)。南亚季风降水与干旱区西部新疆地区的夏季降水呈显著的负相关(Yang et al.,2009;Zhao et al.,2014)。20世纪80年代以来,南亚季风增加,而西风减弱,使得更多水汽从印度洋分别自孟加拉湾与阿拉伯海通过东、西两条路线被输送到干旱区(Staubwasser et al.,2006)。进入21世纪以来,随着南亚季风减弱,南亚高压向东南方向偏移(魏维等,2012),使得西风急流向东南偏移,在中亚干旱区形成局地上升气流,环流异常使得降水增多。同时,它还可以通过影响丝绸之路遥相关波列,进而影响干旱区降水异常。

(4)高原季风对西北干旱区气候的影响

青藏高原的高大地形,使得夏季是一个巨大的热源,而冬季则是一个冷源。青藏高原热力状况的变化将进一步引起高原季风发生变化,进而影响周围地区的气候。高原热力作用改变了北半球三圈环流的下沉气流分布区,在高原北侧形成下沉气流,下沉中心对应着西北干旱区。同时,高原的动力强迫扰流作用,加大了中国西北干旱区的反气旋并加大了下沉分量。以上的地形动力热力作用对干旱气候的形成起了重要的作用。

高原夏季风的强弱影响着干旱区的降水异常。当高原夏季风弱时,有利于北侧下沉运动,西北干旱区干旱少雨;反之,有利于西北干旱区形成上升运动,新疆降水偏多(吴统文等,1996)。

1.2.3 地形地貌对西北干旱区气候形成的影响

(1)青藏高原的影响

青藏高原平均海拔高度超过4000 m,约占冬季对流层厚度的一半左右。巨大高耸的高原不仅对东亚季风环流及我国气候有重要影响,也是西北干旱气候形成的最为重要的因素之一。

青藏高原与我国新疆干旱区毗邻,高原上空与干旱区环流互相作用、互相联系(吴国雄等,1997,2004;徐祥德等,2002),高原上空环流形势的变化与我国干旱区气候密切相关。

1)青藏高原的动力作用

冬季,当西风带南移,控制我国广大地区上空时,青藏高原迫使4000 m以下的西风环流产生动力分支——北支与南支西风急流。北支在高原的西北部为西南气流,绕过新疆北部以后,转为西北气流,流线呈反气旋性弯曲,形成一高压脊,寒冷干燥。南支在高原西南为西北气流,绕过高原南侧以后转为西南气流,流线呈气旋性弯曲,在孟加拉湾附近弯曲最大,形成低槽。冬季不但使高原以北的西北内陆地区冷空气集积更快,冷高压势力更强,加大了冬季盆地沙漠区的"冷湖"作用,而且在高原的制约下,冷空气南下的路径偏东,使东部地区冬季风势力更猛烈。

夏季的西南季风,在高原的阻挡下,不能深入北上,只能绕过高原的东南边缘,进入西南、华南、华中等地区,加强了那里的降水过程。而南疆地区,由于夏季风受高原所阻而不能到达,暖湿的印度洋、孟加拉湾水汽也很难在底层伸入沙漠区域,形成了干旱少雨的荒漠气候。

10月,西风带南移,南支西风急流重新出现,夏季风退出大陆,冬季风又成为我国天气的"主宰"。青藏高原动力作用的另一表现,就是对大气环流起屏障作用。它不仅阻止从西来的天气系统东移,而且还直接阻挡南疆地区对流层下层南北冷暖气流的交流。另外,在700 hPa流场上,高原北侧的南疆终年为明显的反气旋环流控制,形成一条东西向的负涡度带,利于气流下沉运动的发展,对南疆干旱气候的形成起了重要作用。

2)青藏高原的热力作用

冬季,高原为冷源。庞大的高原冰雪覆盖、空气稀薄,辐射冷却快,降温迅速,形成低温高压中心,它叠加在蒙古冷高压之上,从而大大加强了冬季风的势力,使我国东部地区的冬季更加寒冷。在600 hPa左右,高原主体为冷高压,它为一浅薄系统,在500 hPa,已成为浅槽。冬季的高压虽较浅薄,但对高原北侧沙漠地区,却有着高压下沉增温作用,致使沙漠中冬季晴朗,虽有冷湖作用,但并不十分强烈。而在对流层上部,形成普遍增温,加大盆地的热力作用。当高原温度低时,东亚槽深,新疆脊强,东亚中纬北风强;当高原温度高时,东亚槽浅,新疆脊弱,东亚中纬北风弱。

夏季,高原为热源,地面受到强烈的太阳辐射,气温上升,形成高温低压中心。它叠加在大陆热低压之上,加强了印度低压势力,有利于西南季风与东南季风的推进,输送能量和水汽。夏季高原地面强烈辐射增温,地面空气上升,在其上空形成一个巨大的"热气柱",高原四周空气源源不断地补偿,在边界层里是一个热低压,热低压形成辐合上升区。而高原上空大气密集增厚,约在430 hPa附近,热低压消失,开始形成暖高压,在对流层上空100 hPa达到最强,形成了全球最强大的高温高压中心,称为青藏高压。在高原北侧,则形成降水少、蒸发强的高温干旱天气型。当高原温度高时,100 hPa南亚高压偏北;当高原温度低时,100 hPa南亚高压偏南。

当大气出现超干绝热率时,大气处于极不稳定状态。在高原大气中近地面1~2 km内经常出现超干绝热率的情况。高原主体出现超干绝热率现象的频率在25%以上。高原北侧的喀什到若羌一线,频率在7%~8%,其中和田最大,为16.3%。当高原出现超干绝热率,大气强烈不稳定,造成近地层空气上升,引起周围空气辐合形成热低压,极易产生"塔里木热风暴"。

（2）天山山脉的影响

天山山脉作为亚洲中部最大的山系对新疆气温、降水的分布起着至关重要的作用。天山山脉呈东西走向,位于中国境内的天山处于整个山系的东部,全长 1700 km,宽度一般为 250～350 km,山脊平均高度为 4000 m。携带丰富水汽的极地冷空气在南下时,由于受到天山地形的阻碍抬升,在北坡形成了大量降水,天山山区年降水量可达 300～800 mm,年降水日数达 100～140 天,有干旱区中的"湿岛"之誉,成为南北疆气候的分水岭,造成了南北疆气候的显著差异,划分为两个不同的气候带,即南疆塔里木盆地为暖温带气候,北疆准噶尔盆地为温带气候,同时也形成了天山山区本身独特的气候特征(胡汝骥,2004)。

由极地南下的气流受天山阻挡,一般沿天山东南行,绕过东天山尾闾,在天山东南部分成两支气流,一支进入河西走廊,另一支成反气旋的辐散气流,在哈密盆地之南,阿奇克谷地上空,形成东疆日照多、蒸发大、温度高的干旱气候。当它由东向西挺进时,不受底层沙丘影响,可侵入塔克拉玛干的中部和西部。在强冷空气时,可进入沙漠的最西部,并将东部罗布泊风蚀的雅丹地貌的沙尘、库姆塔格沙漠沙粒吹向西部,形成沙尘暴或浮尘天气。一般说来,这支气流,到达克里雅河以东,已达到尾声,由此形成克里雅河以东地区(多是风区)大型复合沙丘链,即天气上形成著名的克里雅河辐合区。

天山西部与帕米尔高原相衔接,形成著名的世界屋脊,其海拔高度 4000～5000 m 以上。它不仅阻挡由北冰洋南下的西北气流,同时也阻挡由阿拉伯海等地的东进气流,并迫使其东北行。这两支气流强大时,均能越过高原,进入塔克拉玛干地区,形成降水天气。在势力较弱时,只能形成风沙天气或微量降水,使西部天山(含国境外山地)降水量达 300～800 mm。而高原之东,其降水量一般为 50～150 mm,相差数倍之多。西部天山和高原的存在,加剧了塔里木盆地的干旱与沙漠化。

1.3 西北干旱区水分循环研究进展

亚洲中部干旱区是全球最大的非地带性干旱区,也是国际水冲突的焦点区域之一,气候变化对该区域水循环的影响已成为国际水问题研究的热点(Stone,2012)。全球变暖加剧水循环,引起水循环结构和水资源时空分布明显变化(Guo et al.,2014)。中国干旱区地形复杂,山盆结构独特,形成了复杂的气候和水循环系统,在世界干旱区中有很强的代表性,成为全球变化研究的热点区域。

在全球显著增温的背景下,20 世纪 80 年代以来中国西北尤其是新疆地区出现了向暖湿型变化的强劲信号(施雅风等,2002),而在西北地区东部降水持续减少(张强等,2012)。这种变化引起国内外学者的关注,在大气水分循环过程、水汽源地、输送路径及其与降水关系等方面有新的认识。在大气水分循环方面开展了大量的探索性工作,但缺乏统一明确的科学观点。进入 21 世纪以来,全球持续变暖,极端天气气候事件的频率和强度明显增加,引起大气水分循环结构发生改变,由此引发的灾害也不断加大。因此,深入研究西北干旱区水分循环要素时空分布和变化特征,有助于我们加强对大气水分循环规律的认识,积极应对由水分循环结构改变带来的负面影响,减轻灾害损失。加深对干旱区大气水分循环过程问题的科学认识,可为合理开发利用空中水资源、解决干旱区水资源问题提供科学支撑。

1.3.1 大气水分循环要素变化研究进展

(1)水汽变化

大气中的水汽是降水的物质基础,是全球水循环中最活跃的因子。目前对水汽含量的监测主要基于探空观测,但探空站点稀疏,无法全面反映水汽变化特征。水汽含量与水汽压有显著的正相关关系(张学文,2004)。因此,可以用地表水汽压来表征大气中的水汽含量。西北干旱区水汽分布具有明显的纬度地带性和垂直地带性特征(Yao et al.,2016)。空中水汽在85°E以西和100°E以东区域丰富,而在85°—100°E之间较为匮乏。西北东部地区位于季风区边缘,受东亚季风携带水汽补给,该地区主要靠西风带水汽输送补给,而南部受地形阻隔和青藏高原下沉气流影响,外来水汽难以到达,空气干燥,以荒漠戈壁景观为主。

水汽主要分布在对流层底层,高海拔地区水汽较少,水汽随海拔呈指数规律递减,在天山反映明显(Yao et al.,2016)。天山伊犁河谷在约2000 m高度上存在一个最大水汽带,而祁连山迎风坡上最大水汽带出现在3500~4500 m海拔高度,但背风坡上水汽随海拔单调递减。天山是新疆降水量最多的地区,被誉为干旱区的"湿岛"和"水塔",而水汽量是影响山区降水量的最主要的因素之一。天山水汽主要受西风带的影响,在地形和下垫面植被的作用下,北坡空中水汽总量丰富;而山区腹地海拔均在4000 m以上,水汽量相对匮乏。祁连山大气水汽受西风带、偏南季风和东亚季风的共同影响,存在明显的区域差异特征,水汽总量在受东亚季风影响的东北部最大,且在迎风坡上的最大水汽带海拔更低(张强等,2007)。

1961—2012年,西北地区水汽总体呈增加趋势,20世纪80年代中后期突变型增多,而21世纪初有微弱的减小态势,与气候变化高度一致,反映了水汽对全球变暖和气候变化的反馈作用。统计发现,水汽增多站点占总站点的90%以上,其中36%的站点突变型增多发生在20世纪80年代中后期,23%的站点在90年代初期发生突变型增多,而90%以上站点均在21世纪初有微弱减小。水汽减少的站点主要位于东部地区,分析发现,这主要与季风强度的减弱有关。季风强度减弱,季风携带水汽无法到达该区,外来水汽补给不足。而在西部的天山山区形成水汽增多中心,一是外来水汽输送增多,水汽输送路径更加多样化,低纬水汽输送对大降水过程影响更大,二是山区明显增暖加剧区域水循环,垂直方向水汽循环显著加速,山区水汽明显增加。

(2)降水量变化

近50 a来,干旱区降水量总体呈增加趋势,增湿趋势为8.90 mm/10a($p < 0.01$),增湿站点占总站点的96.7%,其中90%以上的站点通过了0.05的显著性检验;仅有少数站点降水量有微弱的减少,分布在极端干旱的荒漠腹地地区,如铁干里克等。在空间上,不同区域降水变化速率有明显差异性,天山山区为高幅增湿中心,而南疆盆地增湿幅度较小。其中,天山增湿最明显(16.79 mm/10a,$p < 0.01$),且山区所有观测站点均明显增湿,而新疆南部增湿趋势较弱(5.44 mm/10a,$p < 0.05$)(姚俊强等,2015)。

从季节变化来看,春季增湿趋势最明显,夏季较弱,但由于夏季降水量占全年降水量的比重最大,降水的年净增加量夏季最大。冬季增湿具有全区普遍性,站点增湿率达到98.36%,北疆和天山山区的增湿趋势最为明显;而夏季增湿的区域差异性特征明显,增湿率为79.51%。降水量在20世纪80年代后期出现突变型增加,80%以上的站点降水明显增加。20世纪90年代是过去50 a里最为湿润的10 a。90年代中后期开始,特别是进入21世纪以来,降水量的增加幅度降低,呈动态变化,且有 45% 台站的降水量较 20 世纪 90 年代表现为减少趋势。

运用梯度距离平方反比法(GIDS)进行雨量插值,估算出干旱区的面雨量,发现夏季面雨量占全年的 33.1%,是降水最多的季节;春季面雨量次之,占 27.7%;秋季占 23.2%,而冬季面雨量仅占全年面雨量的 16.0%(陈亚宁,2014)。Li 等(2016)研究发现,干旱区春夏秋冬四季降水量变化对年降水量变化的贡献率分别为 21.6%、42.4%、18.4% 和 17.6%,夏季贡献最大,春季次之,秋冬季最小,这与春夏季降水量占年降水量的比重最大相一致。

(3)实际蒸散发量估算与遥感反演

实际蒸散发量的精确计算是水循环研究的关键问题,也是难点问题。Budyko 水热耦合平衡假设为解决这一问题提供了基础,Yang 等(2007)发现在年尺度上干旱内陆地区实际蒸散发与潜在蒸散发之间呈互补关系。邓兴耀等(2017)利用 MODIS ET 数据集研究了干旱区实际蒸散发量空间格局、不同维度的空间异质性和时间变化特征。干旱区的实际蒸散发量主要受水分状况(降水)控制,降水直接影响地表土壤湿度,从而影响实际蒸散发量。山区降水充沛,且植被覆盖好,实际蒸散发量大,而盆地平原下垫面复杂,且以人为植被覆盖为主,季节性变化大,降水量稀少,土壤湿度低,实际蒸发量较低。

21 世纪以来,干旱区实际蒸散发量总体呈微弱的减小趋势,变化率为 11.22 mm/10a($p<0.05$),但各区域变化趋势存在差异(邓兴耀等,2017)。实际蒸散发量减小区域主要分布在天山及其北部地区,以天然植被覆盖为主,研究表明,天山地区植被覆盖率和 NDVI 有明显的减小趋势,天然植被退化引起实际蒸散发量明显减小。塔里木盆地诸河流域、南天山实际蒸散发量有明显增加趋势,该地区绿洲面积和人工灌溉明显增多,改变了土壤湿度和地表覆被状况,地表实际蒸散发量增加。

1.3.2　大气水分循环要素变化的影响因素

(1)水汽输送的来源与路径

水汽输送及来源影响着区域水分平衡,是影响降水变化的重要因子,水汽输送变化直接关系着降水天气与气候状况。中国干旱区范围广阔,影响其东部和西部地区降水系统的水汽输送和路径并不完全相同。干旱区东部处于东亚夏季风北边缘,夏季降水的水汽来源与东亚季风活动密切相关,水汽源地在东南沿海一带,在天气系统和气流的密切配合下,通过四川盆地"中转"后北输到西北地区东部,成为主要的水汽输送路径(蔡英等,2015)。新疆水汽少且分布极不均匀,夏季水汽输送量最大,降水水汽来源已与东亚夏季风的水汽输送关系不大。水汽从西边界、北边界和南边界流入,东边界流出,在对流层中层输送量最大。水汽主要来自新疆以西的湖泊或海洋,夏季水汽主要来自北大西洋和北冰洋,其余季节水汽源地是里海、地中海和黑海,受 1987 年以后全球增暖的影响,较高纬度的水汽输送增强(戴新刚等,2006)。索马里急流和热带印度洋也是年代际增湿的重要水汽补充源地之一(杨莲梅等,2007)。印度洋增暖通过影响水汽的向北输送,促使中亚(新疆)夏季降水增加(Zhao et al.,2016)。

在全球变化背景下,新疆的水汽输送路径更加复杂,主要有西方、北方和偏东路径的水汽输送通道(杨莲梅等,2011)。在特殊环流配置下,印度洋西南季风的水汽对新疆夏季降水也有重要的影响。在夏季湿润年,有一条源于赤道西太平洋的水汽,向西流经孟加拉湾进入印度半岛北部,然后折向北沿青藏高原西南麓北上的水汽路径,在中国的最西端与来自伊朗高原的西南向异常水汽输送汇合后进入新疆境内(王秀荣等,2002)。在对流层中、低层有一支源于阿拉伯海的异常水汽输送路径,它向西北方向流经波斯湾后折向东北方向流入北疆,这是热带海洋水汽输送进入北疆的最短路径;而在对流层高层,源自阿拉伯海的异常水汽路径流经印度半岛后折向北,越过青藏高原后进入南疆。阿拉伯海是南方路径源地之一,其向北直至中亚的对流层低层偏南气流增强,使得该区域水汽输送和相对湿度自1987年开始存在年代际显著增加(赵兵科等,2006);而在经向和纬向水汽输送作用下,阿拉伯海的暖湿气流通过偏南和偏东路径水汽输送绕过高原进入塔里木盆地形成降水(徐祥德等,2014;Huang et al.,2015)。同时发现青藏高原在偏南路径水汽输送中起重要作用,青藏高原和伊朗高原热力差异与新疆北部夏季降水关系密切,高原夏季风通过影响中亚对流层中高层温度对塔里木盆地夏季降水有重要的间接影响(赵勇等,2013)。而青藏高原热力异常通过影响对流层中高层大气环流,通过两步型输送把阿拉伯海水汽输送至中亚和新疆地区(赵勇等,2016)。

(2)高大山脉和绿洲对大气水分循环的影响

对于某一个地区的降水而言,形成它的水汽由海洋水面蒸发形成的外来水汽和陆地表面(含陆地水面)蒸散发形成的本地水汽两部分构成。外来水汽输送影响系统性大降水过程,而当地水汽补给增加局地对流降水。除海洋和湖泊外,陆面蒸发源是水文循环过程中重要的水汽源地。西北干旱区高大山脉和现代绿洲分布广泛,高大山脉可以改变水汽输送路径,在地形抬升作用下形成降水高值中心,如伊犁河谷河源山区降水量达到1000 mm以上,而在背风坡的巴音布鲁克盆地降水仅为200 mm左右;西风携带水汽被天山拦截后强度减弱,使得受其影响的祁连山西部降水稀少,而祁连山东北部受东亚季风影响,降水量也最丰富。现代绿洲及人工水库、灌溉渠道、灌溉土壤、天然植被、农田和景观绿化带等可蒸发形成大量水汽,改变了绿洲区域水汽含量和大气水分循环结构。干旱区陆表蒸发水汽形成降水,即水汽内循环过程对降水的影响也十分明显,尤其在山区。在变暖背景下,全球水汽内循环率有增加的趋势,干旱区的水汽内循环增加更加明显(康红文等,2005)。西北干旱区当地蒸发水汽形成的降水量仅占5.95%,但山区水汽内循环活跃,祁连山区水汽内循环率占到20.76%,天山为9.32%(刘国纬,1997;张良等,2014;姚俊强等,2016)。

水汽和降水变化与海拔高程有密切关系,水汽随海拔呈指数规律递减,最大水汽带在不同地形和坡向的出现高程不同。

与东亚季风区的研究相比,干旱区水分循环变化事实、相互作用及机理研究较为薄弱。西北干旱区距海遥远,空中水汽稀少,水汽通量信号微弱,加上独特的"山盆"结构和地形分隔的影响,各地的降水结构、水汽源地和输送路径差别颇大,在大气环流的作用下形成复杂的水汽输送通道。目前,大多数研究是定性分析干旱区降水变化的水汽输送及路径特征,没有定量区分各水汽路径和源区对降水的贡献。后续研究须进一步加强水汽源汇定量化研究,揭示不同源地和路径的水汽输送对干旱区降水的影响。

水资源是制约干旱区社会经济发展和生态环境保护的战略性资源,其变化对未来区域生态安全和社会经济可持续发展至关重要。气候变暖引起干旱区水分循环要素时空格局和结构发生明显改变,加剧了水循环系统不稳定性,给干旱区水资源安全带来了挑战。为此,需要进一步加强资料稀缺地区大气水分循环要素的观测,加强大气水分循环要素变化趋势、相互作用及影响机制研究,揭示水分循环系统要素对气候变暖的响应和互反馈作用,并结合模式结果,预估未来水分循环系统要素变化趋势及可能影响,为准确掌握水资源变化提供科学基础,未雨绸缪,科学管理与规划,服务于国家"一带一路"核心区防灾减灾体系建设。

1.4　大气水分循环

1.4.1　全球水分循环

水循环(Water cycle),也被称为水分循环,是指水在地球上的存在及运动状态。水循环不仅包括水在地球表层的运动,还包括水在地球中和地球上空的运动,即在地球各大圈层中的运动。当然,也可以包括水在人类社会经济活动载体和人体自身的运动。水在不断运动过程中,因环境的差异,不断变换着存在形式,循环往复。如果没有水循环,地球将会是一个毫无生气的地方。

在太阳辐射的作用下,地球上的水分(包括海洋、江河湖库、土壤和植物叶面水分)通过蒸发和蒸腾作用进入大气,大气环流驱动着水汽在空中运动;在一定的作用下,水汽凝结成云致雨,降落到陆地和海洋。水会随着时间不停地运动,循环往复。

海洋是水的储藏库,地球上约 97% 的水储存在海洋里,海洋还通过运动对水循环和气候产生重要的影响。在淡水中,约 68.7% 在冰川和冰帽里,人类无法直接利用,而江河湖泊等地表的淡水资源是可利用的主要水源。蒸发是水运动到大气层中的最基本方式,大气中水分有 90% 以上来自海洋的蒸发,剩下 10% 来自植物蒸腾。与地球的水分相比,大气层中的水量非常小,仅占地球总水量的 0.001% 和地球淡水总量的 0.04%。但大气层中始终充满了水,水在大气层中以水汽、云和湿气等形式储存。全球平均大气含水量是 25 mm,也就是说,如果大气层中所有的水都一次性以降雨的形式降落到地面,那么整个地面将会被约 25 mm 的雨水所覆盖(表 1.3)。

表 1.3　全球水分布的估算

水源	水量(km³)	淡水的百分比(%)	总水量的百分比(%)
大洋、大海和海湾	1,338,000,000	/	96.5
冰帽、冰川和永久积雪	24,064,000	68.7	1.74
地下水	23,400,000	/	1.7
淡水	10,530,000	30.1	0.76
咸水	12,870,000	/	0.94
土壤含水量	16,500	0.05	0.001
地下冰和永久冻结带	300,000	0.86	0.022
湖泊	176,400	/	0.013
淡水湖	91,000	0.26	0.007
咸水湖	85,400	/	0.006
大气	12,900	0.04	0.001
沼泽水	11,470	0.03	0.0008
河流	2,120	0.006	0.0002
生物水	1,120	0.003	0.0001
总计	1,386,000,000	/	100

1.4.2 大气水分循环

大气水分循环,也叫水分循环的大气过程。地气系统水量平衡方程是对陆地—大气系统水循环过程中各水文要素之间数量关系的定量描述。陆地—大气系统的水循环过程十分复杂,因此,很难对一个区域的地气系统水文循环过程做出清晰、完整的描述。大气降水是地球水循环和地气系统水量平衡的重要组成部分,是地表水资源的根本来源。大气降水量从根本上决定着一个地区水资源的丰富与否,尤其是在干旱区。一般认为,某一地区的总降水量等于外来水汽输送形成的降水量和当地陆面蒸发的水汽形成的降水量之和,即外来水汽和水汽再循环。对任一区域,本地蒸发的水汽再形成降水降回本地的过程称为水汽再循环。研究水汽再循环过程,对于理解区域水循环、水汽来源和对陆-气相互作用研究具有重要的意义。

利用较为清晰的概念模型来讨论水文循环的大气过程。根据水量平衡原理,

$$F = F_{in} - F_{out} \tag{1.1}$$

$$P = P_a + P_m \tag{1.2}$$

式中,F 为当地上空水汽的净水汽量;F_{in} 为境外水汽输入量;F_{out} 为输出的水汽总量;P 为总降水量;P_m 为蒸发水汽在当地形成的降水量;P_a 为区域外输入水汽直接形成的降水量。

大气水循环概念模型为研究区域水汽的再循环提供了物理图像。从区域外输入的水汽和当地蒸发的水汽,在区域陆地-大气系统的水文循环过程中,经历了许多次具有不同时间尺度和不同空间尺度的水文再循环过程。

第2章 大气水汽与水汽输送变化特征

2.1 水汽和水汽输送计算方法

2.1.1 大气水汽含量的估算

大气水汽含量(也称大气可降水量、大气含水量)表示整个空气柱中的水汽全部凝结时所得到的液态水量。目前,大气中水汽含量的计算方法主要有四类:包括探空实测资料计算、各种再分析和融合资料估算、地面经验公式估算和多源遥感探测方法。

(1)基于探空实测资料计算

利用探空实测资料可以计算各高度层水汽含量。理论计算公式为:

$$W = -\frac{1}{g}\int_{p_0}^{0} q\,\mathrm{d}p \tag{2.1}$$

在实际工作中,一般是利用探空观测的各标准等压面上的比湿差分进行求和计算得到的,即:

$$W = -\frac{1}{g}\sum_{p_0}^{p_h} q_i \cdot \Delta p_i \tag{2.2}$$

式中,W 为某地单位面积上整层大气的总水汽含量;q 为各层的比湿;p_0、p_h 分别为地面气压和大气顶气压,g 为重力加速度,i 代表等压面层次。根据水汽压力随高度变化按负指数衰减的规律(张学文,2004),在 300 hPa 的高度时(大约 9000 m 左右),水汽极其稀少,水汽压仅相当于地面水汽压的 1/60。因此,计算取 300 hPa 为顶层已经够满足要求,即 $p_h = 300$ hPa。按照式(2.2)对地面、850 hPa、700 hPa、600 hPa、500 hPa、400 hPa、300 hPa 等压面层次进行计算。

利用探空实测资料可以计算各高度层水汽量,结果准确客观,并用于验证其他方法的准确性,但测站稀少,尤其在西北干旱区的沙漠和山区。20 世纪 60 年代,张学文(1962)利用 1959 年新疆的探空资料计算了大气含水量,系统分析了新疆的水分循环和水分平衡问题,很多观点沿用至今。刘蕊(2009)利用新疆区域八个探空站资料计算了大气水汽含量。

(2)地面资料经验公式

由于探空站分布稀少,且在荒漠和山区均无观测,无法给出水汽的空间分布特征。因此,利用地面观测资料建立大气水汽含量的统计关系模型。其中,常用的利用地面露点和地面水汽压作为主要参数来构建经验关系模型,来估算区域大气水汽含量。根据已有研究成果(杨景梅等,2002;张学文,2002,2004),大气水汽含量 W 与地面水汽压 e 之间存在良好的线性关系,公式为:$W = a + be$,参数 a、b 因站点而异。考虑到地面水汽压为 0 时大气水汽含量也应该为 0 这一物理意义,定义关系式为:$W = b \times e$,即为一元线性模型。

为了可以全面反映大气水汽含量的空间特征,刘蕊等(2009)建立了适用于新疆南部和北部的地面水汽压和大气水汽含量的经验关系模型。天山山区地形复杂,测站稀少,主要分布在周边地区;再分析资料的时空分辨率低,在山区的适用性没有经过检验,分析结果的正确性经常受到质疑,所以利用探空观测数据计算的水汽含量与相应站点的地面水汽压建立 W-e 模型。因此,基于地面参数和水汽含量的经验关系模型,可以充分利用地面气象观测数据,但受测站海拔等的影响,结果可能会存在一定误差。

(3)再分析资料水汽数据

与观测资料相比,再分析资料结合了观测与模拟结果,兼具高的时空分辨率,且具有时间序列长、覆盖广等优点,成为当前气候变化研究最主要的数据来源。随着再分析技术的发展,尤其是再分析模式和物理过程的优化水平、观测系统的改进及同化方案的完善程度,目前已发展到第三代再分析资料。

第三代再分析资料水汽产品主要包括 NCEP 的气候预报系统再分析资料 CFSR、ECM-WF 的过渡时期再分析资料 ERA-Interim 及 NASA 的现代回顾性分析研究和应用再分析资料 MERRA。三套再分析水汽资料在描述全球水汽的空间变化分布模态方面有较好的适用性,但在空间分布、变化趋势等方面差异较大。究其原因,主要是模式对复杂下垫面的处理方法、相应区域探空等地基观测数据的缺乏等(王雨等,2015)。

(4)多源遥感探测反演水汽含量

随着各种遥感探测方法的发展,地基和空基遥感成为新的水汽探测手段,如地基 GPS、多通道微波辐射计、风廓线雷达、系留探空系统等高时空分辨率的水汽探测手段的发展丰富了水汽的研究方法,但观测资料有限,影响最大时空尺度上大气水汽含量的研究。此外,这些探测手段费用昂贵,不能全天候观测等。卫星技术的发展为探测大气水汽提供了新的手段。

近红外遥感技术的发展为获取高时空分辨率的大气水汽含量提供新的途径(吕达仁等,2003)。在近红外波段,太阳辐射对整层大气水汽有较高的敏感性。因此,利用大气水汽对太阳辐射的衰减效应,结合辐射传输模型,估算得出整层的大气水汽含量。

中分辨率成像光谱仪(MODIS)作为一种水汽观测设备,是获取大气水汽含量的最有效的手段之一。MODIS 具有 36 个光谱通道,其中五个近红外通道可用于 MODIS 水汽的反演(李艳永,2011)。

2.1.2 大气水汽通量

大气水汽输送通量是表示单位时间流经某一单位截面积的水汽总量,简称水汽通量 Q。

在 p 坐标中,单位时间通过垂直于风向的底边为单位长度、高为整层大气柱的面积上的总的水汽通量 Q(垂直积分的水汽通量)的经、纬向水汽通量计算公式为:

$$Q_u = \frac{1}{g} \int_{p_s}^{p} q \times u \, \mathrm{d}p \tag{2.3}$$

$$Q_v = \frac{1}{g} \int_{p_s}^{p} q \times v \, \mathrm{d}p \tag{2.4}$$

式中,Q_u、Q_v 分别为纬向、经向水汽通量,单位为 kg/(m·s);p 为地面气压,p_s 为的高层气压,取 300 hPa,g 为重力加速度。

2.2　基于观测的大气水汽含量估算及变化

2.2.1　基于探空资料的水汽含量变化

实际观测的大气水汽含量主要通过探空资料获取。西北干旱区探空站点稀少,选取分布均匀的 14 个探空站,来反映区域大气水汽含量的变化。利用 14 个 1970—2013 年逐月主要特征层探空数据和对应的地面气象数据,站点依次为阿勒泰、塔城、乌鲁木齐、伊宁、喀什、和田、库车、若羌、哈密、敦煌、马鬃山、酒泉、额济纳旗和民勤。2002 年,中国探空观测设备 L 波段探空仪更新换代,导致相对湿度资料前后变化不连续。因此,分为 1970—2002 年和 2003—2013 年两个阶段分析,主要分析 2002 年之前的变化特征。

(1)大气水汽含量空间分布

1970—2002 年,西北干旱区大气水汽含量变化具有明显的空间差异性特征,变化率在 0.3~1.5 mm/10a,其中 86% 的站点有显著性变化,通过了 95% 的显著性检验。具体来看,新疆北部的水汽含量增加最明显,为 0.98 mm/10a,南部略低,为 0.96 mm/10a;而西北干旱区东部水汽含量变化最小,为 0.59 mm/10a。这主要与水汽输送和地形特征有关,并与降水的变化特征基本一致(张扬等,2018)。

各季节大气水汽含量均呈增加趋势。其中,春季北疆水汽变化速率最大,通过了 95% 的显著性检验;夏季,西北干旱区西部水汽含量增加趋势极其显著,东部趋势略低,也通过了 95% 的显著性检验;而秋季南疆的水汽增加速率最高,其次是北疆,均通过了 99% 的显著性检验;冬季,干旱区东部和北部水汽含量增加趋势显著,但南部趋势不显著。

(2)大气水汽含量时间变化

西北干旱区多年平均大气水汽含量为 15.07 mm。1970—2002 年总体呈现增加趋势,变化率为 0.84 mm/10a,通过了 99% 的显著性检验;在 2003—2013 年有减小趋势,变化率为 −2.06 mm/10a,但没有通过显著性检验。

季节变化趋势与年变化基本一致。1970—2002 年,夏季增加趋势最显著,依次是秋季、春季和冬季。2003—2013 年,各季节水汽含量均为减少特征,其中秋、冬季节水汽变化趋势显著。

2.2.2　地表水汽压反映的水汽含量变化

水汽压(water vapor pressure)是指空气中水汽的分压强,表示空气中水汽的绝对含量的大小。空气中水汽含量愈多,分压力就愈大,水汽压也愈大。因此,地表水汽压可以反映水汽含量的变化。地表实际水汽压通过相对湿度和温度换算得出。

首先,饱和水汽压的计算公式如下(Environment Canada,1977):

$$e_s = 0.6107 e^{\left(\frac{17.38T}{239+T}\right)} \tag{2.5}$$

式中,e_s 为饱和水汽压,单位为 hPa;T 为温度,单位为 ℃。

其次,利用饱和水汽压和相对湿度计算得出地表水汽压:

$$e = e_s \times RH \tag{2.6}$$

式中,e 为地表水汽压,RH 为相对湿度。

（1）地表水汽压的空间分布

西北干旱区多年平均地表水汽压为2.9～8.7 hPa。水汽高值区主要在伊犁河谷、天山南北坡、昆仑山北坡及宁夏区域,地表水汽压在5.0～8.7 hPa;而低值区主要分布在天山山区、祁连山区、阿尔泰山区和西北干旱区东部,地表水汽压在0～5.0 hPa。可以看出,大气水汽高值区主要在山前绿洲区域,而山区是低值区,这主要是受大气环流影响下的不同下垫面水分状况决定的。

在西北干旱区西部,主要受西风环流的控制,在天山和帕米尔高原等高大地形的作用下,截留部分水汽;而东部是东亚季风的边缘地带,季风强时可带来大量的水汽。此外,地形在水汽的空间分布上起到重要作用。

（2）地表水汽压的地带性分布和垂直分布

利用各观测站点的经纬度和海拔地理信息,分析地表水汽压与经纬度和海拔的关系,揭示地表水汽压的地带性分布和垂直分布规律。结果表明,地表水汽压与海拔高度有明显的负相关,但与经度的关系更加复杂。

地表水汽压与海拔高度的关系揭示了地表水汽压的垂直分布规律,即随着海拔高程的增加而显著减少(图2.1)。这与大气中的水汽主要集中在大气低层相一致。从不同高程的相关来看,海拔2500 m以下两者的相关系数低于2500 m以上,其中2500 m以上地表水汽压与海拔高度的相关系数为0.95,说明高海拔地区地表水汽压的垂直分布规律更加明显。

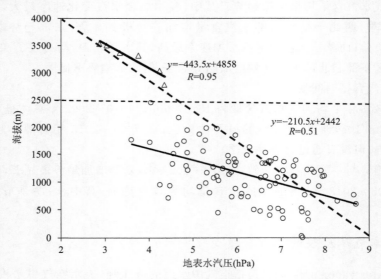

图2.1　西北干旱区地表水汽压与海拔高程的关系

图2.2给出了西北干旱区地表水汽压随着经度的变化。可以看出,从西向东,地表水汽压有着"高—低—高"的变化,转折点分别在90°E和100°E。这种变化规律反映了地表水汽压的经度地带性特征,即在西北干旱区的东部和西部地表水汽压高,而在中部地表水汽压较低。

西北干旱区西部受中纬度西风的影响,同时还受高原季风和印度洋水汽的影响,在特殊环流配置下形成水汽输送通道,给新疆北部和天山山区带来湿润水汽。西北干旱区东部也是水汽高值区,东亚季风可以带来丰富的水汽。此外,土地利用/覆盖的变化也影响着地表水汽压的变化。

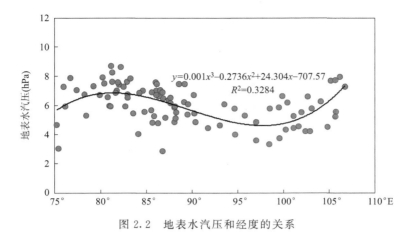

图 2.2　地表水汽压和经度的关系

图 2.3 和图 2.4 反映了天山和祁连山区地表水汽压和海拔的关系,从中可以看到地表水汽压随高度变化的线性相关关系。同时,天山和祁连山区不同海拔高度处地表水汽压也存在差异。在同一高度处,祁连山区的地表水汽压明显大于天山。究其原因,可能在于两个方面。一是控制环流系统不同,祁连山主要受东亚季风强弱变化的影响,丰富的水汽主要来自东太平洋和印度洋;而天山受西风的控制,西风强弱变化影响来自大西洋和北冰洋的水汽,大洋水汽在经过欧亚大陆时大量消耗。二是祁连山山区植被覆盖更大,绿洲面积和绿洲农业更加发达,气温明显高于天山,使得局地形成更多的水汽进入大气。

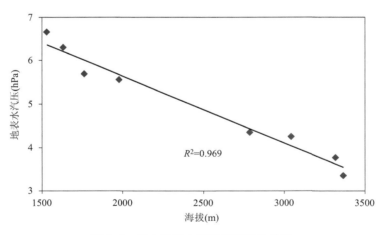

图 2.3　天山地表水汽压和海拔的关系

(3)地表水汽压的时间变化

Mann-Kendall 非参数统计检验发现,1961—2011 年西北干旱区地表水汽压有显著增加趋势($p < 0.01$),变化趋势为 0.12 hPa/10a,并在 1986 年发生突变($p < 0.001$)。变化趋势与全球和中国的一致,而突变时间点与西北干旱区气候变化突变特征基本一致。

西北干旱区生态系统复杂,有独特的山地生态系统、绿洲生态系统和荒漠生态系统。不同生态系统下的水汽变化存在差异。因此,根据观测站点所处的生态系统和景观格局,分为山区、绿洲和荒漠三大景观格局,来分别研究不同景观格局下的水汽变化特征。研究发现,荒漠

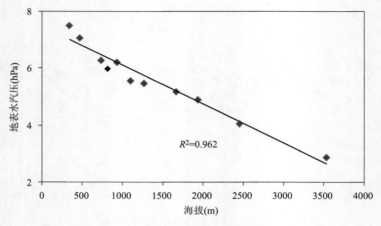

图 2.4　祁连山地表水汽压和海拔的关系

生态系统的地表水汽压增加趋势最大,为 0.15 hPa/10a;其次是绿洲生态系统,变化率为 0.14 hPa/10a,而山地生态系统的变化最低,为 0.08 hPa/10a(图 2.5)。Mann-Kendall 非参数统计检验发现以上变化均通过了显著性检验($p < 0.01$)。究其原因,山区主要分布有积雪和冰川,植被多样性丰富,且植被覆盖度高,山地生态系统相对稳定。此外,随着气候变暖,山区变暖加速区域水循环过程,增加区域蒸发量,使得更多的水汽进入大气中。因此,山地生态系统具有较低的变化趋势,而荒漠生态系统则相反。

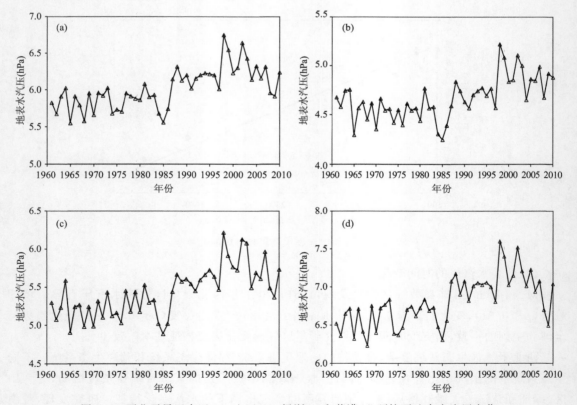

图 2.5　西北干旱区全区(a)、山区(b)、绿洲(c)和荒漠(d)环境下地表水汽压变化

研究发现,荒漠生态系统的气温增加最明显,其次是绿洲和山区,这与山区、绿洲和荒漠生态系统下地表水汽压的变化特征一致。究其原因,主要是由于温度上升加剧局地水循环过程,更多的蒸发水汽进入大气,增加了局地的水汽密度和含量。据估算,温度上升 1 ℃可以导致大气中增加 15%水汽含量。

Mann-Kendall 检验发现,西北干旱区地表水汽压在 1986 年发生明显突变($p<0.01$),这与气温和降水的研究结果一致。在不同生态系统环境下,突变时间有所差异,如绿洲区域地表水汽压在 1986 年发生突变,荒漠区域则是 1987 年,而山地区域突变发生在 1993 年。综上分析,西北干旱区地表水汽压均在 20 世纪 80 年代末或 90 年代初发生了明显的突变。因此,将整个时间序列按 1990 年分为前后两个阶段,其中 1990 年之后地表水汽压明显增加。

与 1961—1989 年相比,1990—2011 年期间地表水汽压在荒漠生态环境下增加幅度最大,增加了 0.49 hPa;其次是绿洲生态环境,增加了 0.48 hPa,山区增加最小,为 0.31 hPa。荒漠、绿洲和山地生态系统环境存在明显差异的原因包括:一方面,荒漠生态系统和绿洲生态系统稳定性较低,而山地生态系统具有较高的稳定性;另一方面,随着人口的快速增长和城市化的快速发展,20 世纪 90 年代以来工农业和旅游等产业发展迅速,绿洲区域的稳定性变异较大。因此,在全球变化的背景下,区域气候变化和人类活动加剧,引起了不同生态系统背景下大气水汽分布的差异。

(4)地表水汽压的突变特征

利用 Mann-Kendall 突变检验方法研究西北干旱区 96 个站点的地表水汽压的突变特征。以新疆西北部地区的博乐站(82.07°E,44.9°N)为例,来分析站点的突变特征,并发现该站在 1992 年发生突变,见图 2.6。在西北干旱区 96 个站点中,只有 17 个站点没有明显的变化趋势,其余 79 个站点的地表水汽压均通过了 95%的显著性检验。其中,只有 4 个站点有明显的下降趋势,分别为额济纳、拐子湖、永昌和中卫站,其余 75 个站点均有明显的增加趋势。从突变的空间分布来看,没有明显突变和下降突变特征的站点主要分布在西北干旱区的东部,如内蒙古西部和宁夏地区;而新疆、河西走廊和祁连山区均有明显的增加突变特征。

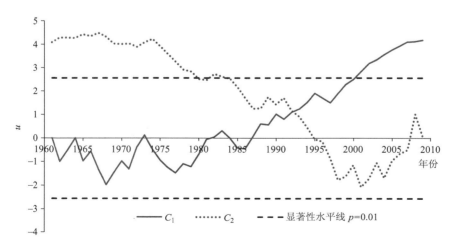

图 2.6　博乐站 Mann-Kendall 突变检验

通过变化趋势和突变特征的空间分布看出,西北干旱区东部的大气水汽含量有下降趋势,主要与东亚季风强度的变弱有关,而西部大气水汽含量的增加受西风强度增加和水汽输送变化的影响。

西北干旱区各站的突变时间主要分布在 1964 年到 1999 年之间。其中,霍尔果斯、新源、伊宁、额济纳、敦煌和中卫等站点有多个突变点,站点主要分布在伊犁河谷和西北干旱区东部,反映了以上地区水分变化的年际波动大,且对气候变化异常敏感。从具体分布来看,有 35 个站点突变发生在 1981 年到 1990 年之间,22 个站点在 1991 年到 1999 年之间,12 个站点在 1971 年到 1980 年;其中在 1961 年到 1970 年期间仅有 1 站发生突变。综合分析发现,1987 年有 11 个站发生突变,1993 年有 8 个站点发生突变。1987 年和 1993 年是西北干旱区气候变化的两个主要突变年份,其中在 1987 年,西北干旱区气温和降水量发生明显突变,而蒸发皿蒸发量在 1993 年发生突变(施雅风等,2002,2003;姚俊强等,2013;Li et al.,2013)。

地表水汽压的突变除了受大尺度气候变化的影响外,土地利用/土地覆盖变化也是原因之一。土地利用/土地覆盖变化改变了区域的水分蒸发状况,进而影响到区域的大气水分含量分布。

2.2.3　气温和地表水汽压的关系

(1)弹性理论

弹性理论在许多领域中被用来检测自变量对因变量的影响。在水文学中,弹性理论方法通常被用来定量评价气候变化对水文径流的影响(Schaake,1990)。本节尝试使用弹性理论方法来量化大气水汽对温度变化的影响。

根据 Chen(2014)和 Zheng 等(2009)提出的敏感性公式,水汽变化对空气温度变化的弹性系数可以表示为:

$$\varphi = \left(\varepsilon \cdot \frac{(W_{change} - W_{baseline})}{W_{baseline}} \cdot T_{baseline} \right) / (T_{change} - T_{baseline}) \times 100\% \qquad (2.7)$$

式中,$T_{baseline}$,T_{change},$W_{baseline}$,W_{change} 分别表示基准期和变化期温度和水汽的变化,φ 表示水汽对空气温度变化的弹性系数。

(2)气温和地表水汽压的变化

在过去的 50 a 里,西北干旱区气温有显著增加趋势,增加率为 0.36 ℃/10a($p<0.01$)。从季节变化来看,四季气温的变化趋势分别为 0.362 ℃/10a、0.318 ℃/10a、0.405 ℃/10a 和 0.482 ℃/10a(图 2.7)。同时,地表水汽压也有显著上升趋势,为 0.13 hPa/10a($p<0.01$),四季地表水汽压的变化趋势分别为 0.065 hPa/10a、0.209 hPa/10a、0.166 hPa/10a 和 0.092 hPa/10a(图 2.8)。冬季和秋季的气温变化趋势明显大于春季和夏季,而夏季地表水汽压变化趋势最大。但从变化百分率来看,冬季最大(0.046%/10a),其次是秋季。研究证实,西北干旱区冬季气温增加对全年温度贡献最大,地表水汽压的变化主要受夏季地表水汽压增加的影响。

图 2.9 和图 2.10 显示了 1980 年前后气温和地表水汽压变化趋势的季节变化。分析发现,1980 年之后,除了秋季之外,其余季节气温变化趋势均有增加,其中冬季增加最大。与 1980 年之前相比,地表水汽压变化趋势在各个季节均有明显增加。

表 2.1 列出了不同时期西北干旱区和不同生态系统环境下(荒漠、山地和绿洲)气温和地表水汽压的相关分析。结果表明,在 1981—2011 年期间,该地区的气温与地表水汽压的关系较 20 世纪 80 年代之前更为明显。因此,20 世纪 80 年代以来水汽增加和气温升高之间关系密切。气温上升加强局部水循环,增加了空气中的水汽含量。

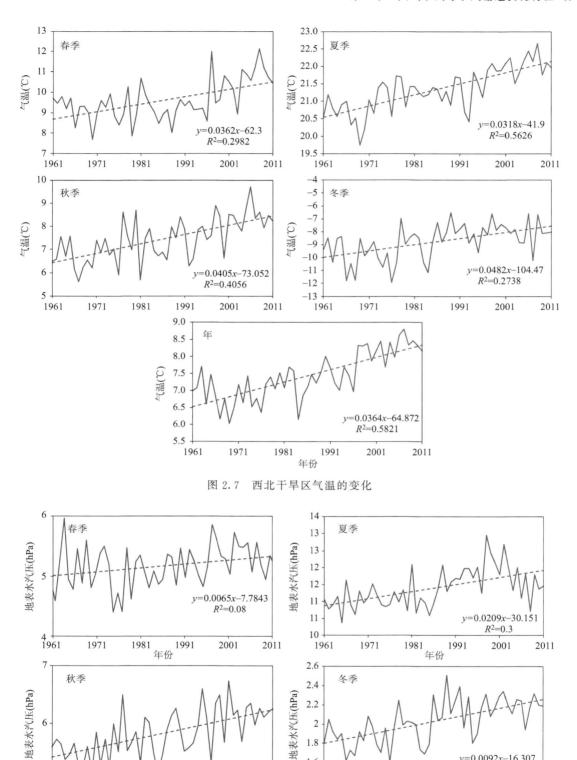

图 2.7　西北干旱区气温的变化

图 2.8　西北干旱区地表水汽压的变化

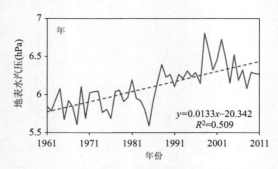

图 2.8(续)　西北干旱区地表水汽压的变化

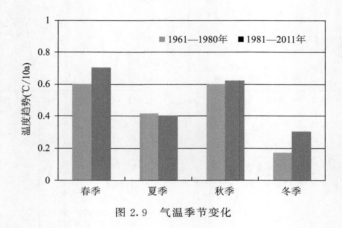

图 2.9　气温季节变化

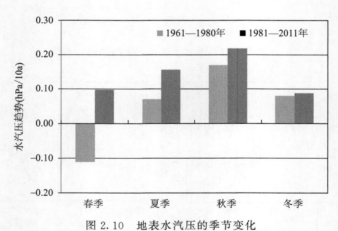

图 2.10　地表水汽压的季节变化

表 2.1　气温和水汽压的相关分析

	相关系数	
	1961—1980 年	1981—2011 年
干旱区	0.12	0.53[b]
荒漠	0.20	0.57[b]
山区	0.15	0.60[b]
绿洲	0.09	0.29[a]

注：[a] 表示通过了 95% 的显著性水平；[b] 表示通过了 99% 的显著性水平。

（3）定量评价地表水汽压变化对温升的影响

水汽是主要的温室气体,西北干旱区气温和地表水汽压之间的关系很密切。研究发现,气温的比例变化与地表水汽压的比例变化呈线性相关,且通过了 99％ 的显著性检验。基于弹性理论,计算得出水汽-气温的弹性系数为 1.3913,说明水汽每增加 1％,气温升高 1.3913％。在此期间,西北干旱区水汽变化对空气温度变化的贡献为 63.38％。Held 和 Soden(2000)也证实了水汽的增加对全球变暖的贡献为 60％～80％。

图 2.11 为不同季节温度变化与地表水汽压变化的回归关系,线性斜率也称为温度对水汽的弹性系数。从图中可见,秋季弹性系数最高,为 1.4919;其次是冬季和春季,分别为 1.0150 和 0.6317,夏季最低,为 0.2007。由此可见,春季、夏季、秋季和冬季水汽每增加 1％,气温分别上升 0.6317％、0.2007％、1.4919％和 1.0150％。计算得出水汽对四季温度增加的贡献分别为 25.56％、33.17％、77.75％和 87.67％。

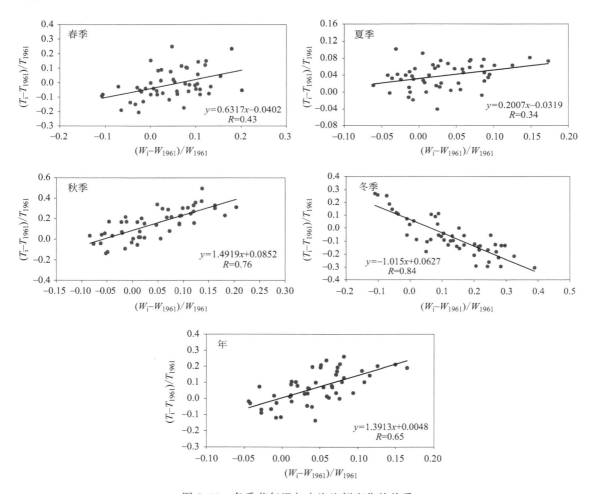

图 2.11　各季节气温与水汽比例变化的关系

此外,还分析了荒漠、山地和绿洲环境中温度对水汽的弹性系数(图 2.12)。荒漠、山地和绿洲环境中水汽每增加 1％,温度分别升高 0.8669％、3.4722％和 0.9537％。因此,水汽对荒漠、山地和绿洲环境下温度增加的贡献分别为 64.89％、47.70％和 56.53％。

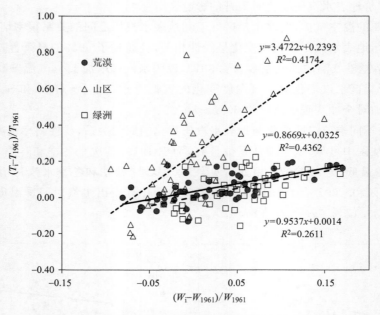

图 2.12　荒漠、绿洲和山地环境中气温与水汽比例变化的关系

　　温度升高会加速水循环,导致水汽和蒸发等不同尺度的水文气象因子发生变化。图 2.13 反映了西北干旱区气温、蒸发和水汽压之间的关系。气温升高影响着区域蒸发量的变化,引起了中国 20 世纪 90 年代以后蒸发量的增加。在西北干旱区也有类似的发现,在 20 世纪 90 年代初,蒸发变化趋势发生逆转,逆转后增长率为 10.7 mm/a。Li 等(2013)证实了水汽压差是西北干旱区蒸发量增加的主要因素。

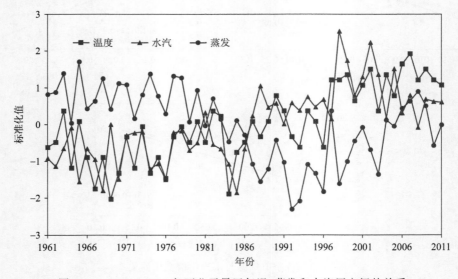

图 2.13　1961—2011 年西北干旱区气温、蒸发和水汽压之间的关系

　　温室气体(如水汽、二氧化碳、甲烷等)的排放使得大气温度急剧增加。根据克劳修斯—克拉珀龙方程,温度增加会导致水汽含量的增多。同时,水汽作为主要的温室气体,进一步增强

大气的温室效应,由此产生了水汽反馈机制(图 2.14)。

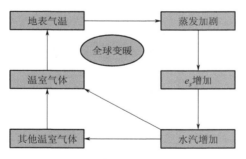

图 2.14　水汽的反馈示意图

利用弹性理论来分析气温和水汽之间的关系,存在以下的不确定性:一是弹性理论是基于长期自然观测数据,不受人为影响,在现实中,气温的观测受到不同程度的人类干扰,如城市化和二氧化碳排放等;二是用于评价水汽变化对温度的弹性系数模型是基于水汽相关温度变化独立于非水汽相关变化的假设,然而,在现实中,其他温室气体和水汽之间的关系也很复杂,比如二氧化碳的排放;三是水汽的实际观测非常困难,采用观测的地表水汽压来代表水汽变化,增加了观测资料的不确定性。

根据现有资料很难评价水汽的气候效应。从目前的研究可以看出,秋、冬气温变化对水汽变化最敏感。水汽每增加 1%,秋、冬气温分别上升 1.4919% 和 1.0150%。因此,认为水汽的变化是温度变化的重要因素之一。然而,其他温室气体和自然因素的影响也不能忽略。为了准确评价水汽的气候效应,应加强卫星遥感等水汽探测仪的观测,并对区域气候模型中的水汽反馈进行检验。

2.3　水汽输送及水汽收支变化

水资源对于西北干旱区乃至丝绸之路经济带建设起着至关重要的作用。但由于其时空复杂和不均匀性,水资源供需矛盾突出。空中水汽输送是一切水资源的源头,但对于西北干旱区对流层各层各边界的水汽流入和流出是多少,在各月如何分布,以及净收支是多少等问题一直不清楚,使得对干旱区空中水资源的利用问题的科学认识很有限。因此,利用 1.0°×1.0° 分辨率的 NCAR/NCEP 再分析逐日平均资料,对西北干旱区 2000—2012 年对流层各层各边界的水汽输入量、输出量和净收支进行了精细化研究,从而揭示西北干旱区空中水资源的动态特征,为合理开发利用空中水资源提供决策支持和参考依据。

2.3.1　水汽含量变化

(1)时间变化

西北干旱区大气水汽含量在 20 世纪 80 年代中期至 90 年代末有增多趋势,从 90 年代末至 21 世纪初有减少趋势,而在 2008 年之后有增加的态势。水汽含量在 20 世纪 80 年代中后期的增多趋势,从大气水的角度证实了施雅风等(2003)提出的西北地区气候出现由暖干向暖湿转型的强劲信号的结论。但在 21 世纪以来,水汽的波动较大,体现了其复杂性。

西北干旱区东部和西部变化并不一致。受西风影响的西部地区,20 世纪 80 年代中后期开始至 90 年代末期水汽含量增多,21 世纪初期水汽含量开始减少,后期又有增多趋势。而受季风影响的东部地区,20 世纪 80 年代至 90 年代末期在波动中呈增多趋势,进入 21 世纪以来水汽含量略有减少,其中在 20 世纪 80 年代和 21 世纪初期为偏少期,20 世纪 90 年代为偏多期。

(2)空间变化

西北地区大部分地区水汽含量为 12~25 mm。水汽含量最大值位于西北地区东部的宁夏地区,达 20~25 mm,而新疆东南部和部分山区水汽含量最少,为 9~12 mm。受蒙古-西伯利亚高压影响,冬季水汽含量为全年最低值,大部分地区仅有 5~7 mm,高值区可达 8~13 mm。春季水汽含量较冬季有所增加,在西北东部水汽含量达 14~20 mm,天山山脉和塔里木盆地西缘出现了 14~16 mm 的次高值中心。受东亚季风和西风的影响,夏季大气持水的能力增加,西北地区夏季水汽含量在 20~30 mm,新疆天山山脉和塔里木盆地西部水汽含量达到 25~30 mm。秋季水汽含量的空间分布与春季类似。

地理位置和大气环流的季节性调整是影响水汽含量空间分布的主要因素,其中尤以海拔和纬度影响最大。海拔高度决定了大气气柱厚度,影响着大气含水的能力;纬度决定了大气的温度,进而影响大气的持水能力。大气环流的季节性调整决定了气流中携带水汽的多寡,如冬季在蒙古西伯利亚高压影响下多盛行干冷的西北风,水汽含量最低;而冬季受到盛行西风的影响,天山西部有较高的水汽含量,随着夏季季风的出现,西北东部地区水汽含量呈现高值。因而,大气环流也是影响水汽含量变化与分布的一个重要因素。

2.3.2 水汽输送特征

(1)NCAR/NCEP 再分析资料适用性

NCAR/NCEP 再分析逐日平均资料,包括两种分辨率的数据集,即 2.5°×2.5° 和 1.0°×1.0°。为了精细化的计算,本节选取 1.0°×1.0° 分辨率的 NCAR/NCEP 再分析逐日平均资料,时间序列为 2000—2012 年。该数据集包括 17 个参数,本节使用资料包括高空水平纬向风 u、经向风 v、比湿 q 和地表层气压 p_s。其中,u、v 场在垂直方向上分为 17 层(1000 hPa、925 hPa、850 hPa、700 hPa、600 hPa、500 hPa、400 hPa、300 hPa、250 hPa、200 hPa、150 hPa、100 hPa、70 hPa、50 hPa、30 hPa、20 hPa 和 10 hPa),单位为 m/s;q 场在垂直方向上有 8 层(1000~300 hPa),单位为 kg/kg;p_s 的单位为 Pa。另一部分为探空数据,西北干旱区探空站点较少,本节选取阿勒泰、伊宁、若羌以及和田站为代表性探空站点,数据包括各高空特性层(地面、700 hPa、500 hPa、400 hPa 和 300 hPa)等压面的位势高度、温度、温度露点差、风速和风向等参数,探空数据用来验证 NCAR/NCEP 再分析资料在西北干旱区的适用性。

以 2007 年为例,分析和检验了 NCAR/NCEP 1.0°×1.0° 再分析资料和探空资料的差异,采用双线性插值法把探空资料和 NCAR/NCEP 1.0°×1.0° 再分析资料进行比较。结果表明,NCAR/NCEP 1.0°×1.0° 再分析资料计算的水汽输送通量接近于探空资料,即 NCAR/NCEP 1.0°×1.0° 再分析资料基本上可以反映干旱区的水汽状况。这与苏志侠等(1999)的适用性结论一致。

利用 NCAR/NCEP 1.0°×1.0° 再分析资料计算西北干旱区对流层各层 2000—2012 年多年平均的各月大气水汽收支计算结果。其中,地面至 700 hPa 为对流层低层、700~500 hPa 为对流层中层、500~300 hPa 为对流层高层,地面至 300 hPa 为整个对流层。

表 2.2　NCAR/NCEP 1.0°×1.0°再分析资料和探空资料计算的水汽输送通量比较(2007 年)(刘蕊,2009)

地区		纬向水汽通量(kg/(m·s))				经向水汽通量(kg/(m·s))			
		1 月	4 月	7 月	10 月	1 月	4 月	7 月	10 月
阿勒泰	探空	16.4	20	13.5	21.1	−7.3	−7.9	−2.2	−5.7
	NCEP	13.6	20.1	25.8	24.4	−3.1	−8.6	−18.5	−5.6
和田	探空	19.9	11.6	15	18.7	1.1	−1.4	2.8	4.4
	NCEP	17.7	15.7	32.1	14.4	4.8	−3.2	−9.8	10.1
若羌	探空	23.2	20.4	16	27.2	1.2	−9.1	−1.1	1.8
	NCEP	21.8	26.5	27.3	23.1	3.8	−13.1	−11	6
伊宁	探空	14.6	29.1	17.6	22.4	1.7	−5.4	4.3	0.4
	NCEP	13.7	37.7	40.7	25	3.2	−9.9	−8.7	1.2

(2)水汽输送变化特征

1)水汽通量场分布

从 1981—2010 年平均整层水汽通量场分布来看,我国西北干旱区主要受西风水汽通量和西北风水汽通量的影响,而西北干旱区以南的青藏高原地区主要受西风和西南风水汽通量影响,是西风和季风的相互作用区域;东部地区主要受东亚季风的影响,也受西南季风的影响。

西北干旱区主要受多支水汽输送带影响,新疆北部受来自西伯利亚和蒙古方向的西北风水汽通量影响,南部帕米尔高原和塔里木盆地受到来自孟加拉湾水汽翻越青藏高原的西南水汽通量影响,天山山区及其周边主要受来自大西洋的西风水汽通量的影响。西北干旱区东部受来自东亚季风和西南季风的共同影响,同时还受西风水汽的影响。

从春、夏、秋、冬四季影响西北干旱地区的水汽通量来看,冬季主要受西风水汽通量影响,其中塔里木盆地受来自青藏高原中西部强度达 50 kg/(m·s)的西南暖湿气流影响。春季主要受三支水汽输送带影响,其中北疆东部受来自西伯利亚和蒙古的偏西北方向的水汽通量输送,南疆南部主要受来自孟加拉湾水汽翻越青藏高原的西南水汽通量,而西北地区其余的水汽则主要来自西风水汽通量输送。夏季主要受两股水汽通量影响,即西风和西北风。北疆主要受西北风水汽通量影响,其余地区受西风水汽通量影响。秋季新疆地区空中水汽仍受到三支水汽通量影响,其中新疆北部主要受来自西伯利亚和蒙古的西北风水汽输送带影响,但强度比夏季明显减弱,且西北气流输送带偏东;新疆南部主要受来自孟加拉湾的西南风水汽通量影响;其他大部分地区仍受西风水汽通量影响。

2)水汽源地与输送路径

水汽源地本身是一个难以准确定义的概念,因为存在直接和间接水汽源地问题。任何向大气有净水汽输送的下垫面都可以视为大气的水汽源地。作为水汽源地的下垫面,主要取决于其上空大气的热力状态和动力结构,水面或陆面蒸发的水汽能否输送到大气中。即水汽源地上空应该是水汽含量的极大值区域。因此,确定水汽源地,首先,绘制气候态下对流层定常水汽输送场和水汽输送流线图;其次,确定目的地的水汽输送路径,并找出水汽输送路径上的水汽极大值区域,最终确定水汽源地。

在春季,西北干旱区上空以西风环流为主,水汽输送自西向东;在以西地区,欧洲大陆南部水汽含量较高,地中海、黑海和里海周围出现水汽含量极大值。根据流线跟踪法,发现里海、地中海和中亚巴尔喀什湖地区在水汽输送带上,因此判断以上区域是春季的水汽源地。

夏季,副热带高压(简称"副高")北上控制了地中海及其周边地区,副高中干燥的下沉气流抑制了地中海水汽向大气的传输,在水汽含量上表现为地中海及其东侧是相对小的带状区域。相反,在大陆中高纬度水汽含量相对较大,里海、黑海上空仍是极大值区域,水汽含量丰富。从水汽输送场看,欧洲中南部大部分地区的水汽输送几乎都有偏南分量;在中亚地区还存在一条由北向南的水汽输送极大带。这条向南水汽输送带阻挡了其西面地中海、黑海和里海水汽向新疆境内的输送,使得它们不能成为水汽源地。夏季是降水最多的季节,其上空的水汽含量达到最大,而且水汽输送也最强。用流线跟踪法可以发现由西侧进入新疆的水汽主要来自欧洲大陆高纬度,进一步发现来自大西洋和北冰洋,它们是夏季的水汽源地。

秋季,地中海上空又变成水汽含量的极大值区域,其上空的水汽向东南输送。里海和黑海依然是水汽含量的极大值区域,而且水汽含量高于春季。用水汽输送流线跟踪法可以确定里海和黑海是水汽源地。

冬季,地中海上空是水汽含量的极大值区域。冬季地中海受低压控制,气旋活动活跃,非常有利于水面蒸发的水汽向大气输送。此外,黑海和里海也是水汽含量的极大值区。从地中海上空,经欧洲南部到里海、中亚南部、再到西伯利亚是一条清晰的水汽输送极大通道,地中海和里海正处于这条水汽输送带上。因此冬季水汽源地是地中海和里海。

2.3.3 水汽输送量及收支变化特征

(1)水汽输送量的年内变化及垂直分布

西北干旱区主要的水汽来源是西风携带的水汽,以及西南季风暖湿气流,5—9月是一年中水汽输送活跃的时期,但在各月各高度层水汽输送量有明显差异(图2.15)。从水汽输入量来看,水汽输入以中层为主,其次是低层,高层水汽输入最少,最大水汽输送均发生在7月;水汽输出也以中层为主,其次是高层,而低层水汽输出最少,最大水汽输送也发生在7月。从水汽收支来看,西北干旱区2000—2012年整层水汽以盈余为主,4月和5月水汽盈余最大;各层来看,低层水汽输送主要以水汽盈余为主,10月至次年2月有微弱的水汽亏损;中层和高层水汽输送均以水汽亏损为主,其中高层各月均呈亏损状态,最大水汽亏损发生在7月,中层水汽输送在6—9月有水汽亏损,最大水汽亏损发生在8月,其余各月呈盈余状态。

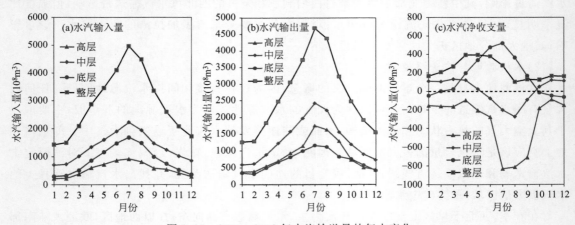

图2.15 2000—2012年水汽输送量的年内变化

西北干旱区对流层不同高度各边界水汽输送量存在明显的年内变化特征(图 2.16)。总体来看,各高度层西边界均为水汽输入,年内变化基本一致,呈"n"型变化,7 月输送量最大,1月输送量最小;东边界均为水汽输出,其中中高层和整层水汽输送年内呈"u"型变化,8 月输送量最大,1 月输送量最小,而低层水汽输送年内呈"w"型变化,6 月和 10 月为输送峰期,2 月和9 月为输送谷期;南、北边界水汽输送量较少,且年内变化特征更加复杂。

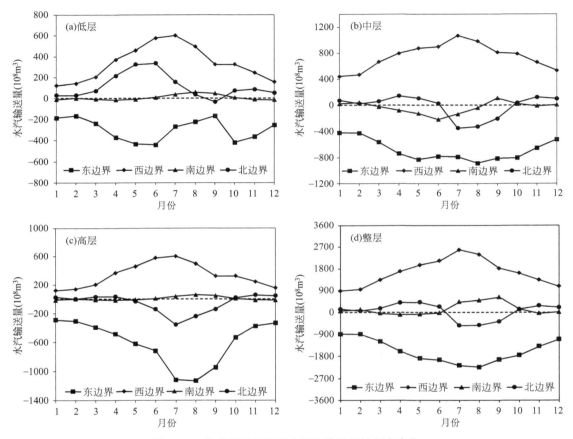

图 2.16　各高度层各边界水汽净输送量的年内变化

在北边界,整层水汽输送在 7—9 月为水汽输出,其余月份为水汽输入,对流层中层水汽输送变化与整层完全一致,除夏季外其余均为水汽输入,高层的水汽输出延伸到 6—9 月,而对流层低层除了 9 月之外,其余各月均为水汽输入。也就是说,西北干旱区北边界在对流层低层各月均为水汽输入,中高层夏季为水汽输出,中高层对整层水汽输送的贡献较大。而在南边界,整层水汽输送年内变化与北边界正好相反,7—9 月为水汽输入;对流层低层和高层水汽输送年内变化与整层相似,而中层在 3—8 月为水汽输出。

(2)年平均水汽输送特征

西北干旱区各高度层及东、南、西、北边界水汽输出量、输入量和净收支量存在以下明显的差异(表 2.3)。

对流层低层:西边界、北边界和南边界为水汽输入边界,年平均量为 4008.5×10^8 m^3、81.1×10^8 m^3 和 1366.4×10^8 m^3,东边界为水汽输出边界,年平均量为 3549.7×10^8 m^3,其中

纬向水汽输送量为 458.7×10^8 m³，经向水汽输送量为 1447.5×10^8 m³；通过该层 96 个边界输入干旱区的水汽总量为 10372×10^8 m³，输出水汽总量为 8466×10^8 m³，分别占整个对流层的 30% 和 26.6%；水汽净收支为 1906×10^8 m³。

表 2.3 西北干旱区各高度层 2000—2012 年年平均水汽收支

高度层	总输入		总输出		净收支(10^8 m³)
	输送量(10^8 m³)	比例(%)	输送量(10^8 m³)	比例(%)	
地面至 700 hPa	10372	30	−8466	26.6	1906
700~500 hPa	15991	46.2	−15861	49.8	130
500~300 hPa	6549	18.9	−10399	32.7	−3850
地面至 300 hPa	34613	100	−31846	100	2768

注：为正表示水汽从该边界流入西北干旱区，为负表示水汽从该边界流出西北干旱区。

对流层中层：西边界为水汽输入边界，多年平均输送量为 8982.8×10^8 m³，东边界、南边界和北边界为水汽输出边界，多年平均输送量为 8224.8×10^8 m³、443×10^8 m³ 和 185.2×10^8 m³，其中纬向水汽输送量为 758×10^8 m³，经向水汽输送量为 -628.2×10^8 m³；通过该层 96 个边界输入干旱区的水汽总量为 15991×10^8 m³，输出水汽总量为 15861×10^8 m³，分别占整个对流层的 46.2% 和 49.8%，水汽净收支为 130×10^8 m³。可以看出，对流层中层水汽输送活动最为活跃。一般而言，水汽主要集中在对流层低层，但是干旱区被昆仑山、阿勒泰山、天山、祁连山和帕米尔高原等高山环抱，海拔较高，对流层低层气柱较薄，因此水汽输送量小于对流层中层。

对流层高层：西边界、南边界为水汽输入边界，年平均量为 4008.4×10^8 m³ 和 81.1×10^8 m³，东边界、北边界为水汽输出边界，年平均量为 7239.72×10^8 m³ 和 699.9×10^8 m³，其中纬向水汽输送量为 -3231.23×10^8 m³，经向水汽输送量为 -618.8×10^8 m³；通过该层 96 个边界输入干旱区的水汽总量为 6549×10^8 m³，输出水汽总量为 10399×10^8 m³，分别占这个对流层的 18.9% 和 32.7%；水汽净收支为 -3850×10^8 m³。该层为西北干旱区水汽主要的辐散层，年水汽净收支表现为负。

从整层来看，西边界、北边界和南边界为水汽输入边界，年平均输送量为 19681.9×10^8 m³、540.5×10^8 m³ 和 1559.3×10^8 m³，东边界为水汽输出边界，年平均输送量为 19014.3×10^8 m³，其中纬向水汽输送量为 667.6×10^8 m³，经向水汽输送量为 2099.8×10^8 m³；通过整层 96 个边界多年平均水汽输入量为 34613×10^8 m³，多年平均输出量为 31846×10^8 m³，水汽净收支为 2768×10^8 m³。西北干旱区空中有丰富的水汽资源，为开展人工影响天气提供物质基础。

西北干旱区位于中纬度地区，受西风带气候系统的影响较大，因此西边界是水汽的主要输入边界，占总输入量的 90.36%，南、北边界是水汽的次输入边界，分别占总输入量的 7.16% 和 2.48%，而东边界是唯一的输出边界。同时在干旱区东部和南部也受到东亚季风和西南季风气流的影响，水汽的输送更加复杂。高、中、低纬环流系统共同影响西北干旱区的天气气候，高纬度北方冷空气南下与低纬暖湿气流交汇是产生降水的主要途径。

(3)年平均水汽输送的年际变化

图 2.17 为西北干旱区对流层各层 2000—2012 年水汽输出量、输入量和净收支的变化。可以看出，在 21 世纪初，西北干旱区各高度层水汽输出量、输入量和净收支的变化趋势基本一致，但在年际变化上存在差异。

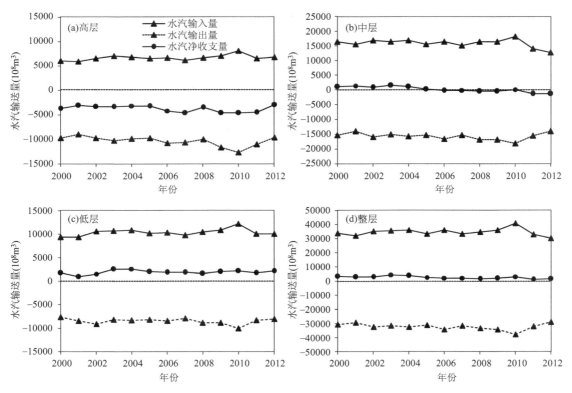

图 2.17　2000—2012 年各高度层水汽输入、输出量及收支变化

从整层来看,水汽输入量有微弱的增加趋势,但不显著;对流层高层和低层呈增加趋势,高层增加更明显,通过了 0.01 的显著性水平检验,低层仅通过 0.05 的显著性水平检验,而中层有下降趋势,通过 0.05 的显著性水平检验。对水汽输出量而言,整层和各高度层均呈下降趋势,但下降趋势存在明显差异;对流层高层下降趋势明显,通过了 0.01 的显著性水平检验,而整层和其余各层均不明显。整层水汽净收支量有明显的减少趋势。从各高度层来看,除了低层有微弱的增加趋势之外,其余各层均有明显的减少变化,其中对流层中层增加最明显,增加率为 $2241 \times 10^8 \ \mathrm{m^3/10a}$,通过了 0.01 的显著性水平检验。

2.4　天山山区水汽及变化研究

2.4.1　天山山区水汽含量变化

(1)水汽含量与地面水汽压的关系

利用天山山区周边三个探空站(伊宁、乌鲁木齐和库车)逐月平均大气水汽含量数据与相应的地面水汽压数据建立相关关系,进行 $W\text{-}e$ 一元模型拟合,得出水汽含量与地面水汽压的关系式(图 2.18):

$$W = 1.6571 \times e \qquad (R^2 = 0.94) \qquad (2.8)$$

式中,W 为水汽含量,单位为 mm;e 为地面水汽压,单位为 hPa。R^2 是拟合程度的指标,其值越接近于 1,拟合越好。

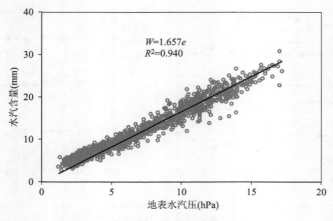

图 2.18 地面水汽压与水汽含量的关系

利用天山山区及周边 44 个站的 1961—2009 年的水汽压数据,通过计算水汽含量,并与探空实测数据进行对比。结果表明:三站的水汽含量计算值与探空值存在良好的对应关系,三站平均相关系数为 0.97,地面公式计算结果与探空计算结果非常接近(图 2.19)。计算的月平均值最大绝对误差为 5.2 mm,平均绝对误差为 1.1 mm,平均相对误差为 12.2%。由此可见,W-e 一元模型计算结果与探空结果差别并不大,满足精度要求,且计算简单,物理意义明确,可用于天山及周边地区其他无探空观测站点的水汽计算。图 2.20 表示了两种方法得出的各月水汽含量的变化,其中探空值为三个探空站的平均,地面计算结果为 44 站平均。结果表明地面经验公式计算结果与探空计算结果十分相近,结果都呈单峰状。

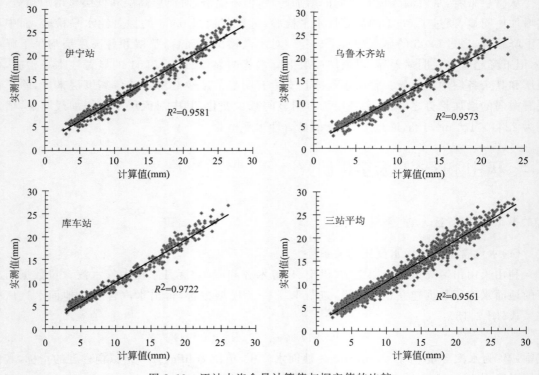

图 2.19 逐站水汽含量计算值与探空值的比较

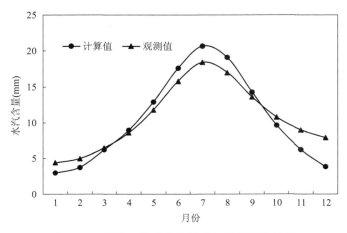

图 2.20　逐月水汽含量计算值与观测值的比较

（2）水汽含量时空分布

利用地面水汽压与水汽含量关系式计算了天山山区及周边 44 站 1961—2012 年平均水汽含量值。天山山区及周边区域多年平均大气水汽含量有三个高值区，主要分布在天山周边的河谷、盆地和山麓地带，分别为西天山的伊犁河谷地区、中天山北麓平原地区和东天山南部的吐鲁番盆地；中心水汽平均在 12～21 mm，前两个中心位于天山北麓的河谷平原地带，这里是西风气流的迎风坡，拦截了西来的大量水汽，空气湿润，水汽含量较高，加之河谷平原地带是新疆主要城镇分布区，绿洲农牧业发达，水汽更加充足；吐鲁番地区降水量少，但水汽却属极大值，这与当地气候及盆地内大气层较厚有关。吐鲁番盆地气候干燥，蒸发大，把近地面水分全部带到空中以水汽的形式存在，且盆地较其他地区海拔低，大气较厚，而大气中的水汽主要密集于对流层中下层；但也可能与天山以北通往该地的峡谷带来大量水汽有关。南天山及东部的阿克苏地区、库尔勒地区和东天山南部的哈密地区是水汽含量的次高值区，水汽含量在 5～13 mm。而低值区一直稳居在中天山山区巴音布鲁克—天山大西沟—小渠子一带及东天山巴里坤、伊吾地区，水汽含量仅为 4～8 mm，这与海拔高度密切相关。上述地区的测站海拔高，大气厚度较其他地区薄。

夏季是一年中水汽和降水最丰富的季节，多年平均水汽含量为 19.2 mm，伊犁河谷是高值中心，最高值为 25.2 mm，比春、秋季增加了一倍。吐鲁番盆地为另一高值中心，中心水汽达 23 mm，而盆地内降水很少，可见降水的多寡不仅与水汽有关，还受动力条件和其他因素影响。夏季气温达到一年中最高，蒸发最大，大气中的含湿能力强，大气水汽含量就高。但与同纬度的东部地区相比，水汽含量依然较低，湿润的东亚及南亚夏季风无法推进到该地区所致。而冬季多年平均水汽含量仅为 3.6 mm，天山西部上空水汽含量仅为夏季的 1/5，天山中部不及夏季的 1/8，为 1.5 mm 左右，与同纬度的东部相比较低，这是由于大气环流系统的影响差异决定的。

大气水分随高度变化有一定的规律性。20 世纪 50 年代苏联学者就指出，水汽压力与高度服从负指数关系，新疆四季的水汽压力与高度的关系也符合负指数函数（张学文，2004）。水汽压力随高度迅速减少的事实，说明大气中的水分主要在 3 km 以下的空气中运行，降水也主要来自 3 km 以下的空气中的水汽。水汽压力和比湿都是表征大气水分的指标。天山山区水汽含量随高度的分布关系(图 2.21),可以看出 1500 m 以下水汽含量大部分在 10～15 mm,1000 m 左右有三站上空水汽含量大于 20 mm,1500 m 以上在水汽含量在 5～10 mm,一般而言,海拔高的地区水汽含量少,也随高度呈负指数规律递减。但在 1000～1500 m 高度,和最大降水带一样,可能存在一个最大水汽含量带,但天山山区最大降水量带却在 2000 m 高度左右,与最大水汽带并不对应,这与降水时的动力因素和水汽凝结高度有关。

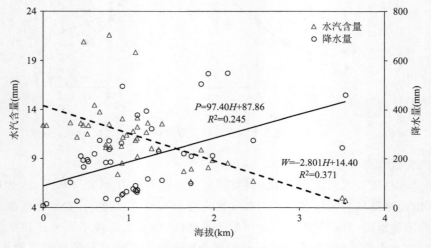

图 2.21　大气水汽含量、降水与测站海拔高度分布关系

天山山区及周边 1961—2012 年水汽含量年平均为 10.51 mm,最大年水汽含量为 11.8 mm(1998 年),比多年平均高 12.3%;最小为 9.46 mm(1968 年),比多年平均低 10%,两者相差 2.34 mm,表明年水汽量变化较小。总体来看,水汽含量在整个时段内呈增加趋势,增加率为 0.26 mm/10a,相关系数达到 0.68,通过了 0.05 显著性水平检验(图 2.22;图 2.23)。水汽的变化分为三个阶段,20 世纪 60 年代至 80 年代中期水汽含量在 10 mm 上下波动变化;1986 年水汽含量急剧增长,至 1997 年一直维持在 10.7 mm 左右,为水汽变化的第二个阶段;1998 年水汽含量急增到接近 12 mm,达到近 50 a 的最高值,而后出现波动下降趋势,近年来下降趋势明显,水汽含量接近第一阶段。

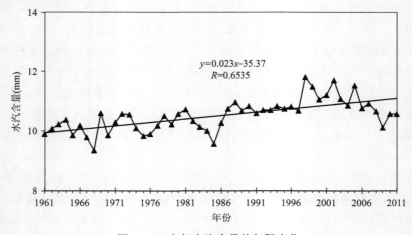

图 2.22　大气水汽含量的年际变化

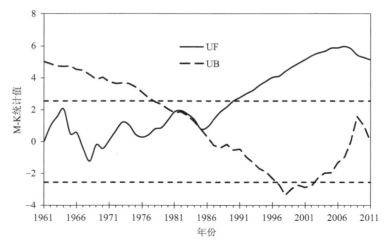

图 2.23　大气水汽含量的突变显著性检验

天山山区四季水汽均呈增加趋势,倾向率分别为 0.13 mm/10a、0.40 mm/10a、0.32 mm/10a 和 0.16 mm/10a,相关系数分别为 0.29、0.51、0.61 和 0.58,除春季通过了 0.01 的显著性水平检验外,其余均通过了 0.05 的显著性水平检验,说明夏、秋季水汽的增加明显,春季增加不明显(图 2.24)。

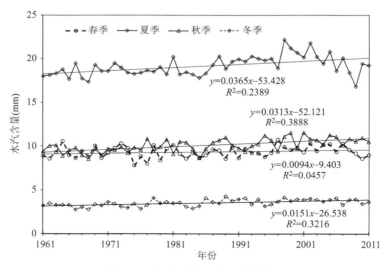

图 2.24　大气水汽含量的四季变化

从年代际变化可以看出:相对于 30 a 平均而言,20 世纪 90 年代前均为负距平,90 年代以来为正距平。90 年代以来,水汽增长显著,1991—2000 年平均降水增长幅度达 0.4 mm,其中夏季增加最明显(0.99 mm),秋季次之。2000 年以后秋季增加幅度最大,增加了 0.71 mm,而夏季较上 10 a 减少了 0.68 mm。年、春、秋、冬季最多均出现在气候偏暖的 21 世纪前 10 a,最少则出现在气温偏低的 20 世纪 60 年代。

(3)水汽含量与降水的关系

降水是一个复杂的过程,充足的水汽、动力抬升作用和不稳定能量三个条件缺一不可。大气通过水平输送和动力抬升作用将落区周围对流层中低层水汽在落区上空汇集、抬升、凝结，所以降水量和水汽含量存在着密切的对应关系。

为了研究水汽和降水的关系，对水汽和降水量进行相关分析。发现水汽与降水量有很显著的正相关关系，年相关系数为 0.59，且在夏季两者相关最为显著，相关系数为 0.79，其次为春季和秋季，分别为 0.55 和 0.48，冬季为 0.40，都通过了 0.01 的显著性水平检验；水汽和降水在夏季相关系数最大且最显著，说明夏季大气水分与降水的关系最为密切。水汽含量和降水量都呈上升趋势，水汽含量的年平均值为 10.51 mm，标准差为 0.53；降水量的年平均值为 199.71 mm，标准差为 32.74，说明水汽年际变化很小，降水量的年际变化很大。其中，降水量最高年份为 1998 年，该年水汽含量也最高；1994 年降水量最小，而水汽含量最小年份为 1985年，并不对应。1985 年以后，降水量明显增加，水汽也呈微弱增加趋势。可以看出水汽是影响天山山区降水量的因素之一，但不是主要因素。

就天山及周边各区域而言，全年降水量最大值区域位于西天山的伊犁地区、中天山和天山北麓地区；最小值区域稳定在东天山南部的吐鲁番盆地及哈密地区。水汽与降水量并不具有很好的对应关系，而具有区域特征。西天山的伊犁地区同向对应较好，是降水量和水汽值的共同高值区；中天山和东天山南部的吐鲁番地区有反向对应关系，中天山是降水的高值区、水汽含量的低值区，吐鲁番反之。其他区域对应关系不明显。

对降水和水汽的标准化场进行自然正交分解（EOF）展开。通过标准化的降水和水汽两个要素 EOF 空间场和时间系数的相关系数，来分析降水和水汽的空间和时间上的相似程度。计算结果表明，降水和水汽 EOF 展开的第一、第二向量场间的相关系数分别为 0.55 和 0.45，分别通过了 0.05 和 0.01 的显著性检验，说明两者典型场空间分布的相似程度很高；第三向量场间的相关系数仅为 0.042，反映两者空间分布型基本不相似。降水和水汽 EOF 展开的第一时间系数的相关系数为 0.79，通过了 0.01 的显著性检验，第二时间系数相关系数为 0.33，说明两者年际变化的相似程度很显著；而第三时间系数仅为 −0.088，反映两者时间基本不相似。

（4）水汽含量与温度的关系

水汽既可以反射太阳辐射，也吸收地面长波辐射，是大气中含量最高的温室气体，产生的温室效应占所有温室气体的 60% 以上，远远超过臭氧和二氧化碳的总和（Held et al.，2000；Philipona et al.，2004，2005），但对于水汽增温的作用长期被忽略。从理论上讲，水汽的温室效应一方面导致地面温度升高，蒸发加剧，大气中的水汽含量增加；另一方面温度升高导致大气饱和水汽压增大，大气可容纳的水汽总量增加。增加了的水汽，可吸收更多的辐射，增强初始的增温效应，加剧气候变暖趋势（李霞，2012）。水汽对温度的这种正反馈机制有别于其他温室气体（Ramanathan et al.，1989）。

研究发现，天山山区年及四季水汽与相应气温之间相关系数分别为 0.55、0.42、0.23、0.73 和 0.84，除夏季通过 0.05 信度水平外，年及其余季节均通过 0.01 信度检验，说明水汽与气温的相关性冬季最高，夏季最小。两者的相关性与气温的高低呈反相关关系，而不是正相关。初步认为，水汽对全球变暖和气候变化可能有负反馈作用，即水汽在一定的温度范围内具有温室效应，低于或者高于都会抑制增温效应。

（5）水汽含量与北大西洋涛动（NAO）的关系

长期以来，北大西洋涛动（NAO）被认为是影响北半球中高纬度气候变化的重要因子之一

(Thompson et al.,2001)。NAO 信号在北半球的冬半年最强。研究发现只有冬季 NAO 与天山山区水汽有相关关系,其中与夏季、年水汽相关系数为 0.46 和 0.43,均通过了 0.01 的显著性水平检验。这说明冬季 NAO 与水汽有显著的相关关系,其余季节不显著。冬季 NAO 在20 世纪 80 年代前在 0 上下波动,80 年代末 90 年代初达到最大值,而后又有波动下降趋势,近年来下降趋势明显,这与夏季水汽趋势变化时期相近,有很好的对应关系。

(6)水汽含量与北极涛动(AO)的关系

北极涛动(AO)不仅影响着极地地区的气候,也影响着中、低纬度地区的气候,对北半球气候的变化具有重要而广泛的影响(俞永强等,2005)。研究发现,冬季 AO 与天山山区年和夏、秋、冬季水汽有很好的相关性,通过 0.01 的显著性水平检验,说明冬季 AO 对夏季水汽相关性最显著。冬季 AO 在 20 世纪 80 年代前在 0 上下波动,80 年代末 90 年代初达到最大值,而后又有波动下降趋势,近年来下降趋势明显,这与夏季水汽趋势变化时期相近,有很好的对应关系。

(7)稳定性与可开发性

开发空中水资源是解决水资源短缺,增加淡水的一个重要途径,对干旱区的新疆尤为重要。对大气水汽含量时间序列进行方差分析,以发现各地大气水汽含量的变化幅度,通过方差值来表示各地水汽含量变化总幅度的大小,从而研究大气水汽含量的稳定性,即方差值越小(大),说明水汽含量变化的幅度也越小(大),稳定性则越大(小)。

研究发现,中天山、东天山和伊犁河谷,以及天山南部等地方差值最小,说明大气水汽含量的变化幅度较小,空中水资源稳定;而在山前地区方差值大,说明空中水资源不稳定。

从大气水汽含量序列年及四季方差随海拔的分布可以看出,500~1500 m 方差最大,海拔越高,方差值越小,大气水汽含量的变率越小,稳定性越大,即大气水汽含量的稳定性和海拔大致呈反相关关系。这与水汽凝结的高度有关,当水汽充足时,水汽在低海拔处就开始凝结,形成一个大水汽含量带,到高海拔处水汽含量稳定;当水汽不足时,水汽到较高海拔才能凝结降水,低海拔地带大气水汽含量不大,而高海拔处大气水汽含量依然稳定。因此,不管水汽是否充足,高海拔大气水汽含量始终稳定。这与对降水量高度变化的研究结果相似。

目前空中水资源开发的主要手段是人工增雨(雪),其核心方法是在没有改变降水过程宏观机制的前提下,改变了云系的微物理结构。什么类型的云系中水汽向降水的转化效率高,可以通过降水转化率来衡量。

研究发现,年均降水转化率山区普遍大于山前平原地带,海拔高度变化与降水转化率密切相关,随海拔高度上升,降水转化率增大。降水转化率在海拔 2000 m 左右形成一个高值,然后在 3500 m 形成另一个高值区,其中 2000 m 的高值区与 2000 m 最大强降水带重合,可以认为海拔 2000 m 左右是实施人工增雨(雪)的理想高度之一。

2.4.2　基于 ERA-Interim 再分析资料的水汽含量

(1)空间分布特征

基于 ERA-Interim 再分析数据资料,分析了 1979—2014 年天山山区年和季节水汽含量的空间分布特征。天山山区多年平均水汽含量在 5~11 mm,高值区主要分布在海拔较低的谷地和天山两侧地带,波罗克努山西北坡拦截来自西边的水汽,也成为高值区,高值中心在 10~11 mm。低值区位于山区腹地,水汽含量在 5~6 mm。总体上看,空间分布与站点资料得出的基本一致，说明 ERA-Interim 再分析数据资料在中国天山山区具有一定的适用性。

从季节上来看，各季的水汽含量的空间分布与年水汽含量基本一致。夏季水汽含量值较高，秋季其次，春季和冬季水汽含量值最小。夏季是水汽含量最丰富的季节，天山山区水汽含量主要集中在 9～18 mm，在伊犁河谷北部地区出现高值区，中心值为 18 mm 左右。冬季是水汽含量最低的季节，高值区分布在山区西北部的河谷地区，为 6 mm 左右，而春秋季是过渡季节。综上所述，水汽含量高值区主要分布在低海拔的盆地、山前平原和河谷地区，低值区则分布在海拔较高的山区。

(2)时间演变特征

天山山区 1979—2014 年年均水汽含量呈略微的下降趋势，但下降趋势不显著，且有阶段性特征。1997 年之前有微弱的增加趋势，而 1998 年开始水汽含量有明显的下降趋势。

从天山山区各月水汽含量的分布可以看出，天山山区水汽含量的月际变化呈单峰型，1—7 月的水汽含量逐渐增加，8—12 月又逐渐减少。夏季是水汽含量最高的季节，平均为 13.62～14.59 mm，其中 7 月平均值最大，1 月平均值最小，平均为 2.97～3.51 mm。最大月份与最小月份的极差值为 13.04 mm。这表明，水汽含量的季节变化明显。水汽含量的变化率可以反映出水汽增减的变化特征。天山山区水汽含量在 2—7 月是增长期，其中，4 月增长率最大，为 49%，7 月的增长率最小，为 7.6%，8 月到次年的 1 月为水汽含量的减少期，其中 12 月减少率最大，为 50.9%。

2.4.3 云液态水含量的分布特征

云水含量是衡量云中含有液态水和固态水多少的常用指标，其中云水含量为云液态水含量和云冰水含量的总和。

(1)空间分布格局

云水含量的分布与水汽含量的分布形势明显不同，云水含量由高海拔地区向低海拔地区逐渐减少。天山山区云液态水含量的值主要集中在 15～45 g/m³，在托木尔峰和汗腾格里峰附近区域为高值区，最大值可达到 45 g/m³；低值区在东天山山区海拔较低地区，仅为 15 g/m³。从总体的分布可以看出，云液态水含量在天山山区的西部高于东部，并且自西向东云液态水含量逐渐减小，到东天山地区最低。这一结果与利用云与辐射系统的资料，分析新疆山区低层云水资源时空分布特征得出的云液态水含量分布规律一致。

各季节云液态水含量的空间分布与年均云液态水含量不同，纬向分布特征较为明显，除夏季外。春季，天山山区云液态水含量集中在 1～9 g/m³，最大值在波罗克努山北坡，为 9 g/m³，最小值分布在巴音布鲁克盆地南部和东天山的伊吾地区，仅为 1 g/m³。夏季云液态水含量值集中在 5～55 g/m³，有两个中心区，托木尔峰、汗腾格里峰附近区域和依连哈比尔尕山区域，云液态水含量值分别为 55 g/m³、45 g/m³。秋季云液态水含量中部多于四周，高海拔山区多于低海拔的谷地和平原，最大值为 40 g/m³，分布在汗腾格里峰附近地区，最小值分布在东天山和西天山地区，为 5 g/m³。冬季是天山山区云液态水含量最小的季节，主要集中在 1～7 g/m³，最大值分布区在伊犁河谷地区，最小值集中在 43°N 以南的地区，仅为 1 g/m³。冬季云液态水含量的总体分布为北部多于南部，冬季大部分水汽都来自北方，地形阻挡水汽向南的输送。

（2）时间演变特征

天山山区年均云液态水含量呈略微的下降趋势，多年平均云液态水含量为 11.7 g/m³。从 5 a 滑动平均曲线可以看出，1998 年之前云液水变化略微上升，之后呈下降趋势，2009 年出现极低值后逐渐上升。1—7 月云液态水含量增多，8 月之后逐渐减少。云液态水含量在夏季最高，平均值为 23.6 g/m³，其中 7 月平均最大；其次，春秋季云液态水含量平均值分别为 12.4 g/m³、9.43 g/m³；冬季最低，平均为 1.46 g/m³，其中，1 月平均最小。

云液态水含量变化过程存在的多时间尺度特征，主要存在着 16～24 a 及 3～7 a 2 类尺度的周期变化规律。其中在 3～7 a 时间尺度上存在准 5 次震荡。小波方差的分析说明 20 a 左右的周期震荡最强，其次是 6 a 的时间尺度。

2.4.4 云冰态水含量的分布特征

（1）空间分布格局

天山山区云冰水含量总特点是自东向西逐渐增多，云冰水含量的值域分布范围在 10～45 g/m³，最大值在汗腾格里峰地区，最大值在 45 g/m³ 左右，小值区分布在东天山地区，为 20 g/m³。云冰水含量的分布特征与云液态水含量的分布形态很接近，表现为山区多于平原，高海拔地区多于低海拔地区。

从不同季节云冰水含量的空间分布上可以看到，不同季节云冰水含量的空间分布特征各不相同。春季，云冰水含量的值在 20～50 g/m³，高值中心出现在南天山乌恰县附近的地区，中心最大值为 50 g/m³，低值区分布在东天山和霍拉山南坡地区，中心最小值为 20 g/m³，在伊犁河谷地区和山地的迎风坡云冰水含量也较多，在 35～40 g/m³ 之间，纬向分布特征明显。夏季，云冰水含量的空间分布特征明显不同于春季，云冰水含量从东天山的 25 g/m³ 向西逐渐增多，在汗腾格里峰地区出现最大值，为 60 g/m³，表现出高海拔地区多于低海拔地区。秋季，在汗腾格里峰—依连哈比尔尕山一带为云冰水含量的高值区，中心最大值为 55 g/m³，在东天山和南天山附近地区为低值区，云冰水含量为 15 g/m³，云冰水含量表现为天山南北两侧和东天山分布少，中部地区分布多。冬季云冰水含量值在 8～32 g/m³，表现为北部多于南部，西部多于东部，纬向分布特征明显。

（2）时间演变特征

云冰水含量是反映空中云固态水含量的重要指标。从天山山区 1979—2014 年空中云冰水含量的变化趋势可以看出，年均云冰水含量随时间变化呈逐渐减少的趋势，这与利用美国宇航局 NASA 发布的 CERES SSF Aqua MODIS Edition 1B、2B 和 3A 云资料分析得出的结果相一致，平均减少速度为 0.84 g/m³ · (10 a)⁻¹，年均云冰水含量值为 25.8 g/m³，1987 年出现最大值，为 33.2 g/m³，2008 年出现最小值，为 21.4 g/m³。其中，从年均云冰水含量 5 a 滑动平均可以得到，2000 年以前云冰水含量波动变化较大，2000 年以后，大多为负距平值，云冰水含量明显减少。

云冰水含量的逐月变化特征与云液态水含量相似，都有一个高峰值。从各月云冰水含量值的分布来看，从 1 月到 6 月，云冰水含量逐渐增加，到 6 月达到最大值，为 36.6 g/m³，7—12 月云冰水含量逐渐减少，12 月为 16.3 g/m³，其中，5 月、6 月云冰水含量值约为 35 g/m³ 左右，1 月最少，为 15.8 g/m³。夏季云冰水含量最多为 32.9 g/m³，比年均云冰水含量偏多 17.1%；春、秋季次之，分别为 30.1 g/m³、21.8 g/m³；冬季最少，为 18.2 g/m³，比年均值偏少29.2%。

天山山区云冰水含量变化过程存在的多时间尺度特征。可以清楚地看出，云冰水含量主要存在着18～32 a及6～16 a 2类尺度的周期变化规律。其中在6～16 a时间尺度上存在准6次震荡。通过对小波方差的分析得出，云冰水含量存在2个峰值，分别对应着26 a和11 a的时间尺度，其中最大值对应着26 a的时间尺度，说明26 a左右的周期震荡最强，为云冰水含量变化的第一主周期，第二主周期对应着11 a的时间尺度。通过主周期趋势分析可以得出在26 a的时间尺度下，云冰水含量的平均周期为16 a左右，大概经历了2个周期的丰—枯变化；在11 a的时间尺度下，云冰水含量的平均周期为9 a左右，大概经历了4个周期的丰—枯变化。

2.4.5 云水含量的垂直分布特征

（1）垂直变化

云液态水含量和云冰水含量的垂直分布决定云水资源的可开发利用性。由于受资料的限制，只给出了整层的云水资源分布特征，无法反映云水资源垂直结构的变化特征。

天山山区空中云水量由边界层向上逐渐增多。云液态水含量在750 hPa的高度最大，达到72.5×10^{-3} g/kg，600 hPa向上逐渐减少，至400 hPa无变化，云液态水含量相当微弱。云冰水含量从800 hPa向上逐渐增加，至500 hPa的高空，出现最大值，为23.9×10^{-3} g/kg，500 hPa向上逐渐减少，在200 hPa左右的高空，云冰水含量非常小，可忽略不计。从平均云量分布来看，300 hPa高度上云覆盖最大，为28%，且标准差变化不定，表明该高度上云覆盖较为稳定，但这一高度上的云水开发难度大。相对来说，650 hPa左右云覆盖偏少，但该高度上云水含量丰富。因此，有天气过程在650 hPa形成较厚云层时，有助于空中云水资源开发。

（2）纬向变化

从天山山区沿82°E年平均和夏季云水含量的纬度-高度剖面可以看出，年平均云液态水含量，主要集中分布在700～550 hPa的高度上，云液态水含量在1×10^{-3}～10×10^{-3} g/kg变化，在42.5°N附近600 hPa左右的高空出现最高值，中心最大值为10×10^{-3} g/kg，由中心向周边逐渐减少，北边云液态水含量的发展高度略低于南边地区，在45°N附近650 hPa的高空位次高值区，中心值为8×10^{-3} g/kg，550 hPa以上的高空云水含量已相当微弱，经向分布主要集中在42°—46°N，反映出天山山区高含水量低云主要分布在这一纬度区。夏季云液态水含量高值区也出现在42.5°N附近600 hPa的高空，中心最大值为30×10^{-3} g/kg，云液态水含量向周边逐渐减小，在44°N的上空出现低值区，继续向北发展，在45°N的高空出现次高值区，北边对流发展高度同样比南边略低，中心值为24×10^{-3} g/kg。云冰水含量的高值中心出现在500 hPa左右的高空，中心最高值在11×10^{-3} g/kg左右。相对来说，低纬云冰水含量所能延展的高度更高一些。夏季云冰水含量在550 hPa左右的高空出现高值区，中心值在16×10^{-3} g/kg左右，主要集中在600～200 hPa的对流层大气中，600 hPa以下云冰水含量不显著，600 hPa向上逐渐增加，350 hPa达到最大，之后又逐渐减少，到200 hPa的高度几乎为零。

（3）经向变化

从天山山区沿43°N年平均和夏季云水含量纬向-高度剖面可以看出，云液态水含量在垂直方向上的最大高度在700 hPa附近，由中心向东逐渐减少，在84°N左右的高空出现低值，在接近

86°E 附近的区域高度略有下降,说明高值区出现在对流层中层,中心最大值为 13×10^{-3} g/kg,云液态水含量主要集中在 500 hPa 以下,500 hPa 以上的高空很少,可以忽略不计。夏季云液态水的高值区出现在 600 hPa 左右的高空,中心最大值可达到 34×10^{-3} g/kg,同一高度上从西向东逐渐降低。云冰水含量比发展的高度要高,主要集中在 $200 \sim 800$ hPa 的对流层大气中,云冰水含量,500 hPa 的高空出现高值区,中心最大值可达到 12×10^{-3} g/kg,云冰水沿着 500 hPa 向两侧都呈递减趋势,且在 600 hPa 附近的高空变化梯度较大。夏季云冰水含量主要集中在 $600 \sim 200$ hPa 的大气层中,高值区在 500 hPa 左右,以高值区为中心向两边逐渐减少,200 hPa 以上的高空云冰含量很微弱,可忽略不计。

2.4.6   夏季云水含量的经向变化

(1)云液态水含量的经向变化

夏季云液态水含量集中分布在 $750 \sim 500$ hPa 的高空,出现两个闭合区,分别在 42.5°N 和 45°N 的高空。6 月云液态水含量在 600 hPa 高空形成高值中心,中心最大值为 24×10^{-3} g/kg,由高值中心向上下、南北两侧逐渐降低,在 750 hPa 以下和 450 hPa 以上云液态水含量极其微弱,可忽略不计,继续向北发展,云液态水含量的闭合区高度降低,在 45°N 附近的 650 hPa 高空形成次高值区,云液态水含量中心值为 18×10^{-3} g/kg 左右;7 月云液态水含量的高值中心和次高值中心与 6 月相似,但云液态水含量高于 6 月,也是全年云液态水含量最丰富的季节,8 月云液态水含量的纬度—高度剖面显示,云液态水含量的分布特征和 6 月相一致,含量值略高于 6 月。总体来看,夏季云液态水含量的高值中心主要集中在 600 hPa 的高空。

(2)云冰水含量的经向变化

天山山区云冰水含量均集中在 $600 \sim 200$ hPa 的高空,在 600 hPa 以下和 200 hPa 以上高空云冰水含量分布极少。云冰水含量与云液态水含量相比只有一个明显闭合区,出现在 43°N 附近的高空,中心最大值均为 16×10^{-3} g/kg。6 月,云冰水含量的高值集中在 43°N(阿尔克山)附近的 500 hPa 高空,由中心最大值向高空和地面两侧逐渐降低,以 43°N 为中心,随纬度的升高和降低,云冰水含量均是减少的趋势;7 月中心最大值的分布高度更高,上升到 350 hPa 的高空,这与 7 月的温度上升有关;8 月云冰水含量的高值中心也出现在 43°N 附近的高空,中心值所出现的范围扩大,由 500 hPa 延伸到 350 hPa 的高度,中心最大值也为 16×10^{-3} g/kg。

2.4.7   夏季云水含量的纬向变化

(1)云液态水含量的纬向变化特征

夏季 6 月、7 月、8 月的云液态水含量的经度-高度剖面分布,可以看出,夏季云液态水含量主要集中的高度在 $700 \sim 400$ hPa,高值中心在伊犁河谷地区的 600 hPa 高空,分别为 27×10^{-3} g/kg、33×10^{-3} g/kg、27×10^{-3} g/kg,同时也可以反映出,这一地区中云分布较多,次高值中心区分布在,87°E 附近地区,低值区分布在 83°—85°E 的巴音布鲁克盆地地区,中心最低值为 3×10^{-3} g/kg,;从各月云液态水含量的多少来看,7 月最多,6 月次之,8 月相对较少。

(2)云冰水含量的纬向变化特征

夏季云冰水含量均集中在 $650 \sim 200$ hPa,在 650 hPa 以下和 200 hPa 以上高空云冰水含量稀少。6月,云冰水含量的高值集中在伊犁河谷南部地区,中心最大值可达到 16×10^{-3} g/kg,以 400 hPa 为中心向高空和地面两侧逐渐降低,7月中心最大值的分布高度更高,上升到 300 hPa 的高空,8月云冰水含量的高值中心也出现伊犁河谷地区的高空。从云冰水含量的月分布来看,7月的中心最大值较小,为 14×10^{-3} g/kg,6月、8月的中心最大值相同。

2.4.8 伊犁河谷水汽含量及变化

伊犁河谷位于天山西部,三面环山,地形呈喇叭状向西敞开,谷地呈三角形,地势由东向西倾斜,东西长 170 km。盛行西风环流,大西洋暖湿气流和南下的北冰洋较湿气流进入盆地后,受东南部高山拦截,在山区形成降水,使伊犁河谷成为天山山系水汽最丰沛、降水量最多的地区,也是新疆及天山气候最湿润、植被最好的地区,被称为"天山湿岛"。

(1)伊犁河谷降水变化

1)伊犁河谷降水的空间分布

流域内测站稀少,而且分布很不均匀。为了尽可能地反映山区地形对气候要素变化的影响,采用流域及附近地区 9 个气象站和 4 个水文站年降水数据。根据 DEM 确定出伊犁河谷的地理位置,占新疆总面积的 3.8%。

伊犁河谷降水的空间分布特征为:东部多于西部、山地多于平原、迎风坡大于背风坡。伊犁河谷平原区降水量一般为 200～400 mm;山区降水量一般在 600～800 mm 以上,甚至更多。计算结果表明,流域面雨量多年平均为 339.5×10^8 m³,占全疆面雨量的 12.4%,平均降水量 538.7 mm。流域空中静态水汽含量平均为 80.3×10^8 m³。

降雨量与海拔高度呈一元线性关系模型,相关系数分别为 0.64,通过了 0.01 的误差检验。可以看出降水随海拔的增高而增大,海拔 1000 m 以下降水平均在 200～400 mm;海拔 1000 m 以上降水均大于 400 mm;降水量在海拔 2000 m 左右达到最大,与最大水汽含量带的高度一致。

对伊犁河谷年平均降水划分为 10 个等级,统计各降水等级所对应的降水总量、流域面积及累积百分率(表 2.4)。年平均降水量在 700～800 mm 降水等级内所占的降水总量最大,为 63.4×10^8 m³。其次是 600～700 mm,所占降水总量为 61×10^8 m³。从各等级年平均降水量所占的面积来看,流域降水量没有小于 200 mm 以下的地区。年平均降水量在 400～500 mm 地区内所占的面积最大,为 1.13×10^4 km²。其次是 300～400 mm,所占面积为 1.03×10^4 km²。降水量 600 mm 以下的地区面积达 3.81×10^4 km²,占流域总面积的 60% 以上。

表 2.4　伊犁河谷降水等级与面积的关系

降水等级 (mm)	<200	200～300	300～400	400～500	500～600	600～700	700～800	800～900	900～1000	≥1000	合计
降水总量(10^8 m³)	0	17.5	37.0	50.4	50.6	61.0	63.4	46.3	11.8	1.5	339.5
累积占比(%)	0	5.2	16.1	30.9	45.8	63.8	82.4	96.1	99.6	100.0	
面积(10^4 km²)	0	0.73	1.03	1.13	0.92	0.94	0.84	0.55	0.13	0.02	6.29
累积占比(%)	0	11.6	28.0	46.0	60.6	75.6	89.0	97.8	99.8	100.0	

2)伊犁河谷降水的时间变化

流域多年平均降水量为 349.9 mm,其中年降水量最多为 528.2 mm(1998 年),偏多

50.9%,最少为 224.4 mm(1995 年),偏少 35.9%。近 50 a 降水呈上升趋势,其中年倾向率 17.71 mm/10a;从季节变化趋势来看,冬季倾向率为 5.54 mm/10a,夏季为 4.57 mm/10a,说明冬季增加趋势最明显,但夏季降水量大,流域内降水增加主要还在夏季。从年、季平均降水的年代际变化(表 2.5)可以看出:相对于 30 a 平均而言,20 世纪 90 年代以来,降水增长显著,1991—2000 年平均降水增长幅度达 17.6 mm,其中夏季增湿最明显(14.4 mm),冬季次之,而秋季降水减少(−5.4 mm)。2000 年以后增湿幅度更大,年降水平均增加了 44.5 mm,春季增湿最显著(19.8 mm),夏秋次之,冬季增湿幅度最小(1.2 mm)。年、春季、冬季最多降水均出现在气候偏暖的 21 世纪前 10 a,年和冬季最少降水则出现在气温偏低的 20 世纪 60 年代;而夏季最大降水出现在 90 年代,最少在 70 年代。

表 2.5　伊犁河谷降水年代际变化

时期	1971—2000 年均值(mm)	降水距平(mm)				
		1961—1970 年	1971—1980 年	1981—1990 年	1991—2000 年	2001—2010 年
年	345.5	−22.5	−14.4	−3.2	17.6	44.5
春季	101.9	1.5	1.2	−2.5	1.3	19.8
夏季	120.2	−3.5	−11.4	−3.0	14.4	9.3
秋季	75.9	−6.3	−2.1	7.5	−5.4	8.2
冬季	47.4	−13.8	−1.9	−5.0	6.9	7.1

(2)伊犁河谷水汽变化

为精细化计算流域水汽含量,利用伊宁探空站观测的 1976—2006 年的探空资料计算的水汽含量,并与相应站点的地面水汽压建立适合于伊犁河谷的 W-e 模型,并对该模型的可行性进行验证。使用该模型计算出伊犁河谷的水汽含量,并利用 EOF 和交叉谱方法分析水汽和降水的时空分布特征。

根据计算出的伊宁气象站水汽含量与地面水汽压的散布关系(图 2.25)表明,大气水汽含量 W 与地面水汽压 e 之间存在良好的线性关系:

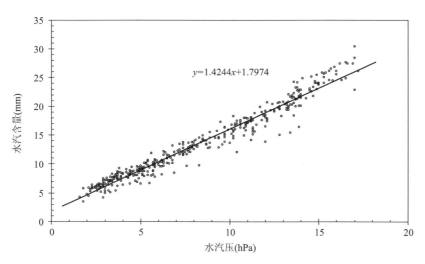

图 2.25　伊宁气象站水汽含量与地面水汽压的散布关系

$$W = 1.4244 \times e + 1.7974 \qquad (R^2 = 0.959) \qquad (2.9)$$

式中,W 为水汽含量,单位为 mm;e 为地面水汽压,单位为 hPa。R^2 是拟合程度的指标,其值越接近于 1,拟合越好。计算了其他伊犁流域 8 个地面气象站的水汽含量。

1)水汽含量的空间分布

伊犁河谷大气水汽含量在空间分布上主要表现为西部多于东部、平原多于山地、迎风坡大于背风坡的特点。有两个高值区,在下游平原及上游河谷地带,中心水汽含量在 13~15 mm,且从西向东递减,由于谷地向西呈喇叭口敞开,使西来的湿润气流长驱直入,大量的水汽被拦截,空气湿润,水汽含量最高;加之河谷平原地带是主要城镇分布区,绿洲农牧业发达,水汽更加充足。流域平均水汽含量为 12.3 mm,其中山区水汽含量一般为 7.6~12.5 mm,随着地形的抬升,大气厚度越来越薄,而水汽主要密集于对流层中下层。

各季的水汽含量随高度的增加有先增后减的趋势(图 2.26)。地面至 850 hPa 的水汽为 3.5 mm,约占整层的 29.5%;在 850~700 hPa 的高度上,与最大降水带一样,也存在一个最大水汽带,达到 4.8 mm,占整层的 40%,对应海拔高度约 2000 m;而后随高度的增加,水汽含量开始迅速递减;500 hPa 以上水汽量极小,呈微弱变化;地面到 500 hPa 高度,水汽约占整层的 93%,500~300 hPa 水汽仅占 5% 左右,300 hPa 以上水汽可以忽略不计。夏冬季水汽含量随高度变化趋势基本一致,但夏季水汽含量高于冬季 2~3 倍;夏季 700~500 hPa 所占整层水汽含量的比例高于冬季,而地面至 700 hPa 略有降低;冬季各层所占水汽比例与年均极为相似。另一方面,某层水汽累积含量表示了某一高度层以上气柱得水汽含量的总和。从水汽累积分布来看,水汽累积含量随高度单调快速递减,年均整层水汽为 11.9 mm,夏冬季分别为 20.3 mm 和 6.2 mm。

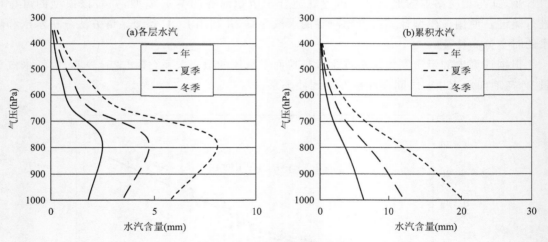

图 2.26 各层水汽及累积水汽含量随高度变化

2)水汽含量的时间变化

从伊犁河谷各月水汽含量的分布可见,地面经验公式计算结果与探空计算结果十分相近,探空月平均水汽含量为 13.93 mm,模式计算结果为 14.49 mm,模式结果略大于探空计算结果。计算的月平均值最大绝对误差为 8.02 mm,平均绝对误差为 0.998 mm,平均相对误差为 6.3%,可见,W-e 一元模型计算结果能够满足精度要求,且计算简单,物理意义明确,可用于伊犁河谷其他无探空观测站点的水汽计算。

伊犁河谷水汽含量的月际变化呈单峰型,从 1 月到 7 月的水汽含量逐渐增加,8 月到 12 月又逐月减少(图 2.27)。夏季是水汽含量的最高季节,其中 7 月平均最大,为 23.41 mm;冬季最低,其中 1 月平均最小,为 5.72 mm。最大月与最小月差值为 17.69 mm,说明水汽含量季节变化非常明显。

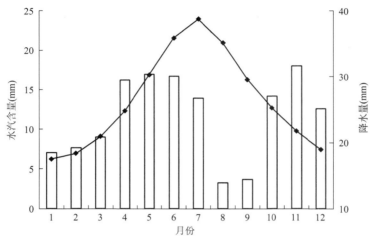

图 2.27　伊宁探空站月平均水汽含量

流域多年平均水汽含量为 12.3 mm,其中年水汽含量最多为 13.6 mm(2002 年),偏多 10.7%,最少为 10.66 mm(1962 年),偏少 13.3%。近 49 a 水汽呈上升趋势,其中年倾向率 0.27 mm/10a;从季节变化趋势来看,流域冬季倾向率仅为 0.19 mm/10a,而夏季达到 0.48 mm/10a,说明水汽的增加主要在夏季。通过与同址探空站观测水汽对比,伊犁水汽年际变化趋势基本一致,20 世纪 90 年代以后计算值略小于观测值,冬季稳定,夏季变化波动较大,这与夏季水汽增加幅度和强度有关。

为了反映伊犁河谷水汽含量的年代际变化,分别对年、夏冬季节水汽含量计算变差系数 C_v。可以看出,水汽含量变差系数在 0.038~0.085 之间,平均值为 0.049;夏季水汽含量变差系数为 0.063,冬季为 0.088,表明流域内年水汽年际变化较小,水汽相对稳定;冬季变差大于夏季,水汽相对较不稳定。

(3)伊犁河谷水汽与降水的关系

为了研究伊犁河谷水汽与降水的关系,对水汽与降水量进行相关分析,发现水汽与降水量具有很显著的正相关关系,年相关系数为 0.66,且在夏季两者相关最为显著,相关系数为 0.74,其次为春季和冬季,分别为 0.48 和 0.43,都通过了 0.01 的显著性水平检验;秋季达到 0.36,通过了 0.05 的显著性水平检验;水汽与降水在夏季相关系数最大且最显著,说明夏季大气水分与降水的关系最为密切。通过月水汽含量与降水的关系发现,水汽与降水并不具有对应关系,这与伊犁的区域位置及西风指数的月际变化有关。

为了研究水汽与降水的关系,对伊犁河谷降水和水汽的标准化场进行自然正交分解 (EOF)展开,可以看出:两者第一特征向量具有相似的分布特征,所占的方差贡献很大,分别达到了 73.8% 和 84.0%,且均为正值,表明了该流域气候波动的一致性;同时,河谷地带为高值区,说明变率要大于两侧山坡。两者的第二特征向量都表现出了河谷北部与南部符号呈相反的分布型式,且降水与水汽场的正负号也相反,这种南北反相的型态与气流来向导致迎风坡与背风坡转换有关,但此型所占的方差贡献比重明显较小,分别为 13.4% 和 6.1%。通过采用相似系数 r 判断标准化的降水与水汽两个要素 EOF 空间场的相似程度。

计算结果表明,降水和水汽 EOF 展开的第一向量场间的相似系数为 0.99,说明两者典型场空间分布的相似程度很高。而第二向量场间的相似系数为 -0.89,反映两者空间分布型高低中心反位相的程度也很高。第三向量场间的相似系数仅为 -0.10,反映两者空间分布型基本不相似。

对展开的时间系数采用相关系数分析两者的相关程度。降水和水汽 EOF 展开的第一时间系数的相关系数为 0.74,说明两者年际变化的相似程度很显著。第二时间系数的相关系数为 -0.43,反映两者时间变化呈相反位相。

利用交叉谱分析两者在频域结构和周期变化的相互关系。取最大时间滞后长度 $m=16$,对第一时间系数而言,在 5.3 a 和 3.2 a 周期上凝聚谱出现了峰值,位相差分别为 0.09 a 和 -0.06 a,表明两者几乎是同步的。第二时间系数在 6.4 a、3.6 a 和 2.5 a 周期上凝聚谱出现了峰值,位相差分别 0.53 a、0.40 a 和 0.11 a,表明两者有一定滞后。

(4)伊犁河谷典型暴雨过程水汽输送

根据新疆暴雨量级规定,把日降水量>24 mm 的降水事件定义为暴雨。对伊犁河谷伊宁和昭苏站日降水资料进行统计,发现近 50 a 来暴雨频次有增加的趋势,伊宁增加趋势更加明显,21 世纪前 10 a 有 11 次暴雨过程,其中 2010 年就有三次。选取伊宁日降水量>30 mm 的七次强降水过程分析降水的水汽源地及输送路径(表 2.6),发现春季地中海、里海周边范围是水汽的极大值区,且位于自西向东的通过新疆和巴尔喀什湖周围的水汽输送带上,是春季强降水的主要源地。而雨季水汽源地主要以热带海洋为主,同时也受北冰洋为源地的西北向水汽输送的影响。

表 2.6　暴雨过程水汽输送特征分析

序列	日期	降水量(mm)	水汽源地	输送路径
1	2004-7-19	62.9	北冰洋;索马里海域及阿拉伯海	西或西北水汽来源为主,在巴尔喀什湖以北汇集,部分通过伊犁河谷进入新疆境内;西南暖湿气流沿高原东侧进入新疆境内,与西向水汽汇合在天山及伊犁地区
2	1966-7-14	41.6	阿拉伯海、地中海及北冰洋	西南水汽输送为主,地中海水汽经波斯湾,翻过伊朗高原从河谷进入;还有北向水汽和来自阿拉伯海绕过高原东侧的水汽输送路径
3	2004-11-2	41.0	黑海和里海	西风水汽输送带
4	2004-7-20	40.3	北冰洋	北或西北水汽输送带
5	1998-4-20	35.7	地中海和里海;北冰洋	西南或西风水汽输送带;西北路径
6	1996-5-28	32.4	地中海和里海;北冰洋	里海附近地区的水汽沿 50°N 向东输送,在中亚巴尔喀什湖附近与北来水汽辐合继而进入河谷;700 hPa 图上有一来自中亚地区的水汽绕过高原南侧和东侧以西南暖湿气流形式进入新疆,影响到伊犁河谷地区
7	1998-6-14	31.4	北冰洋;孟加拉湾	以北向水汽输送带为主;700 hPa 图上有孟加拉湾翻越高原的水汽进入新疆

2004 年是伊犁气候异常的一年,年降水(496.3 mm)和年平均气温(10.6 ℃)均突破历史极值,7 月降水达 152.7 mm,比历年平均降水的 3 倍还多,是历年最大值。7 月 19 日,伊宁日降水量达到 62.9 mm,创 24 h 降雨量历史最大值。这次暴雨过程是伊犁河谷一次典型的强暴雨过程,分析此次降水过程中水汽的输送强度、来源、路径等,对伊犁河谷强降水发生发展机理、预报预警机制等研究有重要意义。

从 7 月水汽输送图上可以看出,水汽主要来源于大西洋和北冰洋,在里海附近汇集,然后以西风环流形式通过伊犁河谷输送到新疆,是该月降水的主要水汽输送带。从 7 月 19 日水汽通量图可以看出,有两支水汽输送带向新疆境内输送水汽,分别为沿高原东侧进入新疆的西南气流和源于北冰洋的北或西北路径输送。在 700 hPa 水汽通量图上,从索马里海域及阿拉伯海流出的西南暖湿气流沿高原东侧进入新疆境内,是降水的主要水汽来源;而在巴尔喀什湖以北地区有一反气旋环流,向新疆周边输送部分水汽,通过伊犁河谷进入新疆境内,大部分继续南下,形成一条由北向南的水汽输送带,隔断了来自地中海的西风向水汽输送。

2.5　地基遥感资料在大气水汽反演中的应用

地基 GPS/MET、微波辐射计等先进探测仪器遥感反演大气水汽含量是近年来发展起来的新技术。它具有时间分辨率高、连续性强等特点,这对于深入认识干旱区水汽分布及变化规律,增强灾害性暴雨天气的监测预警能力,提高水汽资源精细化评估水平都具有重要意义。

2.5.1　地基 GPS 水汽及其应用

(1)地基 GPS 探测水汽原理

全球定位系统(GPS)遥感大气水汽总量是建立在 GPS 定位技术、大气折射理论的基础上。GPS 信号传输经过大气层时,因大气中的水汽以及不同高度上温度和大气压的差异等因素影响而延迟。大气层对于 GPS 的信号延迟主要包括电离层延迟和对流层延迟。电离层的离散作用造成的延迟通过采用双频技术,几乎可以完全消除。对流层延迟又包括由于大气质量引起的干延迟及由于水汽引起的湿延迟。干延迟与地面观测量(气压)具有很好的相关,经订正可以得到毫米量级的湿延迟。湿延迟与水汽总量可建立严格的正比关系,最终精确地求出水汽总量。

(2)地基 GPS/MET 在塔里木盆地水汽反演中的应用

根据 2007 年 1 月至 2008 年 10 月,和田 176 对和若羌 334 对的探空数据和对应时次 GPS 观测数据的统计分析表明,GPS 反演的水汽含量与探空计算值存在良好的线性关系。平均来看,GPS 反演的观测水汽含量值一般要略高于探空计算值。和田和若羌站 GPS 反演的水汽含量分别平均为 14.34 mm 和 17.88 mm;标准差分别为 4.85 mm 和 7.95 mm,两站分别比探空偏高 3.90 mm 和 3.80 mm。探空和 GPS 水汽含量值的相关系数和田站为 0.92,若羌为0.88。GPS 反演结果相对于探空的均方根误差,和田为 3.05 mm,若羌为 4.45 mm。

从 2007 年 7 月 11 日至 8 月 31 日两站时序变化可见,莎车和塔中的水汽含量变化基本比较一致,两者水汽含量峰谷有一一对应关系,尤其是 7 月 21 日以后,莎车的水汽含量峰值均大于塔中;莎车的水汽含量变化均早于塔中,平均约 1 d 时间。但 7 月 14—18 日塔中的水汽含量大于莎车,且两者的变化也不一致。东部的若羌和塔中的水汽含量变化也表现出一致性,塔中的水汽含量变化平均比若羌早 12 h,若羌的水汽含量平均比塔中多 0.42 mm,变化幅度(均方差)也比塔中大 0.59 mm。在夏秋季节,塔中是所有站中水汽含量最低的。

GPS 反演水汽含量值与探空计算比较,偏差较大的原因是多方面的,但塔里木盆地沙尘天气较多,空气浑浊程度大,影响空气密度,使得沙漠地区大气折射率与理想状态下的大气折射率存在较大差异,从而影响 GPS 反演过程中干延迟项的解算,可能也是一个重要原因。另一方面,2006 年后由于盆地周边探空站统一更换了新型探空仪,数据的均一性受到影响,计算出的水汽含量与 2006 年以前相比明显偏低,出现了不连续现象,这也进一步加大了与 GPS 反演的水汽含量差距。由于塔里木盆地中心的观测站过于稀少,得出的结论虽然存在一定的不确定性,但即使如此,盆地 GPS 观测反演的水汽含量,在用于卫星遥感反演水汽含量过程的校正方面可扮演重要角色,这对于我们进一步认识塔克拉玛干沙漠地区水汽含量的分布特征来说仍然是非常有价值的。

(3)地基 GPS/MET 大气水汽探测网络

干旱区地域辽阔,地形复杂,常规探空站少,而且多分布在平原地区,影响了对区域水汽分布及变化规律的深入认识,给灾害性暴雨天气监测预警、降水资源精细化评估带来很大困难,且远远不能满足对空中水资源研究和利用的需要。通过 GPS 反演,可以描述水汽变化的细节,对于研究中小尺度天气系统具有重要的价值。GPS 具有观测精度高、无人值守、运行费用低等优势,在当前的观测条件和精度下,地基 GPS 可以作为一项新的有效手段,从时间和空间上加密现有的高空探测站分布,用于区域水汽含量的遥感反演。

2011—2018 年间,在中央级科学事业单位修缮购置项目的支持下,中国气象局乌鲁木齐沙漠气象研究所在新疆境内的主要山系建立了空中水汽综合观测系统,重点分布在天山山区和昆仑山北坡区域。截至 2019 年初,共建设有 GPS/MET 水汽探测仪 38 台,实现了新疆主要水分循环关键区域空中水汽综合观测系统和实时显示平台,能够实时定量监测山区水汽分布,提供高时空分辨率的暴雨洪水天气背景监测信息,为防汛决策服务、防灾减灾提供重要的科技支撑。将进一步加深对天山山区水汽分布及变化规律的深入认识,为监测山区雨雪量分布、空中水资源的合理开发利用以及水分循环等科学研究奠定坚实基础。同时,在改善数值天气预报精度方面也会起到重要作用,通过与遥感手段结合应用,在监测和揭示中小尺度灾害性天气内在结构和机理,剖析山区的天气气候特点,局地性强对流天气探测,降水量的定量监测及短时天气预报诸方面起到积极作用,并会大大推动和促进新疆事业的快速发展,产生显著的社会效益和经济效益。

2.5.2 微波辐射计的应用

(1)微波辐射计探测原理

在电磁波谱中,把频率在 0.3～300 GHz(波长从 1 m 到 1 mm)范围的电磁波称作微波。自然界中的一切物体,只要温度在绝对温度零度以上,都以电磁波的形式时刻不停地向外传送热量。微波廓线方法是利用大气在 22～200 GHz 的频率带中的微波辐射进行测量的。微波辐射计是一种被动式的微波遥感设备,它本身不发射电磁波,而是通过被动地接收被观测场景微波辐射能量来测量大气水汽总量,其优点是可以测出各高度层温度水汽廓线,其他类型的微波辐射仪只能确定大气的总量。

地基微波辐射计接收到辐射电压值,标定成为亮温,最后反演得到各种大气廓线以及其他积分量(如气柱水汽总量和液态水含量)。地基微波辐射计测量的亮温值通过各种反演方法可得到大气温度、湿度、水汽、液态水等的垂直廓线分布,以及大气水汽、液态水总量等值。其中反演方法有牛顿迭代反演法、线性统计法、贝叶斯最大概率法以及神经网络法等。本研究使用了神经网络反演算法。

目前,新疆有两部 MP-3000A 型微波辐射计分别安装在乌鲁木齐和伊宁(图 2.28(彩)),这是一种新型 35 通道微波辐射计,它可以提供从 0~500 m 高度上每 50 m 一个间隔,500 m~2 km 高度上每 100 m 一个间隔,2~10 km 每 250 m 一个间隔的温度、相对湿度、水汽密度以及液态水的垂直廓线,每两分钟一个数据,并通过伪彩图、垂直廓线、二维图显示最近 72 h 的历史数据。该仪器观测的温度、相对湿度、水汽廓线可用于天气预报、监测飞机结冰、决定飞行轨迹和声传播的密度廓线、卫星定位和 GPS 测量、估计和预测无线通信连接的衰减以及水汽密度的测量等。同时,得到连续的大气垂直结构对认识天气系统的结构和演变、人工影响天气的高度层定位和空气污染的机制非常有价值。

图 2.28　安装在伊宁气象观测站的微波辐射计和地基 GPS(另见彩图 2.28)

(2)MP-3000A 型微波辐射计精度验证

为了验证反演数据的可靠性,利用微波辐射计 2008 年 6—8 月的观测资料和对应时间每日 2 次的探空数据,对微波辐射计反演得到的温度、湿度廓线进行对比分析(图 2.29)。

1)温度廓线对比

微波辐射计的温度廓线和探空观测结果具有很好的相关性,相关系数达 0.99 以上,通过了 0.001 的置信度水平检验,说明两种设备观测的温度廓线总体趋势一致。两者的偏差在 −4.45~0.58 ℃,平均偏差为 −1.6539 ℃,说明两种设备观测温度方面存在明显的系统误差。选取 2008 年夏天日降水量≥5 mm 的降水日(0611(6 月 11 日,下同)、0618、0724、0726、0805)的温度廓线分析,发现两者相关系数更高,平均偏差更小(−2.31 ℃),偏差在 −6.72~0.77,这种偏差在 3500 m 以上更加明显,且随高度呈上升趋势。从上可知,探空与微波辐射计观测的温度廓线具有很好的正相关,在 1500 m 高度以下探空气温数字略大于微波数据,1500~4000 m 高度两者相当,4000 m 高度以上探空气温数字较高,有降水条件下更加明显,两者存在系统误差。

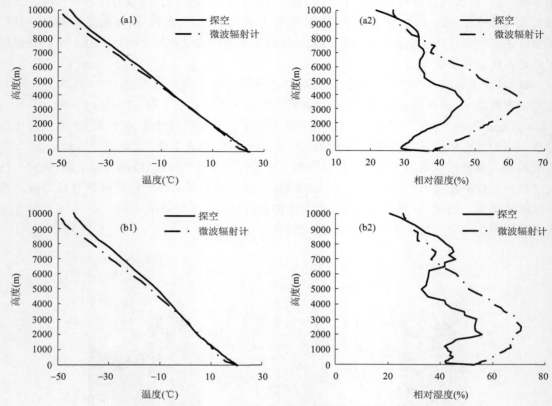

图 2.29　微波辐射计反演与探空观测结果的温湿度廓线图
(a1、a2 为夏季平均各层温湿度廓线;b1、b2 为有降水日平均各层温湿度廓线)

2)相对湿度廓线对比

从微波辐射计与探空相对湿度廓线图可以看出,微波辐射计的相对湿度廓线和探空结果具有很好的相关性,相关系数达 0.85,通过了 0.001 的置信度水平检验,说明两种设备观测的温度廓线总体趋势一致。两者的偏差在 -2.93% ~ 18.01%,平均偏差为 10.51%,说明两种设备观测湿度方面存在明显的系统误差,但两者均在 3500 m 左右形成一个高值带。选取 2008 年夏天日降水量≥5 mm 的降水日(同上)的相对湿度廓线分析,两者相关系数降低,但平均偏差增大(11.32%),偏差在 -9.54% ~ 25.17%,总体上探空与微波辐射计观测的湿度廓线具有很好的正相关,微波辐射的湿度大于探空结果,在 8500 m 以上探空值超过微波结果,有降水发生时这一高度下降到 6500 m,探空结果在 7000 m 左右出现另一个高值带,同时,原来的高值带下降到 2000 m 左右,两者更加接近,可以看出两者存在一定的系统误差。降水会使微波辐射计产生较大的系统偏差,尽管 MP-3000A 微波辐射计采用了纳米天线和鼓风机设备,提高了降水条件下的反演能力,但依然通过影响亮温而导致反演结果的误差。

(3)MP-3000A 型微波辐射计在水汽日循环研究中的应用

利用观测的微波辐射计资料,选取 2008—2011 年 6—8 月水汽总量(PWV)数据,分析乌鲁木齐夏季 PWV 日变化特征。微波辐射计可以获取分钟的 PWV 值,为全面认识乌鲁木齐夏季 PWV 日循环特征,对观测的乌鲁木齐 PWV 日变化进行合成分析(即求每日各时刻的月平均值)。

PWV 呈现明显的日循环特征(图 2.30)。夏季 PWV 平均为 21.66 mm,从 04:00—15:00 逐渐减小,从 15:00—23:00 逐渐增加。最大值出现在 04:00—04:59,为 22.44 mm;最小值出现在 15:00—15:59,为 20.89 mm;日变幅为 1.55 mm,变化了 7.1%。其中,7 月 PWV 平均最大,为 23.43 mm,最大值出现在 04:00—04:59,为 24.47 mm;最小值出现在 14:00—14:59,为 22.62 mm;日变幅为 1.85 mm,变化了 7.8%;8 月 PWV 平均最小,为 19.78 mm,最大值出现在 00:00—00:59,为 20.86 mm;最小值出现在 15:00—15:59,为 18.74 mm;日变幅为 2.12 mm,变化了 7.1%。

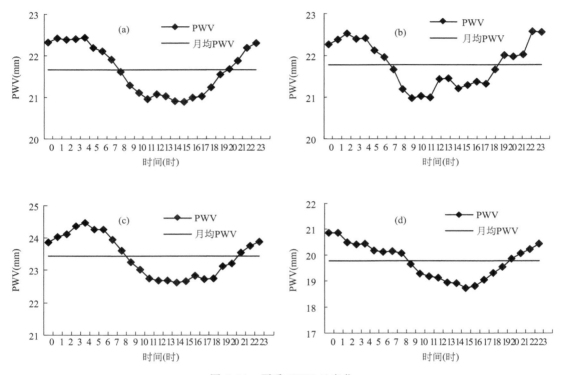

图 2.30　夏季 PWV 日变化

PWV 小时变化率可以表示 PWV 的变化趋势,正值表示增加,负值表明减少。对 6—8 月 PWV 小时变化率的日变化特征做了统计分析,得出夏季 PWV 小时变化率最小值出现在 08:00—09:00,为 −0.328 mm/h;最大值出现在 18:00—19:00,为 0.314 mm/h。统计了出现正值和负值的概率,其中正的 PWV 小时变化率为 54.2%,负的 PWV 小时变化率为 45.8%,即夏季 PWV 增加率与减少率是基本对称分布的。

乌鲁木齐夏季降水有显著的日变化特征(图 2.31),总体来看,04:00—10:00 是降水量的高值时段,占 24 h 降水总量的 49%,存在 2 个相对的峰值,分别是 05:00 和 09:00,一天中降水量最多的时次是 09:00,占 24 h 降水总量的 13%;而 11:00—16:00 是降水量的低值时段,占 24 h 降水总量的 9.1%,一天中降水量最少的时次是 12:00,不足 24 h 降水总量的 1%;17:00 至次日 03:00 是高低波动时段。从各月来看,6 月的日降水表现为两高两低的变化特征,高值时段为 05:00—07:00 和 14:00—24:00,后者有小的波动,02:00—04:00 和 08:00—

13:00 为低值时段;7 月,21:00 至次日 10:00 为高值时段,存在 3 个相对的峰值,分别为21:00、05:00 和 09:00,11:00—20:00 是低值时段;8 月降水少,09:00 降水最多,其余时段降水少或无降水发生。综上所述,发现乌鲁木齐夏季降水主要发生在夜间,尤其是后半夜。结合微波辐射计观测的 6 月、7 月、8 月及夏季平均的 PWV,与相应小时降水量进行分析,发现降水日变化与 PWV 的日变化基本一致。

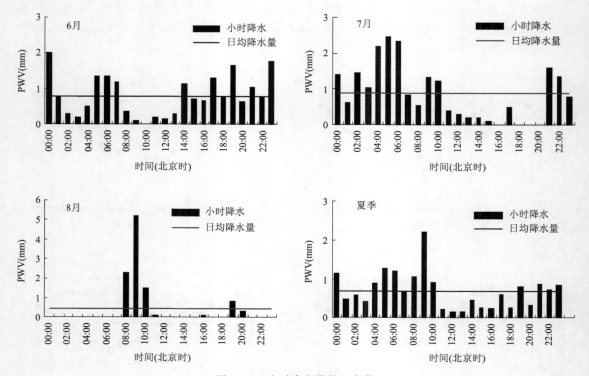

图 2.31　小时降水量的日变化

水汽达到一定的阈值是产生降水的前提条件。选取资料都完整的 2010 年 6—8 月、2011年 6—7 月微波辐射计反演的 PWV 与同时间自动气象站观测的小时降水量数据进行统计分析,发现当有降水发生时(＞0.1 mm)PWV 均达到 19.6 mm 以上,可以初步把 19.6 mm 定为发生降水的水汽阈值,但也有很多 PWV 达到 19.6 mm 而没有降水发生的例子。

从 2010 年、2011 年夏季 PWV 与相应降水量变化可以看出[图 2.32(彩)],没有降水发生时,PWV 值低于平均值,在降水发生前几小时内开始慢慢攀升,达到高峰后急剧下降,降水在PWV 值达到高峰后 1 h 左右才达到高峰。可见,降水前有一定阶段的水汽积累,等水汽积累到一定极值,此时云中水汽也达到饱和,在相应的动力机制影响下发生降水,发生降水后消耗了大气中的水汽,PWV 值减小而急剧下降。

(4)MP-3000A 型微波辐射计在暴雨过程水汽演变中的应用

新疆气象学者根据新疆的实际情况,结合多年预报、实践和概率统计方法提出了适合新疆气候特点的降水量级标准。标准规定:24 h 降水量 6.1~12.0 mm 为中雨,12.1~24.0 mm为大雨,＞24.0 mm 为暴雨,＞48.0 mm 为大暴雨。以 2011 年 7 月 1—4 日暴雨过程为例,来分析 MP-3000A 型微波辐射计在水汽演变中的应用。

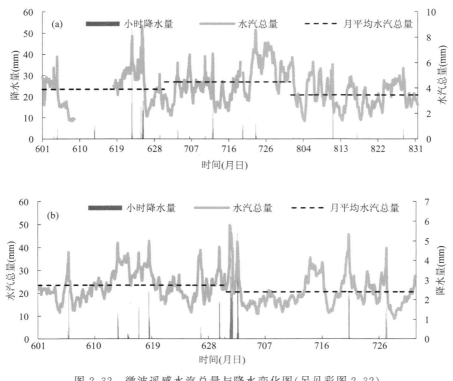

图 2.32 微波遥感水汽总量与降水变化图(另见彩图 2.32)

(a)2010 年 6—8 月;(b)2011 年 6—7 月

1)暴雨过程与环流系统

2011 年 7 月 1 日 22:00—3 日 09:00,乌鲁木齐地区出现了降水量达 54.8 mm 的间歇性暴雨天气过程,此次暴雨共经历 2 次大的降水过程,分别为 7 月 1 日 22:00 至次日 10:00、3 日 02:00—09:00,分别为 13 h 降水量 37.9 mm 和 8 h 降水量 16.9 mm。还有此前 6 月 30 日 06:00—09:00 降水量为 4.6 mm 的小雨过程。此次降水新疆出现了 2011 年入汛以来最强降水过程,受冷空气东移及副热带高压(以下简称"副高")边缘西南暖湿气流共同影响,在石河子以东的北疆沿天山一带、天山山区大部地区出现了大暴雨,部分地区出现了暴雨。

从温度、相对湿度和水汽密度的三维时空序列图来看,临近降水时,各层温度稳定变化,0 ℃层稳居在 3 km 高度左右,地面温度接近 30 ℃,相对湿度在 4~5 km 高度上已经接近 100%,液态水含量依然很低;降水发生时,高层温度明显增高,2 km 高度以下温度有小幅下降,湿度大值区迅速向下扩展,2 km 高度以下相对湿度接近 100%,4 km 高度大值区依然存在,液态水含量也在 3~4 km 高度形成一个最大带,接近 6 g/m³,说明降水过程水汽主要来源于低层。

2)水汽和液态水含量的演变特征

根据观测,7 月 1—3 日共出现 2 次大的降水过程,分别是 1 日 21:23—2 日 10:57 和 3 日 02:55—10:23。对微波辐射计资料进行分析,第一次降水过程中 PWV 和液态水含量演变(图 2.33(彩)),发现在有降水发生前 1 h 左右液态水含量增加到 0.1 mm 以上,PWV 在 31~32 mm,平均液态水含量为 0.56 mm,PWV 为 31.7 mm;降水中,液态水含量和 PWV 演变趋势基本一致,液态水含量平均为 5.82 mm,PWV 为 41.5 mm,降水量达到 37.9 mm,液态水占水汽的 14%。第二次降水过程 PWV 和液态水含量演变,包括 01:16—02:14 的降水和 02:55—10:23 的降水,前者液态水含量平均为 2.21mm,PWV 为 33 mm,后者液态水含量平均为 3.79 mm,PWV 为 36.2 mm,总降水 16.9 mm,液态水含量和 PWV 演变趋势基本一致。

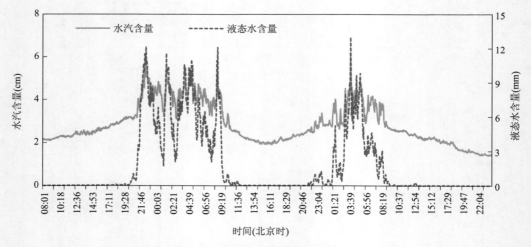

图 2.33 PWV 和液态水含量演变图(另见彩图 2.33)

以上降水过程 PWV 和液态水含量演变分析说明 PWV 和液态水含量时间演变具有一致性;从图 2.34 也可以看出,PWV 和液态水含量具有一定的统计关系。其中,样本数为 2604,相关系数达 0.94,通过了 0.001 的信度检验,达到极显著水平。当 PWV 增加时,在凝结核上凝结或在冰核上凝华而改变了水的相态,增加了大气柱中的液态水含量;反之,当 PWV 减少时,液态水将会蒸发,液态水含量减少。

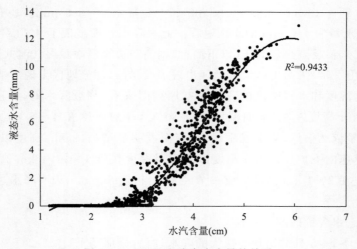

图 2.34 PWV 和液态水含量的关系

3)水汽和降水的演变

此次间歇性暴雨有三个降水过程(图 2.35),6 月 30 日 06:00—09:00 有次小雨过程,28 日 22:00 以前 PWV 在月气候平均值以下,而后的 21 h 内缓慢增加,至 30 日 03:00 增加到

30.5 mm,11 h 水汽增加了 6.23 mm,降水过程中 PWV 跃增,且变化较大,PWV 下降至平均水平后降水结束;7 月 1 日 14:00 之前的几个小时内 PWV 恢复到月平均以下,降水前 8 h PWV 急增,突破月均值而急剧增长,在降水前 6 h 达到 30 mm 左右,降水初期水汽继续积累,在 22:00 达到 49.7 mm,8 h 水汽增加了 35.3 mm,在达到峰值前跃增,此时开始降水,后呈下降趋势,降水的峰值一般滞后水汽峰值大约 1 h,23:00 PWV 下降为 45.12 mm,而降水达到过程的最高值,为 6.8 mm;降水过程中 PWV 变化较大,在降水结束后水汽急剧减少,到月均值以下;3 日 PWV 从 2 月 21:00 的 24.43 mm 增加到 3 日 01:00 的 32.99 mm,3 h 内水汽增加了 8.56 mm,降水开始后,从 02:00 的 29.36 mm 跃增到 03:00 的 42.58 mm,而降水峰值却在 04:00 发生,达到 5.4 mm,而后开始下降,减小到平均值附近时降水结束。降水过程中 PWV 平均分别为 35.90~41.57 mm,最高为 49.67 mm,最低为 26.91 mm。

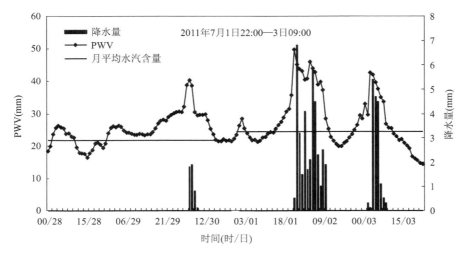

图 2.35　降水过程中 PWV 和降水量的演变

　　通过对 7 月乌鲁木齐典型强降水中水汽含量演变特征分析表明:降水过程 PWV 和液态水含量时间演变具有一致性,PWV 和液态水含量具有一定的统计关系,当 PWV 增加时,大气柱中的液态水含量增加;当 PWV 减少时,液态水将会蒸发,液态水含量减少。PWV 决定了液态水含量,进而决定了自然降水。降水发生前有一定的水汽积累阶段,当达到一定峰值才产生降水。在达到峰值前跃增,此时开始降水,后呈下降趋势,降水的峰值一般滞后水汽峰值大约 1 h,降水过程中 PWV 变化较大,当 PWV 急剧减少到月均值以下时降水结束。

　　4)水汽来源及输送路径

　　从 7 月 2 日水汽通量图可以看出,水汽主要来源于西或西北方,源地为北冰洋和里海。700 hPa 和 850 hPa 水汽输送量都很大,500 hPa 水汽输送量明显减小。在 700 hPa,里海的湿润水汽在反气旋式输送下与北来的北冰洋巴伦支海沿岸水汽在巴尔喀什湖以西的中亚地区形成一个水汽通量高值中心,该地区起到水汽的中转站的作用,然后以西北路径把湿润气流源源不断地输送到新疆。2 日 02:00,新疆北部水汽通量均达到 6 g/(cm·hPa·s)以上,降水强度也达到了最大。此后,水汽输送强度逐渐减弱,中亚地区的水汽通量高值中心消失,中心水汽通量减小。3 日的降水过程中水汽输送过程与此相似,强度有所减弱。在 60°E 附近还存在一条由北向南的水汽输送带,这条水汽输送带隔断了来自地中海的西南向暖湿气流水汽输送。

另外,1日 20:00 至 2 日 08:00,东或东南方向也有一定量的水汽输送,在北疆东侧汇合。这支水汽输送带是由西南暖湿气流和东或东南季风在青藏高原东侧汇合而形成的,水汽通量较小。

由此可见,此次强降水过程水汽输送主要为西北路径,水汽源地为北冰洋的巴伦支海和里海,巴尔喀什湖以西的中亚地区为水汽中转站,水汽输送带的演变直接影响到暴雨的演变过程。

第3章 降水量的时空变化特征

3.1 观测的降水量的时空分布

西北干旱区地形复杂多样,在高山和荒漠腹地人迹罕至。相比东部地区,长期的气象监测资料不足,且空间分布不均匀。为了尽可能地反映西北干旱区的降水变化,根据前人的研究成果和区域差异,把西北干旱区分为 6 个子区域,即新疆北部(北疆)、新疆南部(南疆)、天山、祁连山、甘肃河西走廊和内蒙古西部地区。按照区域代表性和长期观测资料的可比性,选取北疆32 站、南疆 43 站、天山 19 站、祁连山 5 站、河西走廊 14 站、内蒙古西部 9 站共计 122 个站点50 a 逐月降水量数据,并整理出季节降水量和年降水量序列。季节是按照气象季节划分,标准气候均值用世界气象组织(WMO)推荐的 1971—2000 年的平均值。

3.1.1 降水量的变化趋势

采用 Mann-Kendall 非参数检验法(M-K 法)对西北干旱区各子区域和各站点年降水量序列进行趋势分析。研究发现,近 50 a 来,西北干旱区降水量总体呈增加趋势,增湿趋势为 9.31 mm/10a($p < 0.01$),但各区域存在差异性,形成了祁连山区、天山山区中段和西部等高幅增湿中心,其中祁连山区以野牛沟(52.5 mm/10a)为中心,天山中部以天池(22.8 mm/10a)为中心,天山西部以新源(28.3 mm/10a)为中心;而在塔里木盆地周边和河西走廊形成低幅增湿区域。具体来看,增湿趋势在祁连山脉>天山山脉>北疆>河西走廊>南疆>内蒙古西部,其中祁连山子区(38.67 mm/10a)增湿最明显,通过了 0.01 的显著性检验,其他区域通过了 0.05 的显著性检验,而内蒙古西部增湿趋势较弱(5.09 mm/10a),没有通过显著性检验(图 3.1 和图 3.2(彩))。

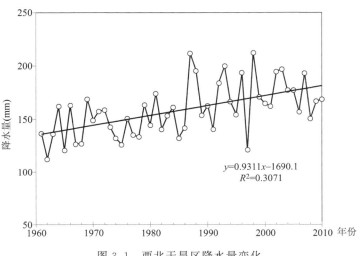

图 3.1 西北干旱区降水量变化

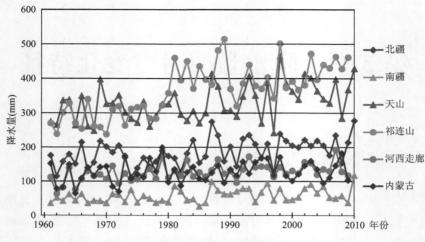

图 3.2 西北干旱区各区域降水量变化(另见彩图 3.2)

从各站点来看,全区绝大部分站点均呈现增湿趋势,占总站点的 95.9%,其中 90% 以上的站点通过了 0.05 的显著性检验;仅有 5 个站点降水量有微弱的减少趋势,但没通过显著性检验。这些站点主要位于荒漠腹地的极端干旱地区,如巴丹吉林沙漠腹地的拐子湖地区和塔克拉玛干沙漠东部的铁干里克地区,而号称"百里风区"的十三间房地区降水量减少趋势最大,为 −1.97 mm/10a。在各分区,天山、祁连山和北疆子区所有站点均有增湿趋势,其次是南疆和河西走廊子区,而内蒙古西部子区增湿比例为 77.78%,明显低于其他区域,这种区域变化在空间上表现为自西向东减弱的趋势,可能与西风的增强和季风的消退有关。

从季节变化来看,增湿趋势春季>夏季>冬季>秋季,除夏季增湿趋势通过了 0.05 显著性水平检验之外,其余季节均通过了 0.01 的显著性检验,表明春季增湿趋势最明显,夏季较弱,但降水的年净增加量夏季最大。这是由于夏季降水量占全年降水量的比重最大。各季节增湿站点的比例冬季>春季>秋季>夏季,冬季降水量仅有 2 个站点呈下降趋势,站点增湿率为 98.36%,而夏季降水量呈下降趋势的站点有 25 个,增湿率为 79.51%,可以看出,冬季增湿具有全区普遍性,但夏季增湿的区域差异性特征明显。在各分区,北疆和天山山区的冬季增湿趋势最为明显,变化趋势分别为 4.53 mm/10a 和 3.79 mm/10a,通过了 0.01 的显著性检验;祁连山秋季增湿趋势最显著,变化趋势为 9.73,通过了 0.01 的显著性检验。而内蒙古西部夏季降水量呈微弱的减少趋势,9 个站点中有 6 个表现为减湿特征(表 3.1)。

表 3.1 西北干旱区各分区降水量变化趋势

参数	分区	趋势变化率(mm/10a)	趋势	比例(增湿站点/比例)	参数	分区	趋势变化率(mm/10a)	趋势	比例(增湿站点/比例)
春季降水量	北疆	3.09	▲°	30(93.75%)	夏季降水量	北疆	3.15	▲°	29(90.63%)
	南疆	0.98	▲°	37(86.05%)		南疆	2.40	▲°	36(83.72%)
	天山	4.06	▲°	17(89.47%)		天山	5.77	▲*	19(100%)
	祁连山	3.43	▲*	5(100%)		祁连山	3.89	▲°	4(80%)
	河西走廊	1.52	▲*	14(100%)		河西走廊	0.28	▲°	6(42.86%)
	内蒙古西部	3.24	▲°	7(77.78%)		内蒙古西部	−1.03	△°	3(33.34%)
	西北干旱区	3.32	▲ * *	110(90.16%)		西北干旱区	2.66	▲*	97(79.51%)

参数	分区	趋势变化率 （mm/10a）	趋势	比例（增湿站 点/比例）	参数	分区	趋势变化率 （mm/10a）	趋势	比例（增湿站 点/比例）
秋季 降水量	北疆	1.81	▲°	25(78.13%)	冬季 降水量	北疆	4.53	▲＊＊	32(100%)
	南疆	1.50	▲°	37(86.05%)		南疆	0.63	▲°	41(95.35%)
	天山	3.20	▲°	15(78.95%)		天山	3.79	▲＊＊	19(100%)
	祁连山	9.73	▲＊＊	5(100%)		祁连山	0.56	▲＊	5(100%)
	河西走廊	2.74	▲＊	14(100%)		河西走廊	0.92	▲＊	14(100%)
	内蒙古西部	2.43	▲＊	9(100%)		内蒙古西部	0.53	▲＊	9(100%)
	西北干旱区	2.07	▲＊＊	105(86.01%)		西北干旱区	2.34	▲＊＊	120(98.36%)
年 降水量	北疆	12.26	▲＊	32(100%)	年 降水量	天山	16.79	▲＊	19(100%)
	南疆	5.44	▲＊	41(95.36%)		祁连山	38.67	▲＊＊	5(100%)
	河西走廊	8.49	▲＊	13(92.86%)		内蒙古西部	5.09	▲＊	7(77.78%)
	西北干旱区	9.31	▲＊＊	111(95.9%)					

注：▲表示增加趋势，△表示减少趋势；＊表示通过 $p<0.05$ 显著性水平检验，＊＊表示通过 $p<0.01$ 显著性水平检验，°表示没有通过显著性水平检验。

3.1.2　降水量的年际变化特征

（1）多年平均降水量空间分布特征

根据西北干旱区 122 站月降水量资料，结合 DEM 数据（采用的 DEM 数据为 GTOPO30，其水平空间分辨率为 30 弧度秒，近似 1 km×1 km 的网格），采用 GIDS 方法插值完成多年降水量空间分布。

西北干旱区降水量在空间分布上表现为从东南向西北、自山地向两侧平原减少的特点。整个干旱区年降水量平均为 157 mm，大部分站点均＜200 mm，仅在伊犁河谷和阿尔泰山东北坡存在＞400 mm 的降水高值区。而塔克拉玛干沙漠和河西走廊是全区降水量最少的地方，吐鲁番盆地的托克逊地区年降水量仅为 7.5 mm，而科考发现罗布泊年降水量不足 10 mm，蒸发能力则超过 4800 mm 以上，曾几次用仪器测到空气相对湿度为零的记录，确定罗布泊地区是全国乃至全亚洲内陆区域干旱中心。

这主要是由于干旱区东南部及祁连山地区受西南暖湿气流和东亚季风的影响，气候潮湿，降水量大；天山山区则是西风环流的通道，可以带来大西洋的湿润气流，加上高大山脉的影响，在迎风坡有丰富的降水量，而被高山环抱的盆地内湿润气流无法进入，下垫面以荒漠为主，降水量较小，强烈的蒸发使得区域更加干旱。

不同等级降水量所占面积差异明显（图 3.3）。100 mm 以下等级降水量占到干旱区总面积的 38.2%，其中 50 mm 以下的极端干旱区占 23.6%。降水量主要分布在 50～250 mm，占到了近 50%。400 mm 以上等级降水量仅占到 5.6%，干旱区的特色依然明显。虽然降水量有增加态势，且在高位波动，但干旱区降水基数较低，增加的降水量无法满足温度增加引起的蒸发的消耗，干旱区的本质依然无法改变。

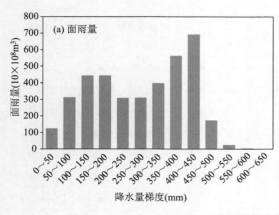
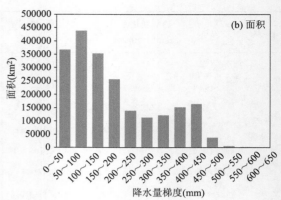

图 3.3　西北干旱区不同等级降水量及所占面积

（2）近 50 a 来降水干湿特征分析

根据划分干、湿年的方法,将西北干旱区降水量划分为异常偏湿、偏湿、正常、偏干和异常偏干 5 个等级。干湿年的划分标准为:

异常偏湿: $R_i > (R + 1.17\sigma)$;

偏湿: $(R + 0.33\sigma) < R_i \leqslant (R + 1.17\sigma)$;

正常: $(R - 0.33\sigma) < R_i \leqslant (R + 0.33\sigma)$;

偏干: $(R - 1.17\sigma) < R_i \leqslant (R - 0.33\sigma)$;

异常偏干: $R_i < (R - 1.17\sigma)$。

其中, R 代表多年平均降水量; R_i 代表逐年降水量; σ 代表标准差。采用干湿年划分标准,计算西北干旱区及各子区降水量干湿的划分标准区间及各等级降水所占的比例。

从表 3.2 中可以看出,西北干旱区 32% 的年份降水属正常范围,异常偏湿和偏湿年份均为 16%;偏干年份为 24%,异常偏干年份为 12%。天山和祁连山子区异常偏湿所占比例在各子区中最高,为 16%,其次是内蒙古西部子区 14%,北疆、南疆和河西走廊子区最小,为 12%。偏湿年份地区较多,北疆子区比例最高为 34%,其次是内蒙古西部子区的 24%。各子区降水正常年份比例在 14%（北疆子区）至 30%（河西走廊子区）。各子区偏干年份所占比例均较高,南疆子区最高 44%,其次是天山 30%,而祁连山最小 24%。祁连山子区异常偏干比例最大 16%,其余子区均在 10%～12%,南疆子区最小 2%。

可以看出,西北干旱区依然以偏干为主,但异常偏干年份的比例小于异常偏湿年份。这与西北干旱区降水事件的特点有关,在全球气候变化背景下,干旱区的极端降水事件频发,降水的强度增加,若干次大的降水事件形成了全年的大部分降水。

3.1.3　降水量的年代际变化

年代际尺度是气候变化研究的最基本的尺度之一。按照年代为时间尺度统计中国西北干旱区自 1961—2010 年以来的年降水量序列,分别计算全区和各子区 20 世纪 60 年代至 21 世纪初 10 a 各时段平均降水量、距平值以及正距平年数的比例（表 3.3）,分析西北干旱区年降水量的年代际变化特征。

表 3.2　西北干旱区年降水量干湿分析

降水量级别	参数	分区						
		西北干旱区	北疆	南疆	天山	祁连山	河西走廊	内蒙古西部
异常偏湿	标准(mm)	$R_i>187$	$R_i>231.4$	$R_i>81$	$R_i>392.1$	$R_i>450.1$	$R_i>154.8$	$R_i>163.1$
	年数(a)	8	6	6	8	8	6	7
	比例(%)	16	12	12	16	16	12	14
偏湿	标准(mm)	$166.7<R_i\leqslant187$	$199.2<R_i\leqslant231.4$	$64.6<R_i\leqslant81$	$348<R_i\leqslant392.1$	$388.6<R_i\leqslant450.1$	$134.3<R_i\leqslant154.8$	$137.4<R_i\leqslant163.1$
	年数(a)	8	17	10	11	10	10	12
	比例(%)	16	34	20	22	20	20	24
正常	标准(mm)	$150.7<R_i\leqslant166.7$	$173.8<R_i\leqslant199.2$	$51.6<R_i\leqslant64.6$	$313.3<R_i\leqslant348$	$340.3<R_i\leqslant388.6$	$118.1<R_i\leqslant134.3$	$117.3<R_i\leqslant137.4$
	年数(a)	16	7	11	10	12	15	11
	比例(%)	32	14	22	20	24	30	22
偏干	标准(mm)	$130.3<R_i\leqslant150.7$	$141.6<R_i\leqslant173.8$	$35.1<R_i\leqslant51.6$	$269.1<R_i\leqslant313.3$	$278.7<R_i\leqslant340.3$	$97.6<R_i\leqslant118.1$	$91.6<R_i\leqslant117.3$
	年数(a)	12	14	22	15	12	14	14
	比例(%)	24	28	44	30	24	28	28
异常偏干	标准(mm)	$R_i<130.3$	$R_i<141.6$	$R_i<35.1$	$R_i<269.1$	$R_i<278.7$	$R_i<97.6$	$R_i<91.6$
	年数(a)	6	6	1	6	8	5	6
	比例(%)	12	12	2	12	16	10	12

表 3.3　西北干旱区各子区降水年代际变化特征

年份	参数	分区						
		西北干旱区	北疆	南疆	天山	祁连山	河西走廊	内蒙古西部
1961—2010	多年平均值(mm)	158.7	186.5	58.1	330.6	364.4	126.2	127.4
1971—2000	标准气候均值(mm)	159.5	184.0	58.6	326.7	375.2	129.1	128.8
1961—1970	距平值(mm)	−19.2	−14.3	−13.0	−20.4	−99.2	−23.9	−11.2
	正距平年数比率(%)	30	30	20	40	0	20	50
1971—1980	距平值(mm)	−14.9	−19.5	−8.3	−19.3	−66.2	−7.8	−2.6
	正距平年数比率(%)	10	30	30	30	0	30	40
1981—1990	距平值(mm)	3.3	5.7	2.3	−5.2	50.7	2.6	−8.2
	正距平年数比率(%)	50	40	60	30	80	50	40
1991—2000	距平值(mm)	11.4	13.8	5.7	24.4	15.5	5.1	10.7
	正距平年数比率(%)	70	70	60	70	60	70	50
2001—2010	距平值(mm)	15.1	26.8	10.5	40.1	51.6	10.9	4.7
	正距平年数比率(%)	80	80	50	90	90	60	60

在中国西北干旱区,20世纪70年代之前低于标准降水均值,70年代之后开始进入湿润时段,到90年代正距平值达11.4 mm,21世纪初正距平15.1 mm。正距平年数比例由70年代的10%上升至21世纪初的80%。北疆、南疆、祁连山和河西走廊降水变化特征相似,天山和内蒙古西部降水变化规律相似。从年代来看,20世纪60年代至70年代,全区时段降水量均低于标准降水均值,距平为负值(−99.2~−2.6 mm),正距平年数比例在0%~50%,但祁连山所有年份均为负距平,距平值为−99.2 mm和−66.2 mm。80年代,北疆、南疆、祁连山和河西走廊区段降水均值不断增加,距平值在2.3~50.7 mm,正距平年数比例在30%~80%,其中祁连山的降水变化幅度最大;而天山和内蒙古西部仍处于负距平时段,但降水趋势不断缓和。20世纪90年代至21世纪初,各子区时段降水均值均高于标准降水均值,其中天山和祁连山等山区增湿更加明显,正距平年数比例达到90%,而南疆和内蒙古西部等干旱地区增湿较弱,正距平年数比例在50%~60%。总体来看,20世纪70年代之前以负距平为主,80年代开始有区域性增湿趋势,90年代之后全区增湿均较明显,西北干旱区整体处于相对湿润时段,且趋势明显。

3.1.4　降水量的突变和周期特征

将西北干旱区及各子区近50 a降水量序列进行标准化处理,采用M-K法和Morlet小波变换分别进行年降水量的突变和周期特征分析,绘制全区和各子区降水量序列Morlet小波变换系数实部时频变化图(图3.4(彩)),并绘制西北干旱区小波变换系数实部变化过程(图3.5)。

(1)降水量的突变特征

突变结果表明,西北干旱区各子区降水量在20世纪80年代至90年代初有明显的突变特征,其中新疆北部、南部和内蒙古西部子区在80年代中期有突变,突变时间与气温变化基本同步;祁连山和河西走廊子区突变较早,发生在70年代中后期;而天山山区在1991年发生突变,以上突变时间均通过了相应的显著性水平检验。

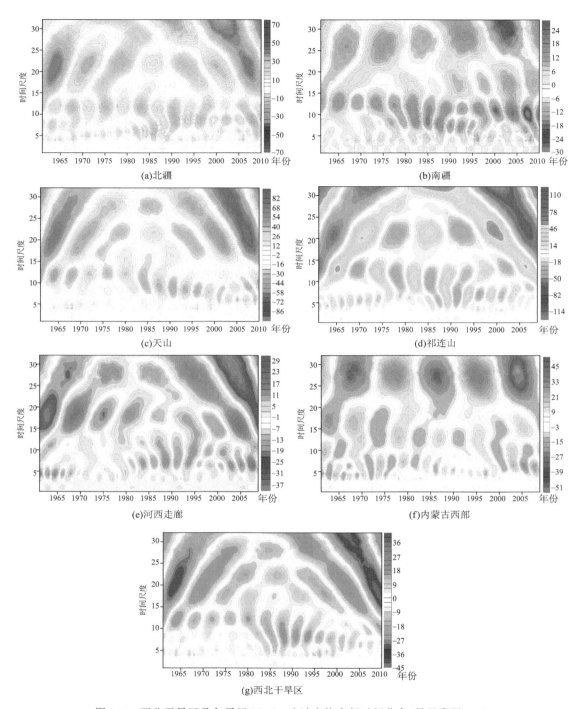

图 3.4　西北干旱区及各子区 Morlet 小波变换实部时频分布(另见彩图 3.4)

从不同时间段发生突变的站点比例来看,西北干旱区年降水量主要在 1976—1995 年期间发生突变,占到了总站点的 50%以上。其中 1986—1990 年期间占到了 16.8%,其次是 1976—1980 年和 1981—1985 年,分别占到了 12.6% 和 11.6%。而夏季降水量并没有集中的突变时期。值得注意的是,年降水量的突变时期和冬季温度的突变时期基本一致,而与年温度的突变

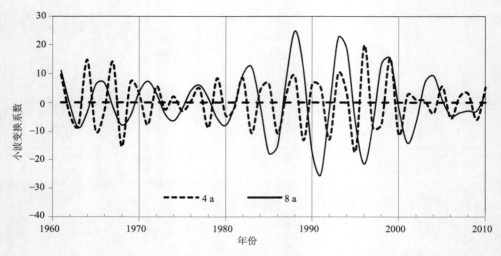

图 3.5　Morlet 小波变换系数实部变化过程（4 a 和 8 a 振荡周期）

不一致。冬季温度的突变区间也在 1976—1995 年期间，其中 1986—1990 年发生突变站点最多。而年温度的突变主要发生在 1986—2000 年，其中 1991—1995 年发生突变站点最多，占到 37.9%（表 3.4，表 3.5）。

（2）降水量的周期变化特征

Morlet 小波变换系数实部时频变化图（图 3.4）可以看出，西北干旱区年降水量序列在整个研究时段内均存在 4 a、8 a、12 a 和 22 a 振荡周期，结合小波方差检验得出 22 a 尺度振荡周期最强，其次是 12 a 尺度。

表 3.4　西北干旱区及各分区降水突变特征

参数	分区						
	西北干旱区	北疆	南疆	天山	祁连山	河西走廊	内蒙古西部
突变年份	1981	1986	1986	1991	1979	1976	1985
显著性水平	＊＊＊	＊＊＊	＊＊	＊＊＊	＊＊＊	＊＊＊	＊

注：＊通过 $p < 0.05$ 显著性水平检验，＊＊通过 $p < 0.01$ 显著性水平检验，＊＊＊通过 $p < 0.001$ 显著性水平检验。

表 3.5　西北干旱区降水量突变特征

年份	年气温	冬季气温	年降水量	夏季降水量
1961—1965	/	/	/	3.2%
1966—1970	/	1.1%	3.2%	3.2%
1971—1975	/	3.2%	5.3%	8.4%
1976—1980	/	18.9%	12.6%	4.2%
1981—1985	3.2%	32.6%	11.6%	8.4%
1986—1990	24.2%	32.6%	16.8%	2.1%
1991—1995	37.9%	2.1%	9.5%	4.2%
1996—2000	26.3%	2.1%	5.3%	/
2001—2005	3.2%	/	/	/
2006—2010	/	/	/	/

注：表中百分率为各时间段通过 0.05 显著性检验的站点比例，共有 95 个站点。

从小波变换实部变化过程看出,22 a 的主周期分别在 1968 年、1976 年、1981 年、1990 年、1997 年和 2004 年发生突变,共经历了三个干湿变化的周期。在各子区,4 a、8 a 和 22 a 尺度周期是全区域性的,12 a 周期在天山和祁连山表现明显,而在除北疆和祁连山之外的其他子区还存在 28 a 的振荡周期(图 3.5 和图 3.6)。

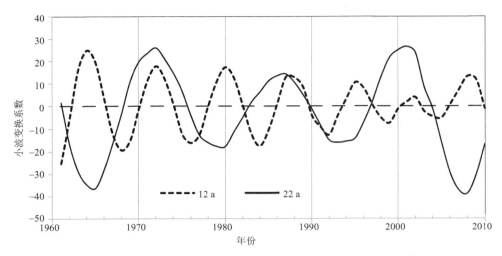

图 3.6　Morlet 小波变换系数实部变化过程(12 a 和 22 a 振荡周期)

3.1.5　降水量与主要大气环流因子的相关分析

(1)大气环流因子

气候学者一直在探索降水变化与大气环流变化之间的关系。以往研究表明,降水的年际变化与大气环流关系密切,大范围的洪旱灾害与大范围的环流异常联系在一起。大气环流的变化决定着天气气候变化,而降水的变化则是气候系统各种因子之间相互作用、综合影响的产物。根据前期研究成果,选取影响西北干旱区降水变化的大气环流因子如下。

北极涛动指数(Arctic Oscillation,AO)是一个代表北极地区大气环流的重要气候指数,可分为正位相和负位相。具体是指在 20°—90°N、0—360°区域内,1000 hPa 高度异常场经验正交函数分析(EOF)所得的第一模态的时间系数的标准化序列,反映了北半球中纬度地区与北极地区气压形势差别的变化。一般而言,北极地区受低气压系统支配,而中纬度地区受高气压系统支配。当 AO 处于正位相时,这些系统的气压差较正常强,限制了极区冷空气向南扩展;当 AO 处于负位相时,这些系统的气压差较正常弱,冷空气较易向南侵袭(龚道溢等,2002;武炳义等,2004)。

北大西洋涛动指数(North Atlantic Oscillation,NAO)1920 年由 Sir Gilbert Walker(G.沃克)发现,北大西洋上两个大气活动中心(冰岛低压和亚速尔高压)的气压变化为明显负相关。当冰岛低压加深时,亚速尔高压加强,或冰岛低压填塞时,亚速尔高压减弱。北大西洋涛动强,表明两个活动中心之间的气压差大,北大西洋中纬度的西风强,为高指数环流;反之,北大西洋涛动弱,表明两个活动中心之间的气压差小,北大西洋上西风减弱,为低指数环流(李崇银等,1999;乔少博,2018)。通常利用 20°—90°N、0—360°区域内,标准化 500 hPa 高度场经验正交函数分析(EOF)所得的第一模态的时间系数来表示。

南极涛动指数（Antarctic Oscillation，AAO）是南半球大气环流的主要模态，在多种尺度上对南半球及北半球部分地区的气候系统产生重要影响。南极涛动强，表示南半球绕极低压加深和中高纬西风加强弱，反之亦然（高辉等，2003；张乐英等，2017）。具体是指 20°—90°S、0—360°区域内，700 hPa 高度异常场经验正交函数分析（EOF）所得的第一模态的时间系数的标准化序列。

青藏高原指数（Tibet Plateau Region Index，TPI）是一个代表青藏高原地区大气环流的重要气候指数（陈亚宁，2014），是指在 500 hPa 高度场，25°—35°N、80°—100°E 区域内，格点位势高度与 5000 gpm（位势米）之差乘以格点面积的累积值。

南方涛动指数（Southern Oscillation，SO）是热带环流年际变化最突出、最重要的一个现象。主要指发生在东南太平洋与印度洋及印尼地区之间的反相气压振动，即东南太平洋气压偏高时印度洋及印尼地区气压偏低，反之亦然（符淙斌，1987；李晓燕等，2000）。具体是指标准化的塔希提与达尔文站月平均海平面气压之差的序列的标准化值。

（2）降水量与大气环流因子的关系

为了辨析气候变化的归因，分析了西北干旱区各季节、各亚区降水量与影响西北干旱区的主要大气环流特征的关系。研究发现，青藏高原指数（TPI）与西北干旱区降水量有很好的对应关系（$R=0.56$，$p<0.001$，见图 3.7），其中 TPI 对西北干旱区春季降水量的影响最明显（$R=0.53$，$p<0.001$），其次是夏季（$R=0.38$，$p<0.01$）和冬季（$R=0.36$，$p<0.01$），而和秋季的关系不明显。各分区来看，TPI 对天山山区和北疆地区的影响显著（分别为 $R=0.54$，$p<0.001$ 和 $R=0.42$，$p<0.001$）。

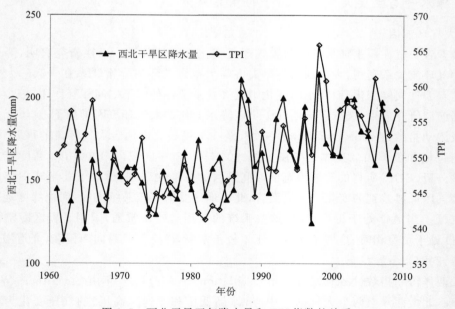

图 3.7　西北干旱区年降水量和 TPI 指数的关系

东亚夏季风（EASMI）和南亚夏季风（SASMI）对西北干旱区降水量有重要的影响。其中，东亚夏季风主要影响干旱区年降水量和夏季降水量，EASMI 和年、夏季降水量的相关系数分别为 -0.46（$p<0.001$）和 -0.33（$p<0.01$）（图 3.8（彩））；而南亚夏季风主要影响着干旱区秋季降水量和冬季降水量，SASMI 和秋、冬季降水量的相关系数分别为 -0.37（$p<0.01$）和

$-0.34(p<0.01)$（图 3.9（彩））。

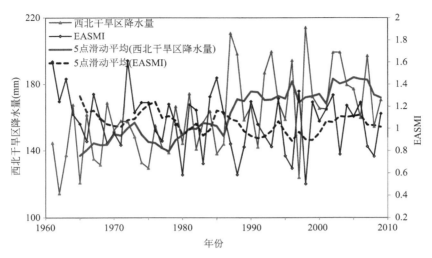

图 3.8　西北干旱区年降水量和 EASMI 指数的关系（另见彩图 3.8）

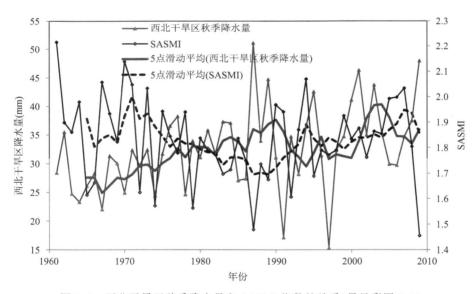

图 3.9　西北干旱区秋季降水量和 SASMI 指数的关系（另见彩图 3.9）

　　夏季降水在干旱区降水量中占有很大的比例,夏季降水量的变化主导着全年的干湿状况,因此,重点分析影响夏季降水量变化的主要因素。研究发现,前冬 AO、前冬 NAO 和 1 月 SOI（南方涛动）有很好的相关性,相关系数分别为 0.43、0.40 和-0.48,均通过了 0.01 的显著性水平检验,说明前冬北极涛动、北大西洋涛动对西北干旱区夏季降水有重要影响,1 月南方涛动也影响着干旱区夏季降水。

3.1.6　极端降水的变化特征

（1）极端降水的定义

极端降水事件的界定有多种方法,根据科研内容的需要,可以选择不同的方法进行筛选。

同时,极端降水事件也有明显的区域性和局地性差异。

我国极端降水的定义常用的方法有(王苗等,2012):①分级法,将降水分为多个等级,如中国北方大于 50 mm/d 界定为极端降水(江志红等,2009);②标准差法,取距平值大于标准差一定倍数的值作为极端事件阈值,如距平值大于 0.5 个标准差为异常降水事件;③百分位法,是目前运用最广泛的方法之一,可以根据每个测站的逐日降水量确定不同地区的极端降水事件的阈值。采用百分位值方法来定义不同地区气象台站的极端降水事件的阈值,超过阈值的该日降水事件就被称为极端降水事件。

此外,还有极端降水指数的定义,如强降水日(R10)、强降水量(R95)、1 d 最大降水量(RX1day)和 5 d 最大降水量(RX5day)(王苗等,2012)。

(2)极端降水的变化特征

西北干旱区极端降水量总体呈现微弱上升趋势,其中北疆和天山山区的上升趋势较明显。北疆的极端降水量倾向率为 7.2 mm/10a,天山山区的极端降水量倾向率为 8.3 mm/10a。北疆和天山山区的极端降水随时间的变化趋势基本一致。极端降水量变化趋势是在波动中上升,20 世纪 70 年代极端降水量有一个峰值,此后极端降水量开始下降,80 年代后极端降水量上升,北疆地区直到 2000 年左右才趋于平稳,而天山山区在 2000 年左右达到最大后出现下降。从年极端降水量线性变化趋势看出,南疆地区的极端降水量总体呈现极为微弱的较为持续的上升趋势,河西—阿拉善地区的极端降水量波动变化较为平缓,极端降水量在 20 世纪 80 年代初较大。

从西北干旱区降水频率的变化趋势中发现,年均极端降水频率与年均极端降水强度变化趋势基本一致,即随时间变化增长比较显著,增长速度为 0.4 d/10a。从平均年极端降水强度可以看出,年均极端降水频率从 20 世纪 60 年代至 70 年代有增长的趋势,70 年代初至 70 年代中期是下降的,70 年代中后期至 80 年代中期变化平缓,80 年代中期至 21 世纪初呈波动上升趋势。

新疆 20 世纪 60—80 年代早期日最大降水量变化缓慢,而 20 世纪 80 年代中期最大日降水量剧烈增加,天山山区和南疆日最大降水量在 20 世纪 80 年代中期也呈现显著上升趋势,北疆在 1959—2008 年则表现为缓慢增加。最大日降水量与降水量的相似变化趋势表明最大日降水量对降水量的增加有很大贡献。降水日数、连续降水日数、连续无降水日数、极端降水日数及极端降水量的变化与最大日降水量的变化相似。

利用 Mann-Kendall 趋势检验法和线性回归分析法对新疆 8 个极端降水指标分析发现,在降水量、日数和强度指标方面,多数站点显示显著的增加趋势,而在年最长无降水日数上,多数站点呈现减少趋势;空间上,极端降水指标呈现显著增加趋势的站点主要分布在北疆和南疆北部;多数极端降水指标显示出始于 20 世纪 80 年代中期的转变。

在降水极值中,湿润日降水总量和雨日(降水量≥0.1 mm)有 76%~92% 的站点为增加趋势,但仅有 14%~21% 的站点具有显著的趋势。强降水事件(HPE)的指标,例如强降水日(R10)、强降水量(R95)、1 d 最大降水量(RX1day)和 5 d 最大降水量(RX5day)都有增加趋势,说明西北干旱区的大部分地区降水有极端化的趋势,虽然有些地区并不显著。1 d 最大降水量在冬季具有较大的增长幅度,但其具有最大增长幅度的站点数发生在冬季(占总站点数的36%)和秋季(占总站点数的 21%)。在年或其他季节,大部分的站点经历了正变化,但只有极少部分站点发生显著变化。

湿润日降水总量和雨日以 6.82 mm/10a 和 1.26 d/10a 的幅度增长。强降水事件的指标,如 R10,R95,RX1day 和 RX5day 都以增加趋势占主导。总降水量伴随着雨日、强降水事件和降水强度的变化而变化,降水的增长是降雨频率和降雨强度共同增加的结果。因此,西北干旱区总体有变湿的趋势,但极端降水的贡献最大。

3.2 多源降水资料的降水变化特征

3.2.1 降水量的时空分布

(1)多源降水资料简介

降水是指空气中的水汽冷凝并降落到地表的现象,是地球水循环的基本组成部分,在气象和水文水利等领域具有重要的意义。精准地测量降水及其分布,长期以来一直是一个颇具挑战性的科学研究目标。经过科学技术的发展,多源降水的观测数据资料也逐渐发展成熟起来。

1)雨量计观测的降水量

降水的测量工具是雨量筒,用于测量一段时间内累积的降水量。标准雨量筒历史悠久,应用广泛,它是把自然降水量通过已知一定面积的承水口收集后导入储水瓶,然后再将收集的降水量用专用量杯量取的方法测取。该设备构造简单,使用方便,是所有雨量站普遍使用的降水量观测仪器之一。

常用的有翻斗式雨量筒和称重式雨量筒。称重式雨量器指通过称量容器中捕获的雨水而实现记录降雨量的一种装置。

虽然运用地面雨量计可以观测大气降水,但是由于雨量计的分布不均,且在山区和荒漠地区分布更加稀少,很难准确地获得大范围或局地的降水分布(刘元波等,2011)。

2)基于观测资料的全球降水数据集

英国东英吉利大学(East Anglia University)环境科学院气候研究中心(Climatic Research Unit,CRU)(Harris et al.,2014)和美国全球降水气候中心(Global Precipitation Climatology Centre,GPCC)(Schneider et al.,2014)的降水资料是当前应用最广泛的两套全球格点化的陆面降水资料(王丹等,2017)。CRU 和 GPCC 均具有时间序列长(1901 年至今)、空间分辨率较高等特点。

CRU 数据集根据全球大量站点观测资料,利用同化技术和薄板样条插值方法,建立了一套覆盖完整、高分辨率的月平均地表气候要素数据集,时间从 1901 年开始,空间分辨率为 0.5°×0.5°的经纬网格。该数据集包括最高温度、最低温度、降水量、云量、水汽压等气候要素,在气候变化分析中广泛应用。数据源仅使用观测结果,不包括代用资料所带来的不确定性,在长尺度气候变化分析中有较高的信度。1951—2000 年的数据分析显示,CRU 降水资料与中国 160 站的观测资料一致性较好,相关系数达 0.93(闻新宇等,2006)。

GPCC 最大的优势是利用了全球约 85000 个雨量站点的观测资料,远远超过同类型的数据集(Schneider et al.,2014)。数据源不仅包括了 CRU、GHCN 的数据产品站点,还包括了水文监测站点和其他一些区域数据集的信息,通过 SPHEREMAP 插值方法得到全球陆地格点化的降水数据集(Becker et al.,2013)。研究发现,GPCC 对中国旱涝的时空变化特征的描述比 CRU 更接近站点实际观测,GPCC 还可以描述出较大的干旱事件。GPCC 基于更多的站点观测和更精细、复杂的质量控制方案。因此,GPCC 的适用性优于 CRU,具有更高的可靠性(姜贵祥等,2016;王丹等,2017)。

3)卫星遥感反演的降水及数据集

基于卫星遥感技术精准测量降水的时空分布,成为气象水文学界的重要科学研究目标之一。被动遥感是最早的遥感降水反演手段之一,包括地球静止卫星和近地轨道卫星上搭载的可见光、红外和主动或被动微波传感器。可见光和红外传感器具有较高的时空分辨率,但属于间接估算;被动微波传感器测量范围较大,标定较为准确,且灵活易操作,但亮温对水凝物比较敏感;主动微波传感器标定更加准确,可以测量反照率,同时扫描宽度窄、试验性强。

随着遥感技术的飞速发展,基于卫星遥感反演的降水数据集应运而生,为研究降水过程和机理提供了十分重要的信息。如 1997 年发射的热带降雨观测卫星(TRMM)开创了全球降水监测的新时代。

全球降水气候项目(GPCP)是使用最为广泛的全球降水产品,该项目于 1986 年由世界气候研究计划组织(WCRP)启动实施,给出了全球高时空分辨率的降水分析产品。该数据集结合了雨量计和卫星遥感的反演结果,可以更好地反映降水的时空分布和变化,成为开展降水研究的"准标准"数据集(刘元波等,2011)。

常用的基于卫星遥感技术反演的数据集还包括:美国加州大学欧文分校的 PERSIANN 数据集、美国 NOAA 气候预测中心生产 CMOPRH 降水产品等。

4)多源融合的降水数据集

CMAP(CPC Merged Analysis of Precipitation)数据集是由美国国家海洋大气局(NOAA)的气候预报中心(CPC)通过融合雨量计观测资料、卫星观测降水数据、NCEP-NCAR 再分析资料建立的全球逐月降水数据集。该数据集从 1979 年至今,空间分辨率为 2.5°,相比单一数据源的降水产品,在降水的时空分布上有了明显的提升。

CMAP 与 GPCP 一样融合了卫星遥感数据和雨量计观测降水资料,对 GPCP 有继承性,但在资料丰富度、数据处理和算法上有很大的区别。CMAP 使用的卫星遥感和雨量计观测降水站点数据比 GPCP 更加丰富,数据融合的时空范围更加广泛。因此,CMAP 数据集的降水量时间序列与 GPCP 是不同的。此外,CMAP 先后发布了两个版本的降水数据集。

5)全球降水再分析数据集

目前使用的降水资料,除传统的雨量计观测降水和多源融合数据集外,还有一类依赖于数值模式的再分析降水资料,通过数值模式模拟得出是否发生降水以及降水量的大小。目前流行的再分析降水资料有 NCEP/NCAR 再分析资料和欧洲中期天气预报中心(European Centre for Medium-Range Weather Forecasts,ECMWF)的 ERA-Interim 再分析资料。NCEP/NCAR 和 ERA-Interim 再分析资料均有地面降水量数据。

美国国家航空航天局(NASA)的 MERRA 数据集是第三代再分析资料的代表之一,其具有更高的空间分辨率(0.5°×0.667°的经纬网格),适合于地形复杂、降水空间异质性高的气候区域。研究发现,MERRA 数据集在中亚地区降水变化研究中有较好的适用性(胡增运等,2013)。

(2)降水量的空间分布

图 3.10(彩)为西北干旱区高分辨率格点观测和多源数据集年平均降水量分布图。在观测中,降水主要分布在山区及周边地区,有两个降水中心,分别是天山和祁连山区,与站点观测

结果大致相似。从多源数据集得到的空间分布与观测结果基本一致,但也存在差异。在西北干旱区,MERRA-2 数据集在空间分布结构上效果最好。而 NCEP-1、NCEP-2、CMAP-1、CMAP-2、ERA-Interim、GPCP、CRU 和 MERRA-2 的空间相关系数(PCC)分别为 0.84、0.86、0.92、0.96、0.81、0.95、0.94 和 0.97;均方根误差(RMSE)分别为 1.17、1.00、0.51、0.36、1.13、0.47、0.48 和 0.35。

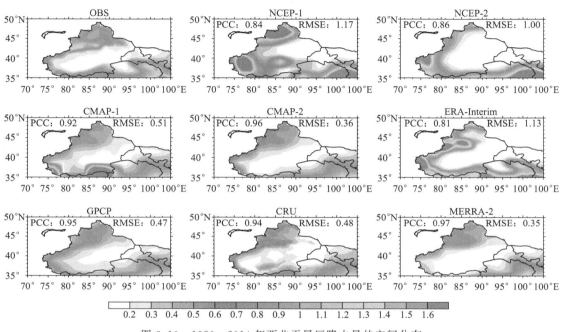

图 3.10　1980—2014 年西北干旱区降水量的空间分布
(单位:mm/d;PCC 为空间相关系数;RMSE 为均方根误差)(另见彩图 3.10)

通过比较观测数据与多源数据集的空间相关系数和均方根误差,发现 MERRA-2 和 CMAP-2 具有更高的空间分布一致性。ERA-Interim 的空间相关系数最低,主要是由于该数据集在山区的偏差最大。NCEP-1 的均方根误差最高,说明该数据集的降水量值差异较大,且主要集中在沙漠地区,如塔克拉玛干沙漠和古尔班通古特沙漠。此外,通过比较发现,虽然 ERA-Interim 降水量在天山山区和祁连山区的偏差最大,但是在"山盆结构"的模拟方面,ERA-Interim 数据集最好,其他数据均不能很好地反映出区域降水的"山盆"差异性特征。

(3)降水量的时间变化

图 3.11(彩)显示了观测数据与多源数据集在时间变化序列、偏差和相关系数的变化。可以看出,多源降水数据集均能够粗略地反映降水的变化特征,CMAP-2 和 MERRA-2 数据集低估了降水量,主要在天山山区,而其他数据集(除 CMAP-1 和 CRU)均对降水量有一定的高估。观测的区域多年平均降水量为 1.65 mm/d,其他降水数据集的分布区间为 2.28(NCEP-1)～1.49 mm/d(MERRA)。NCEP-1 数据集严重高估了干旱区降水量,偏差为 0.63 mm/d,其次是 ERA-Interim(偏差为 0.47 mm/d)和 NCEP-2(偏差为 0.46 mm/d)。CRU 与观测结果最接近,但该数据集在塔克拉玛干沙漠附近差异较大。所有格点数据集在时间分布上都表现出一致的变化。总的来说,CRU 和 GPCP 能够更好的描述降水量的时间变化,相关系

数分别高达 0.96 和 0.91。综上所述，CRU 降水数据集在降水的时空分布上与观测最接近。

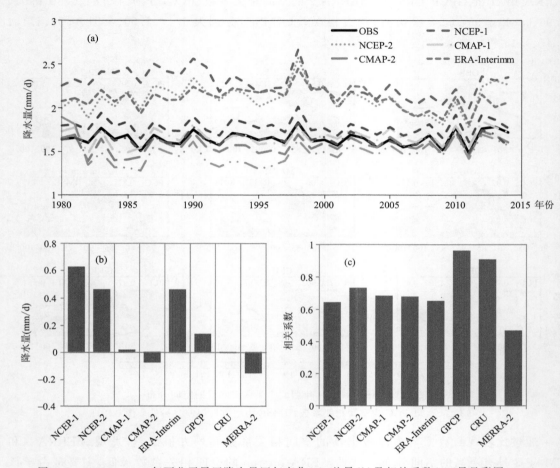

图 3.11　1980—2014 年西北干旱区降水量逐年变化(a)、差异(b)及相关系数(c)(另见彩图 3.11)

3.2.2　降水量的年内循环

图 3.12(彩)显示了基于多源数据集的降水量年内循环和与观测的差异。虽然多源数据集在夏季降水的偏差较大，但都能合理描述降水量的年内循环。多源数据集对月降水量的高估或低估与逐年变化结果相似。CRU 数据集能够揭示干旱区降水量的年内循环。

在降水量的季节性方面，西北干旱区降水主要集中在夏季，多源数据集均能获得该分布。在观测中，夏季降水量占年降水量的 52.1%。在多源数据集中，夏季降水量占年降水量的 48.5%～53.1%。春季、秋季和冬季降水量分别占年降水量的 22.1%、19.2% 和 6.6%。图 3.13 显示了观测和多源降水数据集得出的季节降水的差异。可以看出观测和多源降水数据集之间的季节性差异与年分布非常相似，其中 NCEP-1、NCEP-2、ERA-Interim 和 GPCP 四个数据集高估了降水量，而 MERRA-2 数据集在所有季节均低估了降水量。

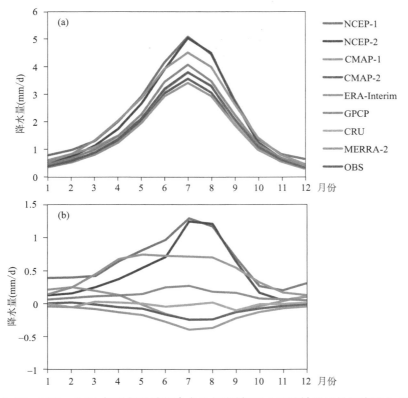

图 3.12　1980—2014 年西北干旱区降水量年内循环（a）及差异（b）（另见彩图 3.12）

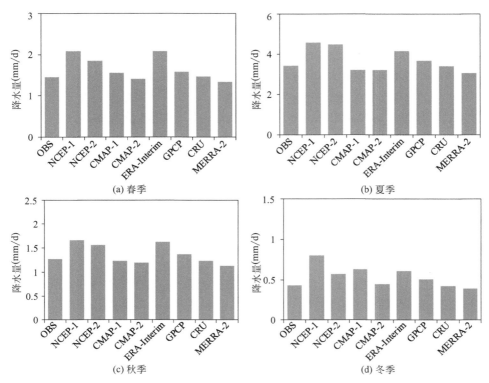

图 3.13　1980—2014 年西北干旱区季节降水变化

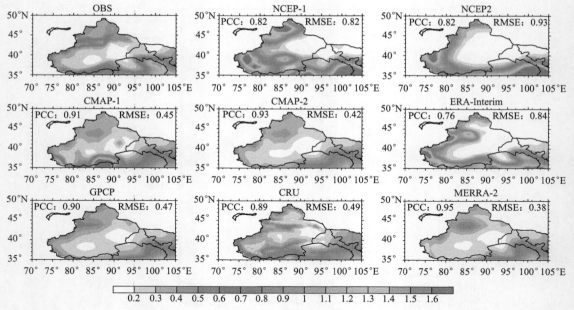

图 3.14 1980—2014 年西北干旱区降水量标准差的空间分布
（单位：mm/d；PCC 为空间相关系数；RMSE 为均方根误差）（另见彩图 3.14）

3.2.3 降水量的年际变化

标准差（SD）可以反映降水量的年际变化特征。图 3.14（彩）为观测和多源数据集的降水量标准差的空间分布。可以看出，祁连山和天山地区降水量年际变化最大，与降水高值中心相对应。多源降水数据集都能够合理地反映降水年际变化，NCEP-1、NCEP-2、CMAP-1、CMAP-2、ERA-Interim、GPCP、CRU 和 MERRA-2 的标准差分布与观测的空间相关系数分别为 0.82、0.82、0.91、0.93、0.76、0.90、0.89 和 0.95，均方根误差分别为 0.82、0.93、0.45、0.42、0.84、0.47、0.49 和 0.38。此外，NCEP-2 数据集的标准差和均方根误差最大，反映了该数据集与观测结果的差异较大，尤其是在沙漠地区。而 MERRA-2 和 CMAP-2 数据集在年际变化方面有很好的一致性。

3.2.4 降水量的变化趋势

图 3.15（彩）为 1980—2014 年期间观测和多源数据集揭示的降水量的变化趋势空间分布。从观测来看，在西天山、帕米尔高原和祁连山地区都有明显湿润的趋势，而塔里木盆地降水量略有减少。CRU 和 NCEP-2 数据集能够反映出这一空间趋势，CMAP-2 和 ERA-Interim 数据集也能够大致地反映空间趋势。从 PCC 和 RMSE 来看，CRU 数据集可以较好地重现湿润趋势变化。

图 3.16 显示了 1980—2014 年观测和多源数据集的降水量和季节降水量变化趋势。观测结果所示，降水量变化趋势并没有明显的季节特征，除秋季外，所有季节的湿润程度都较弱。除 MERRA-2 数据集外，所有数据集均反映了秋季明显变干特征。NCEP-1 和 ERA-Interim 普遍低估了年降水量和季节降水量的趋势。CRU 对年度、夏秋季节变化趋势的描述能力较高，而 GPCP 和 MERRA-2 对冬春季节变化趋势的再现能力较强。虽然在年降水量和季节降水量上呈现出比较一致的趋势，但是多源数据集均存在较大的不一致性，对长期降水量趋势的重现能力有限。

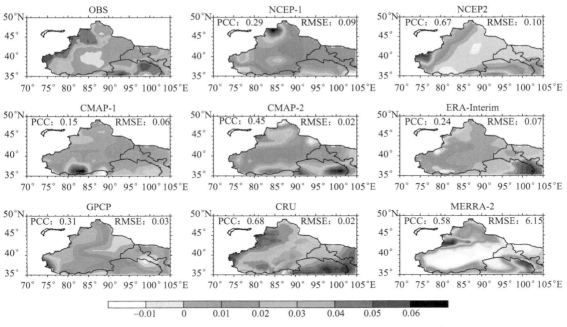

图 3.15　1980—2014 年西北干旱区降水量变化趋势的空间分布

（单位：mm/(d・a)；PCC 为空间相关系数；RMSE 为均方根误差）（另见彩图 3.15）

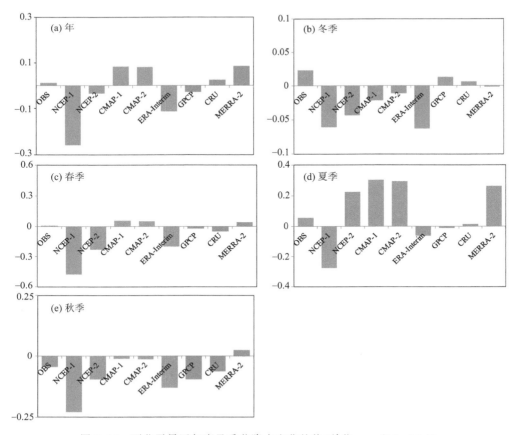

图 3.16　西北干旱区年度及季节降水变化趋势（单位：mm/(d・35a)）

3.2.5　降水量的时空模态

经验正交函数分析法(EOF)是分离气候变量场时空结构的主要方法之一。该方法把原变量场分解为正交函数的线性组合,构成为数很少的互不相关的典型模态,代替原始变量场,每个模态都含有尽量多的原始场的信息。利用该方法来分析西北干旱区降水量的时空变化模态。同时,利用了 North 等(1982)提出的特征值误差范围来进行显著性检验。

图 3.17(彩)显示了前四个 EOF 特征向量的贡献方差和累积方差。对于观测和数据集来说,前四个 EOF 特征向量的贡献方差占总方差的 70% 以上,可以解释西北干旱区降水量 70%以上的时空模态。因此,前四个 EOF 模态及其对应的时间系数变化可以确定西北干旱区降水量的时空分布模态。

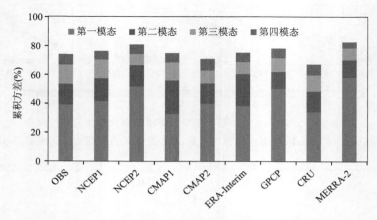

图 3.17　前 4 个 EOF 模态的贡献方差和累积方差(另见彩图 3.17)

从观测来看,第一个 EOF 模态(EOF-1)反映的降水时空格局解释了总方差的 39.2%。该模态清楚地反映了整个西北干旱区基本一致的变化特征,特征向量值偏负(图 3.18(彩))。同时,EOF-1 对应的时间系数变化(PC-1)呈下降趋势,并在 1997 年左右有了突变转折,其中在 1997 年以前以正的波动为主,1997 年以后有明显的下降趋势。因此,1997 年是一个重要的转折点。从多源降水数据集来看,大多数数据集可以反映该模态的结构变化,空间相关系数从0.27(CMAP-1)到 0.84(GPCP)变化。其中,GPCP、NCEP-1、MERRA-2 和 CMAP-2 等数据集具有较高的空间相关系数和均方根误差,说明这些数据集能够更好地反映西北干旱区降水的 EOF-1 模态。

在观测资料中,EOF-2 模态占总方差的 14.4%,该模态反映了西北干旱区降水量的东西反相分布模态,其中在 85°E 以西以正值为主,而东部地区以负值为主,说明西北干旱区西部降水量增加,而东部趋于干旱。PC-2 呈轻度下降趋势。该模态反映出的降水量的东西差异,说明西北干旱区降水量受不同气候类型和气流的控制,其中东部受季风的影响,而西部以西风为主。

西北干旱区西部处于常年西风气候带,在西风增强的背景下带来暖湿气候,降水增加。而西北干旱区东部处于季风影响的边缘地带,随着季风强度的减弱,带来的水汽不足,导致降水减少。当然,这只是从西风和季风的角度分析,事实上,该区域增湿的机制很复杂,受高中低纬度大气环流的共同影响。

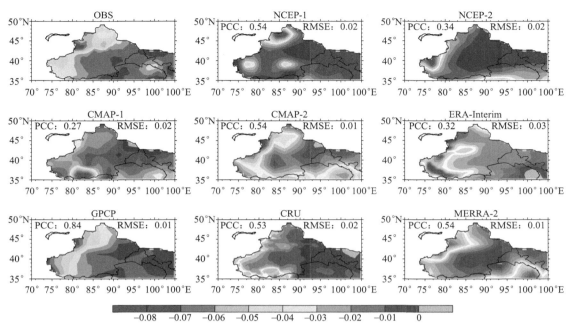

图 3.18　西北干旱区降水量的 EOF-1 模态空间分布(另见彩图 3.18)

　　从图 3.19(彩)可以看出,大部分数据集都可以反映出西北干旱区东部降水异常减少的情况。不幸的是,所有的数据集都不能重现在湿润地区增强的降水异常。NCEP-1 和 GPCP 数据集可以反映出阿勒泰地区的降水增加特征,而 NCEP-2、CMAP-2 和 MERRA-2 数据集可以反映出帕米尔高原地区的降水增加特征。充分说明了西北干旱区西部降水增加机制的复杂性和降水变化的区域异质性。

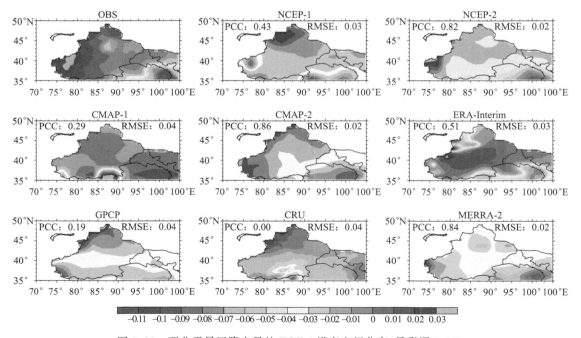

图 3.19　西北干旱区降水量的 EOF-2 模态空间分布(另彩图 3.19)

在观测中,EOF-3 模态主要揭示了西北干旱区降水量的南北反相分布,解释了总方差的13.2%(图 3.20(彩))。空间上,新疆北部降水异常增强,南部降水异常减弱。这种格局主要受地形和大气环流的影响,反映了天山地形影响下的降水分布及变化格局,导致了天山南北不同的气候条件。

干旱区北部主要受高纬度西风、大西洋和北冰洋的暖湿气流的控制;而南部地区更加复杂,受西风、西南季风和高原季风,以及来自印度洋、阿拉伯海和孟加拉湾的暖湿气流共同的影响。CMAP-2、ERA-Interim、MERRA-2 等数据集能够很好地反映该模态的变化,具有高的空间相关系数和低的均方根误差。观测资料中反映出了 100°E 以东的负异常,在 NCEP-1、NCEP-2 和 GPCP 等数据集可以获得异常的位置和强度信息。

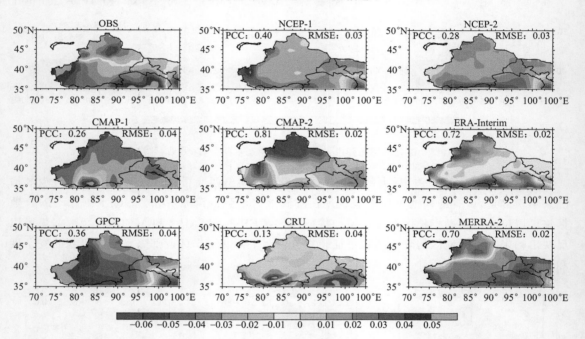

图 3.20 西北干旱区降水量的 EOF-3 模态空间分布(另见彩图 3.20)

观测中的 EOF-4 解释了总方差的 7.3%。表现为伊犁河谷和祁连山地区的降水异常增加(图 3.21(彩))。伊犁河谷是中亚干旱区降水最丰富的地区。曾有观测显示,在河谷山区的中国科学院天山积雪雪崩站有 1000 mm 以上的年降水量。伊犁河谷主要受喇叭口地形的影响,受地形抬升作用形成降水。对于多源数据集来说,ERA-Interim、GPCP 和 NCEP-1 具有较好的空间模态再现能力,而 GPCP 和 NCEP-1 能够更好地反映伊犁河谷和祁连山地区的降水中心的位置和强度。

图 3.22 为前四种 EOF 模态及对应的 PC 时间变化序列,以及多源数据集与观测的 PC 序列的相关系数。可以看出,PC-1 的相关系数明显高于其他模态。与其他模态相比,多源数据集具有更好地反映西北干旱区降水量第一时空模态的能力。对于 PC1,GPCP、CMAP-2 和CRU 与观测结果的相关性更大。CMAP-2 和 MERRA-2 与 PC2 的观测结果相关性较高。对于 CMAP-2,所有的 PC 都与观测值高度相关,说明 CMAP-2 可以更好地描述西北干旱区降水的时空模态。值得一提的是,MERRA-2 在 PC2 中的相关系数高于 PC1。此外,ERA-Interim

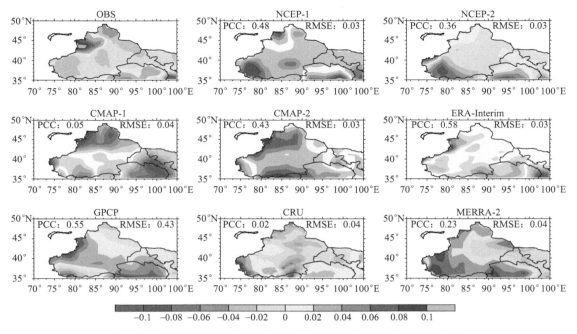

图 3.21　西北干旱区降水量的 EOF-4 模态空间分布(另见彩图 3.21)

可以更好地反映西北干旱区降水量的 PC3 和 PC4 模态系数变化。

3.2.6　多源格点降水数据的综合评估

　　以上利用观测格点数据,从气候学、季节性、年际变化、长期趋势和时空结构等方面,对多源降水数据集在中国西北干旱区降水变化研究中的应用进行系统性评估,涉及的多源降水数据集有 NCEP-1、NCEP-2、CMAP-1、CMAP-2、ERA-Interim、GPCP、CRU 和 MERRA-2 等数据集。图 3.23(彩)总结了每个数据集在多时间尺度研究中的效果。综合来看,数据集均能在气候学、季节性、年际变异性和时空模态方面应用,但在长期趋势分析上存在一些差异。

　　大多数降水数据集能够合理再现气候态和季节降水的空间分布,相关系数分别大于 0.81 和 0.50,均方根误差分别小于 1.17 和 0.63。MERRA-2 和 CMAP-2 可以更好地获得气候态空间分析信息,而 CRU 在季节性及时间变化上效果最佳。其中,NCEP-1、NCEP-2 和 ERA-Interim 高估了山区的降水量,而 MERRA-2 低估了几乎所有季节的降水量。同样,所有的数据集都很好地再现了年际变异性,其中 MERRA-2 和 CMAP-2 效果最好的。NCEPs 和 ERA-Interim 的 SD 和 RMSE 均大于其他两组。

　　在干旱区降水的时空模态方面,对于 EOF-1 模态,GPCP 很好地再现了空间模式和时间变化。EOF-2 模态反映了干旱区降水东西部的反相分布,所有数据集都反映了东部降水异常的减弱,而 NCEP-2、CMAP-2 和 MERRA-2 可以反映帕米尔高原降水的幅度和位置。CMAP-2、ERA-Interim 和 MERRA-2 可以反映 EOF-3 模式的南北反相变化。此外,GPCP、NCEP-1 和 ERA-Interim 可以反映 EOF-4 模态中伊犁河谷和祁连山降水中心的位置。

　　降水的时空格局主要受地形和大气环流的影响,反映了区域气候和水分状况。受西风系统控制的区域主要分布在新疆北部和西部地区。季风主导区域主要位于干旱区东部。新疆的

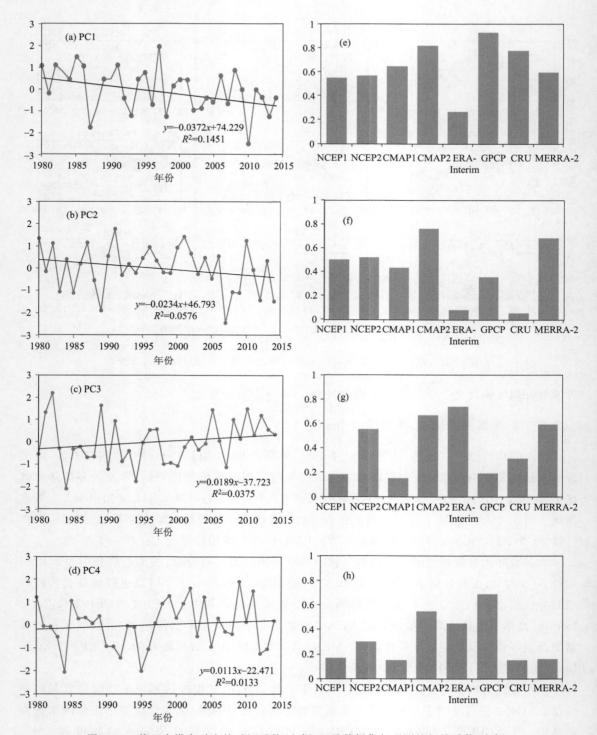

图 3.22 前四个模态对应的时间系数(左侧)以及数据集与观测的相关系数(右侧)

水汽分布和来源非常复杂,新疆北部降水受来自大西洋和北冰洋的高纬度西风盛行水汽控制。南疆降水以西风带和印度季风为主,两大系统之间的相互作用携带着来自大西洋和阿拉伯海地区的水分至新疆。青藏高原还可以通过热力和动力过程影响新疆区域水汽输送。

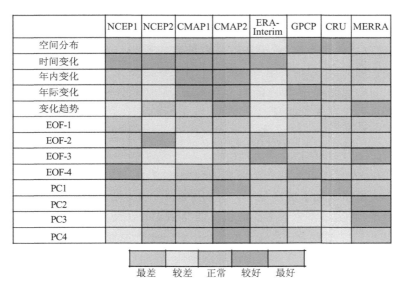

图 3.23　多源降水数据集在西北干旱区的评估结果（另见彩图 3.23）

总的来说，基于本研究的系统评价，大部分卫星遥感融合数据集（如 GPCP、MERRA-2 和 CMAP-2）的表现优于基于观测数据和再分析的数据集。卫星融合产品最大限度地利用了卫星数据和观测数据的优势，提高了未测量地区降水估算的准确性（Sun et al.，2018；Xie et al.，2003）。如 GPCP 是气候学中使用最广泛的融合数据集之一（Adler et al.，2003）。GPCP 和 CMAP 较好地描述了东亚、青藏高原、西非和热带海洋的降水情况（Huang et al.，2016；You et al.，2015）。虽然融合后的产品能更好地反映降水特征，但输入数据的差异、融合技术、反演算法和模型、观测站点数据插值和质量控制也会导致数据的偏差（Adler et al.，2003；Sun et al.，2017）。由于山区降水的时空异质性较高，使用基于卫星的数据集估算复杂地形地区的降水量还存在一定的困难（Derin et al.，2014；You et al.，2015）。

目前，最主要的挑战是在海洋和复杂山区观测站点的稀缺，且分布极不均匀（Trenberth et al.，2017）。此外，插值算法通常会平滑掉观测到的部分信息，尤其是在资料稀缺地区。不幸的是，从全球来看气象站的数量正在减少，导致未来观测降水还存在不确定性。此外，卫星产品和再分析数据集也有其局限性，一些地区的降水估计值存在较大差异（Sun et al.，2018）。在复杂地形条件下，降雨事件以地形雨、局部强对流系统和水分辐合为主，时空变异性很强（Derin et al.，2014）。

因此，需要一个更加完善的观测网络、合理的卫星数据同化技术、精确的参数化方案和最优的插值方法进行降水估算。系统地评价多源数据集之间的差异依然是减少降水估算差异的关键之一。

3.3　天山地形对降水变化的影响及模拟

天山位于欧亚大陆腹地，东西全长 2500 km，南北平均宽 250～350 km，最宽处达 800 km 以上。天山是世界七大山系之一，是世界上最大的独立纬向山系，同时还是全球干旱地区最大的山系（胡汝骥，2004）。

天山山区是我国西北干旱区最大的山脉,位于中国境内的天山山系全长 1700 km,占山系总长度的 2/3,宽度一般为 250~350 km,平均高度达 4000 m 的山脊拦截了西风气流中的大量水汽,在迎风坡形成大量降水,成为新疆降水最多的地区。发源于中亚干旱区的主要河流,有锡尔河、阿姆河、楚河、伊犁河和塔里木河等(胡汝骥,2004)。由盆地向山区,降水随海拔高度增加,在海拔 2000~2800 m 有一条最大降水带,形成了明显的垂直气候分布带。因此,天山山区地形对降水的作用非常明显。

天山山区地形复杂、测站稀少,降水分布不均、海拔高度变化大,以台站数据进行简单的算术平均,没有进行任何网格插值计算、权重等方面的考虑和处理,不能代表新疆区域真实的平均降水量,得出的结果只能给人们一个大概的数量概念,无法满足当前对水资源问题研究的需要。单靠设置的雨量站点还不能满足生产部门的要求,因为站点的密度总是有限的,特别是山区的站点更加稀疏,而实际需要知道的数值可能并不正好在测点上,因而缺乏对区域总降水量(m^3/a)概念的认识。以 DEM(Digital Elevation Model)为基础,结合自然正交分解(EOF)、多元回归等方法,建立插值模型,计算天山区域的面雨量序列,研究其时空分布特征及变化规律,对于正确、客观地认识天山山区气候变化的特征,进一步研究全球变化的区域响应具有一定的科学意义。

3.3.1 天山山区降水量时空分布

(1)插值方法

面雨量计算采用天山山区及其周边 79 个气象站和水文站逐月降水量资料,以及 GTO-PO30 的地理信息系统数据数字高程模型 DEM(Digital Elevation Model),其水平空间分辨率为 30 弧度秒,近似 1 km×1 km 的网格,计算方案利用 EOF 和 DEM 相结合,选用适合新疆地理、气候和站点分布的梯度距离平方反比法(GIDS),建立插值模型,计算天山山区面雨量序列,研究其时空分布特征及变化规律。具体过程参见史玉光和杨青等(2014)的文献。该计算方案结合地理信息系统数据考虑了海拔高度的影响,结合 EOF 以最少的插值方程给出了要素区域平均的序列值。

(2)降水量的时空分布特征

天山区域的降水量基本上呈现北多南少、西多东少、降水从海拔高的地方向海拔低的地方递减的特征,降水量的大小与地形分布有着十分密切的关系(图 3.24(彩))。降水高值区主要位于天山山区中西段,降水量在 400 mm 以上,天山山区南缘降水量在 200 mm 左右;降水低值区主要在塔里木盆地西部及哈密南部地区,降水量小于 50 mm。250 mm 以上的降水大多都集中在天山中部和西部山区。

从面雨量角度来看,天山多年平均面雨量 1093.2×10^8 m^3,占全疆面雨量的 40.1%。天山山区面雨量呈现出明显的增加趋势,增加率为 5.4×10^8 m^3/a。近 20 a 降水明显增多,1998 年的面雨量比 1961—2009 年的平均面雨量增加了 33.8%,1998 年后降水量增加百分率有所下降。Mann-Kendall 分析发现天山山区年面雨量在 1987 年出现了突变。根据最大熵谱值计算分析发现面雨量年际变化存在着 3 a 左右的主要周期变化。

从春、夏、秋、冬四季面雨量的分布来看,各季之间存在着很大的差异。夏季最大,为 580.7×10^8 m^3,占到全年面雨量的 53.1%,说明夏季是天山降水最多的季节;春季次之,为 267.7×10^8 m^3,占 24.5%;秋季为 187.4×10^8 m^3,占 17.1%;最少的季节为冬季,面雨量仅有 57.4×

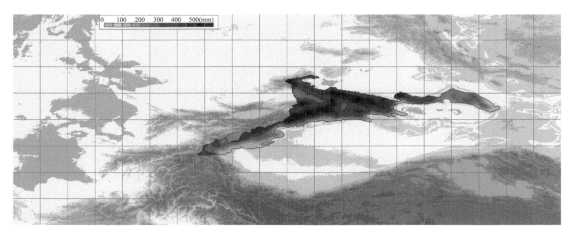

图 3.24 天山山区年平均降水量分布(单位:mm,另见彩图 3.24)

10^8m^3,仅占全年面雨量的 5.3%,是降水最少的季节。

天山山区东部(海拔高程≥1500 m)面积为 $4.5 \times 10^4 \text{km}^2$,占整个天山山区面积的 16.7%;平均面雨量为 $118 \times 10^8 \text{m}^3$,占整个天山山区雨量的 10.7%。各季面雨量以夏季最大,为 $59 \times 10^8 \text{m}^3$,占年雨量的 50%;其次为春季和秋季,分别占年雨量的 25.4% 和 20.3%;冬季最小,仅占年雨量的 4.2%。

天山山区东部海拔≥2000 m 的区域降水总量为 $63 \times 10^8 \text{m}^3$,相应面积 $1.89 \times 10^4 \text{km}^2$,其只占海拔≥1500 m 面积($4.5 \times 10^4 \text{km}^2$)的 42%,降水总量占 54%(图 3.25)。计算表明,该区域降水量主要集中在 300~450 mm。东天山地区吐鲁番和哈密的总径流量为 $18.25 \times 10^8 \text{m}^3$。天山山区东部≥1500 m 区域径流占面雨量的比例为 15%,而东天山海拔≥2000 m 区域的径流占面雨量的比例为 29%。可以看出,随着海拔高度的升高,虽然面积小了,但径流占面雨量的比例却明显提高,也就是说海拔高的地区的降水更容易形成径流。

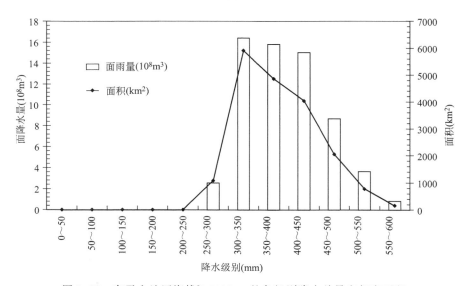

图 3.25 东天山地区海拔≥2000 m 的各级别降水总量和相应面积

3.3.2 天山地形对降水插值效果的影响

山区降水是干旱区水文循环最重要的环节,是水资源的重要来源。山区降水的分布主要是通过空间插值实现的,但影响山区降水的因素多,如经纬度、地形地貌、海拔、植被、风向等。同时,山区气象观测站点分布极不均匀,空间插值方法在山区误差存在差异。因此,研究地形对山区降水的影响及适于山区的空间插值方法具有重要意义(程柏涵,2016)。

天山山区海拔高,地形复杂,拦截了西风气流携带的水汽,在山区形成高降水中心。同时,山区地形地貌格局多样,降水的空间分布差异明显。天山山区地形地貌对降水的影响,对揭示区域水文循环的机理及干旱区的水文循环和水文过程具有重要意义(宁理科,2013)。

天山山区降水受地形显著影响,降水量、降水频率和降水持续事件随海拔升高而增大;降水以弱降水为主,强降水较少。伊犁河谷是降水的高值区,受地形格局影响,降水随地形抬升而增多,且弱降水频次增多。中天山地区降水呈两侧低中间高的分布格局,弱降水发生频次随海拔升高而增大(陈洴茹,2017)。

选择天山山区乌鲁木齐河流域、伊犁河流域、阿克苏河流域作为典型流域,利用地理信息数据和降水资料,研究地形地貌和插值方法对降水分布的影响。所用的资料为1961—2000年的平均值。

(1)流域概况

1)乌鲁木齐河流域

乌鲁木齐河流域位于天山北坡中部,发源于海拔4479 m的天格尔Ⅱ峰和天山乌鲁木齐河源1号冰川,地势由南向北倾斜,是一条冰雪融水、降雨及地下水混合补给的河流,年径流量$2.3 \times 10^8 \text{m}^3$,最后流入准噶尔盆地南缘的东道海子,在河流尾闾海拔仅410 m左右,南北约长200 km。

2)伊犁河流域

伊犁河位于天山西部,发源于哈萨克斯坦境内的汗滕格里主峰北坡,由特克斯河、巩乃斯河和喀什河三大支流组成,干流全长1236 km,在中国境内长约442 km,流域面积约$5.6 \times 10^4 \text{km}^2$,流域地表水总径流量$169.57 \times 10^8 \text{m}^3$,占新疆总径流量的20.16%,是新疆境内径流量最丰富的河流。流域三面环山,地形呈喇叭状向西敞开,谷地呈三角形,地势由东向西倾斜,东西长170 km。盛行西风环流,大西洋暖湿气流和南下的北冰洋较湿气流进入盆地后,受东南部高山拦截,在山区形成降水,使伊犁河流域成为天山山系水汽最丰沛、降水量最多的地区,也是新疆及天山气候最湿润、植被最好的地区。

3)阿克苏河流域

阿克苏河位于天山山脉的南坡,由发自吉尔吉斯斯坦的两大源流昆马力克河和托什干河汇流而成,其平均天然年径流总量为$80.60 \times 10^8 \text{m}^3$,是天山南坡径流量最大的河流,也是目前输入塔里木河的3条河流(阿克苏河、和田河、叶尔羌河)中唯一保持常年输水的河流。阿克苏河流域范围大,地形复杂,全流域集水区总面积约为$5.9 \times 10^4 \text{km}^2$,流域地势自西北向东南倾斜,流域内有阿特巴什山脉、汗腾格里峰(海拔6995 m)和托木尔峰(海拔7435 m),发育着现代冰川和永久积雪,成为阿克苏河两条源流的发源地。流域的水汽主要来源于西风环流,降水主要集中在山区。

(2)降水插值方法及其改进

梯度距离平方反比法(GIDS)既考虑了地理因素(经纬度、海拔高度)对插值点的影响,又考虑了气象站点与插值点距离权重的影响。史玉光等(2008)研究表明,该方法用于新疆区域插值效果较好。在该方法中,降水随高度呈线性变化。山体海拔高度在 2000 m 以下时,这种线性近似基本上是可以接受的。但对于像天山山区这样高大的山体而言,山脊的平均高度就达 4000 m,在 2000 m 高度以上再用线性关系计算降水时就会产生较大误差。因为受大气水汽垂直分布的影响,降水随高度不会无限制地增加。伊犁河和阿克苏河流域的降水随高度变化规律也证实了这一点。因此,采用一元二次模型来拟合比一元线性更能反映降水随高度变化的规律。

从天山山区各海拔高度对应的面积分布可以看出(表 3.6),海拔高度大于 2000 m 以上的面积为 $16.1 \times 10^4 km^2$,占天山山区总面积的 31.9%;海拔高度大于 3000 m 以上的面积为 $7.54 \times 10^4 km^2$,占天山山区总面积的 24.2%。由此可见,由于高海拔地区的气象站很少,在一些流域甚至没有,因此大多数插值都是依据较低海拔高度气象站的降水随高度变化的关系进行的,这会导致高海拔地区降水量估算值明显偏大,而插值误差影响的范围是很大的。考虑到这一因素,对 GIDS 的插值公式进行改进,增加海拔高度因子的二次项。

表 3.6　天山山区各海拔高度对应的面积分布

海拔高度(m)	<1000	1000~2000	2000~3000	3000~4000	4000~5000	>5000	总 计
面积(km²)	14075	93802	85811	65005	9659	704	269056

(3)降水插值方法改进后效果比较

利用改进前和改进后的插值方法,拟合流域降水量随高度变化曲线,分析改进前后降水插值的效果。从降水插值方法效果检验可以看出,对 GIDS 的插值公式中增加海拔高度因子的二次项后,插值效果有一定的提升,但在统计显著性检验中并不优于线性关系结果,这主要是与高海拔的气象站少有关。

在天山西部山区,降水随高度变化更加复杂,并随地形走势的不同有多种形式。在迎风坡,降水随高度并不总是增加,而在背风坡上并不一定减少,而是存在不均一性。因此,降水的分布除受地形和海拔影响外,还会受到风速大小和风向的影响(穆振侠等,2010)。

3.3.3　地形对天山夏季降水影响的模拟

地球上不同尺度的地形对大气环流和天气气候会产生不同的动力作用,从而影响到大气环流的形态和局地气候的分布,尤其在局地云和降水的形成、发展过程中起着重要作用(吴国雄等,2005;廖菲等,2007;朱素行等,2010)。在一定盛行风作用下,受地形阻挡影响,气流容易出现爬升、绕流、汇合等现象,当湿空气被迫抬升到一定高度时,便会达到饱和凝结成云,进而产生降水。

地形云和降水过程能否发生发展根本要看地形强迫气流抬升的高度能否超过抬升凝结高度。随着中尺度数值模式的不断发展和完善,数值模拟逐渐成为研究地形降水的重要和有效手段之一。即使不考虑凝结潜热的作用,气流仍可爬升到 2 km 以上,超过大气的抬升凝结高度,由此可见地形对气流的强迫抬升作用(盛春岩等,2012)。地形对降水落区和强度影响显著,对降水有明显的增幅作用。降水强度越大,地形对降水的贡献率越大(刘裕禄等,2012;丁仁海等,2014)。此外,地形云降水的形成也与地形云微物理过程有着密切关系,地形对云微物理过程尤其冰相微物理过程的发展影响较大(刘卫国等,2007;邵元亭等,2013)。

受地形格局影响,天气系统多以西、西北路径移入新疆,天山西部的伊犁河谷和天山北坡常成为冷空气入侵的迎风坡(张家宝等,1986)。

新疆日降水量大于或等于 10 mm 的日数主要分布在天山山区,且走向与天山一致,年降水最多的地区也分布在天山西部和北坡中天山地带,说明天山山脉与该地区的云和降水过程密切相关(张家宝等,1987;张建新等,2004)。因此,有必要在以往研究基础上进一步研究天山地形对云和降水形成的动力作用和增幅机制。

(1)试验方案与控制试验结果

1)天气过程概述

选取 2013 年 8 月 24—26 日一次典型天山地形降水过程,利用 WRF(Weather Research and Forecasting)中尺度数值模式进行数值模拟和地形敏感试验。

2013 年 8 月 24 日 20:00—26 日 20:00(北京时,下同),北疆大部、天山山区、南疆部分地区出现小雨,其中天山山区、伊犁河谷等地出现中到大雨,天山山区多个站点出现暴雨,其中天池站过程累积降水量达 33.7 mm,木垒站为 28.9 mm,巴音布鲁克站为 28.3 mm。强降水时段集中在 25 日 08:00—26 日 08:00,强降水带沿天山山区和伊犁河谷分布,其中天池站 24 h 累积降水量为 32.8 mm,巴音布鲁克站为 28.1 mm。

在 500 hPa 高度场上,前期中纬度欧亚地区为两脊一槽形势,其中咸海至巴尔喀什湖一带为低涡活动区,里海和乌拉尔山上空受高压脊控制。随着新地岛低涡南下,乌拉尔山脊逐渐衰退,低槽东移影响新疆,引起此次降水过程。从海平面气压来看,24 日 08:00,咸海至巴尔喀什湖之间北侧的高压系统逐渐东移,随后分裂为两个高压中心,分别位于巴尔喀什湖北侧和伊犁河谷西侧。24 日 20:00,伊犁河谷西侧高压由伊犁河谷进入新疆,影响天山西部地区,巴尔喀什湖北侧高压则进一步东移,从北疆西侧进入新疆,以偏北路径入侵天山北坡地区。

2)试验方案设计

利用 WRF(3.5.1 版本)中尺度数值模式,以时间分辨率为 3 h、空间分辨率为 $1° \times 1°$ 的 GFS(Global Forecast System)资料为初始场和边界场,模拟 2013 年 8 月 24—26 日的强降水过程,起始时间为 24 日 20:00,积分时间为 48 h。模拟中心为(87.85°E,43.55°N),模拟区域设置为 27 km、9 km、3 km 三重嵌套网格,格点数分别为 211×181、277×205、364×163,其中 9 km 分辨率(d02)区域包括新疆及周边地区,3 km 分辨率(d03)区域包括天山山区。主要物理过程参数设置为:WSM6 云微物理方案,K-F 对流参数化方案,YSU 边界层方案,Noah 陆面方案,RTMM 长波辐射和 Dudia 短波辐射方案。其中 d03 区域不采用积云对流参数化方案,仅采用 WSM6 云微物理方案,其水凝物包括云水、雨水、云冰、雪和霰 5 种粒子。

试验方案如表 3.7 所示,将 3 km 分辨率(d03)区域的模式地形降低或者增加,通过比较控制试验与敏感试验结果,讨论天山地形动力作用对降水过程的影响。

表 3.7　地形敏感试验方案

试验名称	试验方案
CTRL	保持原地形高度
H2k	将 d03 区域内高于 2 km 的地形降低为 2 km
H0.5	将 d03 区域内地形降低为原地形高度的 0.5 倍
H1.5	将 d03 区域内地形增加至原地形高度的 1.5 倍

3）控制试验结果检验

对降水的模拟能力是评价模拟结果是否可信的重要标准之一。模拟的降水沿天山呈带状分布,自西向东出现多个强降水中心,总体走向和强降水中心位置与观测结果基本吻合,尤其 84°E 和 88°E 附近强降水中心的位置和量级,分别与巴音布鲁克(84.15°E,43.03°N)和天池(88.12°E,43.88°N)两站相对应,但西天山南侧模拟降水偏大。

通过巴音布鲁克和天池两站观测和模拟的逐小时降水量演变图来验证此次模拟结果。模拟的巴音布鲁克站逐小时降水量变化趋势和量级与实况均比较吻合,尤其对于 25 日 12:00— 26 日 00:00 强降水时段的起止时间刻画得较为准确,但对 25 日 20:00 之后的逐小时降水量模拟偏小。模拟的天池强降水时段较实况有所滞后,且对 25 日 22:00—26 日 02:00 的逐小时降水量较实况有所偏大,而 26 日 05:00 之后偏弱。这可能是由于模拟的影响系统移速偏慢,导致天池强降水起始时间略有滞后。总体而言,控制试验结果较为准确地刻画出降水中心位置及强降水时段,虽然在逐小时降水量上与实况有所差异,但仍可在一定程度上反映出此次降水过程的总体特征。

西天山最大降水高度在 3 km 左右,天山北坡降水最大高度在 2 km 左右(张家宝等, 1987;赵勇等,2010)。沿巴音布鲁克站和天池站的 24 h 累积降水量与地形高度的经向剖面中可以看出,沿巴音布鲁克的累积降水量与地形高度变化趋势非常一致,山脉南北分布比较对称,均在 2 km 左右开始增加,降水量也随着地形起伏而增减,降水极大值对应的海拔高度约为 3 km。而沿天池自北向南降水量随地形高度呈现出先增大后减小的趋势,降水极大值出现在山脉北坡约 2 km 高度处,越过山脉后,降水量迅速减小。两地区降水沿地形分布的差异与其山脉走向和冷空气入侵的路径有关。在巴音布鲁克,冷空气以偏西路径入侵,受喇叭口地形(伊犁河谷)的阻挡抬升作用,降水自西向东逐渐增加,因此在南北方向差异较小。而在天池,冷空气以偏北路径入侵,天山北坡为迎风坡,翻山后为下沉气流,降水迅速减少。可见,控制试验模拟结果与观测研究结论比较一致,再次验证控制试验结果的可信度。

（2）降水量与地形高度和抬升凝结高度的关系

不同地形方案模拟的 24 h 累积降水量分布可以看出,地形高度变化对整个降水带走向分布影响不大,但对降水强度尤其是强降水中心的降水量级影响显著。地形高度降低为 2 km 后,CTRL 试验中 12 mm 以上的降水带消失,沿天山降水带为以小雨(≤6 mm)为主,仅天山山区出现中雨(6.1～12 mm)。地形高度进一步降低至 0.5 倍后,沿天山的降水量几乎降为小雨,仅零星地区可达中雨。而地形高度增加至 1.5 倍后,沿天山南、北两条降水带增强, 30 mm 以上的强降水中心明显增加。可见,此次降水过程中天山地形对降水过程的增幅作用显著。

从 CTRL 试验结果来看,自西向东、自北向南抬升凝结高度逐渐增加,这可能是由于天山东侧和南侧的空气相对干燥所致(杨莲梅等,2012)。降水主要发生在地形高度超过抬升凝结高度的地区。当地形高度低于抬升凝结高度时,降水量迅速减少甚至降至 0 mm。总体来看,地形高度改变后,抬升凝结高度也随之有所降低或增加,这可能由于地形高度变化影响水汽分布所致。从纬向剖面来看,86°E 以东地区(喇叭口地形)降水量受地形高度影响较大。地形降低后,虽较抬升凝结高度略高或持平,但降水量迅速降至 10 mm 以下。地形增高后,86°E 以东地形高度均超过抬升凝结高度,最大降水量也随之增加到 30 mm。从经度剖面来看,天山北坡降水量受地形影响显著,表现出与天山西部类似的特征。由此可见,此次过程中降水量与地形高度和抬升凝结高度的相对大小密切相关,由于地形的阻挡抬升作用,气流被抬升达到甚至超过凝结高度,进而产生降水,且地形高度与抬升凝结高度的差值与降水量也呈现出一定的正相关性。

(3)地形对垂直上升运动的影响

地形的阻挡抬升作用会导致盛行气流产生一定的垂直上升运动,而较强的垂直上升气流又是形成云和降水的重要条件之一。从 CTRL 试验结果发现,天山西部上空 6～8 km 随地形起伏出现多个超过 0.1 m/s 的上升速度中心,天山北坡上空 2 km 附近也存在一个超过 0.1 m/s 上升速度中心,这些上升速度中心分别与巴音布鲁克和天池两强降水中心相对应。地形降低后,上升速度中心范围明显缩小甚至消失。地形增高后,上升速度中心显著增加,最大值甚至超过 0.3 m/s。由此可见,天山地形抬升作用对盛行气流的垂直上升运动影响显著。

较强的上升运动可引起不稳定能量的释放和水凝物的形成,大气层结稳定度可用假相当位温 θ_{se} 随高度的变化来表示,当 θ_{se} 随高度减小时,表示大气为不稳定层结。由 CTRL 试验发现,天山西部 800～600 hPa 和北坡 900～700 hPa 均存在不稳定层结,沿盛行气流方向水凝物含量随地形的增高逐渐增多,并分别在 600～500 hPa 和 800～600 hPa 出现超过 0.3 g/kg 的中心,这些中心也与上升速度中心和降水中心相对应。地形降低后,不稳定层结分布变化不大,但水凝物含量明显减少,巴音布鲁克和天池上空的水凝物中心值均降至 0.2 g/kg,但天池上空的水凝物范围向南有所扩展。地形增加后,水凝物范围和含量显著增加,在天山西部和天山北坡上空均出现超过 0.4 g/kg 的中心。

(4)地形对云中水凝物的影响

水汽主要集中在大气低层,在近地面含量可达 7 g/kg 以上,随着高度增加逐渐减小。雪晶主要分布在 0～−24 ℃ 等温线(4～8 km),其中心在 −4～−8 ℃ 等温线(5 km 左右),最大含量可达 0.5 g/kg。冰晶高度较高,主要分布在 −4～−36 ℃ 等温线(5～10 km),其中心在 −18～−32 ℃ 等温线(8 km 左右),最大含量可达 0.16 g/kg。而霰、雨水和云水三种水凝物的含量相对较少,且高度也较低,基本分布在 0 ℃ 等温线附近(5 km 以下)。可见,此次降水过程中水凝物以雪晶和冰晶为主,表现出典型的冷云特征。

在 CTRL 试验中,雪晶最大值可达 0.17 g/kg,0.08 g/kg 等值线在 25 日 09:00—26 日 00:00 稳定维持。冰晶最大值可达 0.07 g/kg,0.05 g/kg 等值线维持时段也基本在 25 日 09:00—26 日 00:00 之间,二者均与强降水时段相对应。地形降低后,两种水凝物的中心值都显著降低,持续时间也缩短。地形增高后,两种水凝物含量的最大值变化不大,但持续时间显著增加。

由以上分析可知,地形改变对云中主要冰相水凝物的高度分布影响不大,但对其含量和持续时间影响显著。地形降低后,水凝物含量减少,持续时间也缩短。地形增高后,对水凝物含量基本无影响,但最大值维持时间显著增加。

为揭示天山地形动力作用对夏季降水的影响,通过在初始场中改变天山地形高度进行一系列敏感试验,与控制试验结果对比表明,天山大地形起着较强的增幅作用。地形高度对降水带分布变化不大,但对强降水中心的范围和量级影响显著,在一定范围内,强降水中心的范围和量级与地形高度呈现一定的正相关关系。降水量的分布与地形高度和抬升凝结高度的相对大小也密切相关,地形的阻挡抬升作用导致盛行气流产生较强的垂直上升运动,达到甚至超过抬升凝结高度时,不稳定能量才得以充分释放,进而引起水凝物含量大大增加。地形对主要冰相水凝物雪晶和冰晶的高度分布影响不大,但对二者的中心值和维持时间影响显著。地形降低后,水凝物含量减少,维持时间也缩短,地形增高后,对水凝物含量基本无影响,但维持时间显著增加。

3.4 增湿的海拔依赖性

3.4.1 山区气候研究概述

山地占到全球陆地面积的五分之一,是地球上许多珍稀濒危物种的栖息地(Beniston et al. ,1997; Price et al. ,2000; Mountain Research Initiative EDW Working Group,2015)。同时,也是主要大河的发源地,被称为"水塔",对干旱地区生态保护和社会经济可持续发展非常重要(Beniston et al. ,1997; Chen,2015)。此外,随着海拔高程的增加,冰冻圈和生态系统的脆弱性更加明显(Ohmura,2012)。IPCC 第五次评估报告指出,全球气候系统发生了明显的变化,进而影响到区域生态环境、水资源和人类活动(Shi et al. ,2008)。大量的研究发现,高山地区气候变化更加敏感(Barry,1992)。山地降水是全球水循环过程的重要组成部分之一,大部分河流系统的水最终来源于山区降水,进而对下游人居环境和社会经济结构产生重要影响(Beniston et al. ,1997)。

过去几十年,山区气候发生了明显改变,并有大量的研究成果。研究发现在高海拔地区,变暖的趋势更加明显了。国际山地研究计划下设的升温海拔依赖性工作组(Mountain Research Initiative EDW Work Group,2015)研究结果表明,全球的气候变暖趋势随着海拔增加而加剧,被称为"升温的海拔依赖性"(EDW),也就是说,高海拔山区增温趋势比低海拔地区更加大。Ohmura (2012)等研究全球的 10 个主要山地时发现,山地升温趋势比周边地区更明显,如阿尔卑斯山脉、青藏高原、喜马拉雅山脉、天山、克什米尔、安第斯山脉、祁连山和北美科迪勒拉山脉和阿巴拉契亚山脉等。在中国也有类似的发现(Dong et al. ,2014)。Yan 和 Liu (2014)研究得出,青藏高原及周边地区年均温度随着海拔升高而呈系统性的增加趋势。Li 等(2012)认为,中国西南地区高山地区降水明显增加。与气温相比,降水受地形和大气环流的影响更加明显,使得降水变化趋势和海拔的关系更加复杂。中国西北干旱区是亚洲中部干旱区的重要组成部分,是全球同纬度最干旱地,该区域地形复杂,山盆相间,沙漠与绿洲共存,水资源分布极不均匀,是生态环境严重脆弱地区,也是"丝绸之路经济带"的核心区,对全球气候变化异常敏感(Chen et al. ,2014,2015)。新疆地区主要有天山、昆仑山、阿尔金山、阿尔泰山等高大山脉,包围着塔里木盆地、准噶尔盆地等内陆盆地(Deng et al. ,2014)。新疆横跨多个纬度带,复杂的地形和巨大山脉,受中高低纬环流系统的共同影响,气候变化非常复杂。同时,复杂地形背景下气候变化对干旱区水资源有重要影响。因此,研究干旱区降水变化趋势及其与海拔的关系对进一步认识干旱区降水变化规律,提高应对气候变化能力有重要意义,同时也对全球和区域尺度气候变化、水循环和生态环境研究有重要贡献(Dong et al. ,2014)。

在过去 50 a,西北干旱区气温和降水均有急剧的增加态势(Chen et al. ,2015)。山区降水比荒漠和绿洲降水增加趋势更大(Li et al. ,2013)。前期针对干旱区降水的研究主要集中在降水变化趋势方面,而针对不同海拔梯度降水变化趋势,即增湿或变干的海拔依赖性的研究较少。

3.4.2 增湿趋势与海拔的关系

（1）观测站点分布

西北干旱区地形复杂多样，相比东部地区，长期的气象监测资料不足，且空间分布不均匀。Immerzeel 等（2010）认为，亚洲的水资源主要分布在海拔 2000 m 以上的山区；Yao 等（2015）进一步建议海拔 1500 m 是西北干旱区山地区和平原区的分界线。气象站点的海拔分布如图3.26 所示，站点海拔从近海平面（托克逊站，海拔 1 m）到近 4000 m（大西沟为 3539 m）不均匀分布。98 个站分布在海拔 1500 m 以下，海拔 1500 m 以上有 30 个站点，其中海拔 2000 m 以上有 14 个站点。从山脉分布来看，海拔 1500 m 以上的站点在天山山脉分布有 14 个，在祁连山有 16 个。

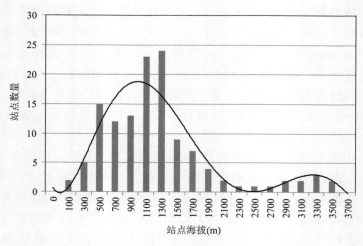

图 3.26　不同海拔梯度气象站点分布

降水的空间插值分析采用梯度距离平方反比法（Gradient Plus Inverse Distance Squared，GIDS）。降水的高值区主要分布在天山山区、祁连山区和阿勒泰山，特别是伊犁河谷和阿勒泰山北部。降水的空间分布与海拔基本一致。

（2）降水量的变化趋势

采用 Mann-Kendall 非参数检验法对西北干旱区各站点 1961—2012 年降水量序列进行趋势分析。研究发现，近 50 a 来，西北干旱区降水量总体呈增加趋势，增湿趋势为 9.31 mm/10a（$p<0.01$），但各区域存在差异性，形成了祁连山区、天山山区中段和西部等高幅增湿中心，其中祁连山区以野牛沟（52.5 mm/10a）为中心，天山中部以天池（22.8 mm/10a）为中心，天山西部以新源（28.3 mm/10a）为中心；而在塔里木盆地周边和河西走廊形成低幅增湿区域。具体来看，增湿趋势祁连山脉＞天山山脉＞北疆＞河西走廊＞南疆＞内蒙古西部，其中祁连山亚区（38.67 mm/10a）增湿最明显，通过了 0.01 的显著性检验，其他区域通过了 0.05 的显著性检验，而内蒙古西部增湿趋势较弱（5.09 mm/10a），没有通过显著性检验。

从各站点来看，全区绝大部分站点均呈现增湿趋势，占总站点的 93.8%，其中 49.2% 的站点通过了 0.05 的显著性检验（表 3.8）；仅有 5 个站点降水量有微弱的减少趋势，但没通过显著性检验，这些站点主要位于荒漠腹地的极端干旱地区。天山、祁连山和北疆所有站点均有增湿趋势，其次是南疆和河西走廊，而内蒙古西部增湿比例为 77.78%，明显低于其他区域，这种区域变化在空间上表现为自西向东减弱的特征。

从季节变化来看,增湿趋势春季＞夏季＞冬季＞秋季,除夏季增湿趋势通过了 0.05 显著性水平检验之外,其余季节均通过了 0.01 的显著性检验,表明春季增湿趋势最明显,夏季较弱,但降水的年净增加量夏季最大,这是由于夏季降水量占全年降水量的比重最大。各季节增湿站点的比例冬季＞春季＞秋季＞夏季,冬季降水量仅有 2 个站点呈下降趋势,站点增湿率为 98.36%,而夏季降水量呈下降趋势的站点有 25 个,增湿率为 79.51%,可以看出冬季增湿具有全区普遍性,但夏季增湿的区域差异性特征明显。在各区域,北疆和天山山区的冬季增湿趋势最为明显,变化趋势分别为 4.53 mm/10a 和 3.79 mm/10a,通过了 0.01 的显著性检验;祁连山秋季增湿趋势最显著,变化趋势为 9.73,通过了 0.01 的显著性检验。而内蒙古西部夏季降水量呈微弱的减少趋势,9 个站点中有 6 个表现为变干特征(表 3.8)。

表 3.8　西北干旱区年和四季降水量变化趋势

	增湿			变干		
	站点数	降水趋势 (mm/10a)	通过 95% 显著性 检验的站点	站点数	降水趋势 (mm/10a)	通过 95% 显著性 检验的站点
年	120	11.39	63	8	2.31	0
春季	113	3.66	32	15	0.34	0
夏季	98	4.28	26	30	2.24	2
秋季	106	2.91	37	22	0.84	1
冬季	125	2.33	88	3	0.01	0

(3)降水变化趋势与经纬度和海拔的统计关系

根据西北干旱区降水量变化趋势的空间分布特征,分析了经纬度与海拔高程和降水变化趋势的关系。一般来说,受行星反射率和能量收支的影响,高纬度地区对气候变化更加敏感;同时,经度也是降水变化的地理要素之一,降水的变化趋势还和所处的地理位置、距海距离等有关。

分析了 1961—2012 年降水变化趋势与经纬度和海拔高程等的统计关系。结果发现降水变化趋势与海拔高程有较明显的相关关系($R=0.49$,$p<0.001$,图 3.27),但与经纬度的关系并不显著($R<0.1$,$p>0.1$)。西北干旱区由于独特的山盆地形,形成了"山地—绿洲—荒漠"的景观格局,水文气象要素均具有较大的空间异质性,导致了降水趋势的空间分布不均匀。图 3.27 进一步分析了海拔 1500 m 以下区域降水变化趋势与经纬度的关系,结果发现降水变化趋势与纬度有很好的正相关关系($R=0.51$,$p<0.001$),与经度也有较好的负相关关系($R=-0.36$,$p<0.01$)。这些结果进一步表明,在西北干旱区控制降水变化的主导地理因子是海拔,这与前期的研究一致(Chen et al.,2015;Deng et al.,2015)。因此,下面主要分析降水变化趋势和海拔的关系。

(4)降水变化趋势与海拔的关系

利用不同海拔梯度研究降水变化趋势和海拔的关系。站点按照 500 m,1000 m 和 1500 m 等不同海拔梯度划分。在海拔 500～1500 m,区域增湿和海拔的关系不明显,而 1500 m 以上两者的关系最明显。海拔每增加 1000 m,降水变化趋势增加 13 mm/10a,两者的相关系数达到了 0.68($p<0.001$)(图 3.28)。以 500 m 为海拔变化梯度,发现 1500～2000 m 梯度增湿最

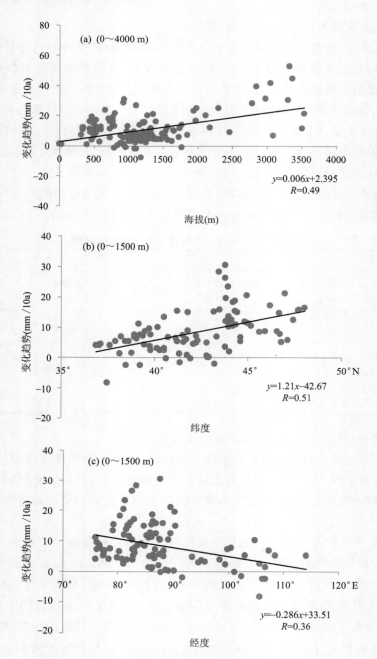

图 3.27　降水变化趋势与海拔(a)、纬度(b)和经度(c)的关系

明显,为 27 mm/10a(相关系数为 0.66,$p<0.001$),其次是 500 m 以下,增湿趋势为 25 mm/10a(相关系数为 0.65,$p<0.001$),但 500~1500 m 关系不显著(图 3.29)。以 1000 m 为海拔变化梯度,降水增加与海拔梯度关系明显,发现 2000~3000 m 梯度增湿最明显,每增加 1000 m,降水增加率分别为 3.5 mm/10a,7 mm/10a 和 22.1 mm/10a,对应的相关系数分别为 0.72($p<0.001$),0.32($p<0.05$)和 0.11($p>0.05$)。此外,在 3000 m 以上,增湿和海拔的关系并不明显(图 3.30)。但在 2000~4000 m,海拔梯度每增加 1000 m,降水增加率为 10 mm/10a。图 3.31(彩)反映了 500 m 海拔梯度下降水变化趋势的年代际分布。姚俊强等(2015)研究发

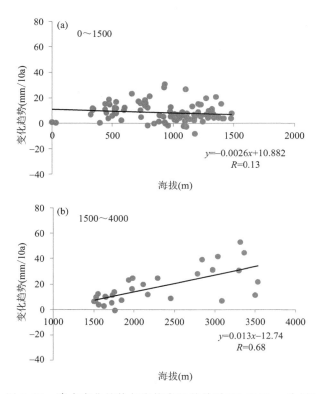

图 3.28　降水变化趋势与海拔高程的关系（以 1500 m 为界）

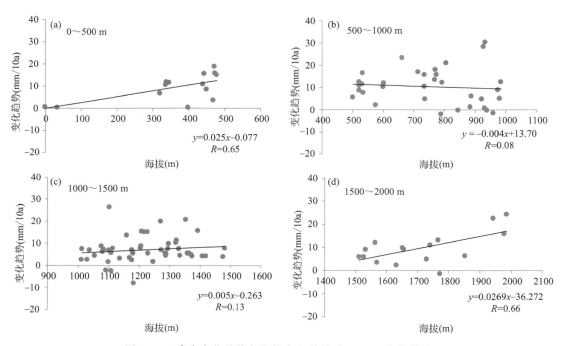

图 3.29　降水变化趋势与海拔高程的关系（500 m 海拔梯度）

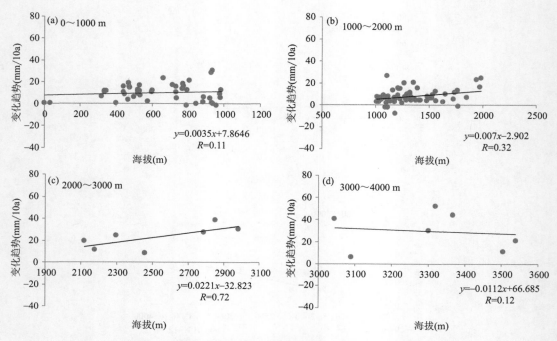

图 3.30　降水变化趋势与海拔高程的关系（1000 m 海拔梯度）

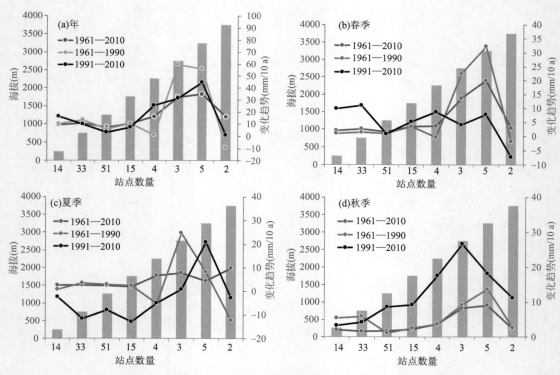

图 3.31　增湿海拔依赖性的季节和年代际变化特征（另见彩图 3.31）

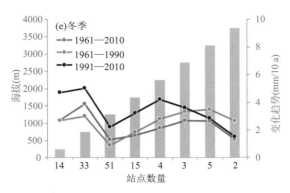

图 3.31(续)　增湿海拔依赖性的季节和年代际变化特征(另见彩图 3.31)

现山区降水在 20 世纪 90 年代有明显的变化。因此,本研究以 1990 年为界,划分了前后两个阶段,来揭示增湿特征的年代际差异。在春季和秋季,随着海拔的升高,西北干旱区降水有系统性增加趋势。1990 年之前春季和秋季增湿和海拔的关系一致,而夏季在 1990 年之后一致。在其他季节没有明显的海拔依赖性。

值得注意的是,西北干旱区高海拔地区面积相对较小,但山区降水的变化对水资源的影响是很重要的。西北干旱区的水资源主要依赖于山区降水和冰川积雪融水,而后者也依赖于山区的固态降水。山区积雪受海拔高度的影响,特别是冬季的降水量和气温的变化趋势。但令人担忧的是,在过去 50 a,虽然冬季山区降水有明显的增加趋势,但大量的冰雪消融使得山区水储量明显减少,山区固态水库的调节作用在逐渐减弱。

3.4.3　增湿海拔依赖性的形成机理

西北干旱区气候系统的变化是非常复杂的。利用短期观测和不均匀的站点数据揭示了降水变化趋势的海拔依赖性,但依然有很大的不确定性。过去 50 a,西北干旱区降水变化趋势与北半球基本一致,但在西北干旱区西部有一个明显的增湿中心(Wang et al.,2013;Yao et al.,2015)。增加的降水主要分布在高海拔地区(Li et al.,2012)。上一节系统地分析了过去 50 a 西北干旱区增湿与海拔之间的关系,首次明确提出了"增湿的海拔依赖性"的概念,即增湿趋势随着海拔增高而加大。

西北干旱区气候变化主要受大尺度大气环流的影响,如青藏高原、西太平洋副热带高压(简称"西太副高")、北美副热带高压和西风环流等。例如,青藏高原的动力和热力作用可以影响区域大气环流,调制水汽输送,使得西南水汽途径中亚地区后到达新疆(Bothe et al.,2012;Chen et al.,2014)。Li 等(2016)认为西太副高和北美副热带高压的增强是西北干旱区增湿的原因之一。北美副热带高压的增强,会使得大量水汽从大西洋输送到中亚地区,在西风环流加剧的影响下,使得更多的水汽输送到西北地区上空。而西太副高的增强,使得东亚夏季风继续向北推进,对祁连山区增湿有一定的影响(Li et al.,2016)。

降水是大气水循环的重要组成部分,水汽循环结构的调整对降水变化有重要的影响。增加水汽输送通量和抬升凝结高度可以增加降水量,两者都和海拔密切相关。因此,需要探讨形成增湿海拔依赖性的可能机制。在干旱区,水汽变化是降水改变的最主要因素(Yao et al.,2015),增加水汽可以改变降水结构、增加降水量。在水汽弱汇的背景下,西北干旱区的气候系统对全球变暖非常敏感。全球变暖势必会增加山区降水的不确定性(Chen et al.,2014)。西北干旱区水汽有明显增加趋势,尤其是在西部和祁连山等地区,水汽状况有明显的改变(Yao et al.,2015)。西北地区水汽主要来源于西风环流,西来水汽在伊犁河谷喇叭口地形作用下聚集爬升,形成山地降水(Dai et al.,2010;Yao et al.,2015)。在天山和西北部地区存在水汽输送通量高值区,中心值达到 50 g/(cm·s)以上。

增暖的海拔依赖性(EDW)在全球各地均得到证实,也通过了数值模拟的验证,对影响变暖的海拔依赖性的机制也有了明确的认识(Mountain Research Initiative EDW Working Group,2015)。Dong 等(2014)进一步揭示了中国变暖的海拔依赖性的事实,其中在青藏高原和西北地区有明显的系统性增暖趋势(Yan et al.,2014;Li et al.,2012)。在山区,温度升高会加剧区域水循环,蒸发和冰雪融水加剧,使得相对湿度和水汽含量增加,为山区降水提供了良好的降水环境。Bengtsson(1997)预估发现气温升高 1 ℃可以使得大气水汽含量增加 15%,进而可以增加 8%的降水量。Schaer 等(1996)证实在阿尔卑斯山脉地区气温升高 2 ℃可以增加 30%以上的降水量。另一个方面,增温加剧蒸发,水汽增多,在凝结层附近增湿;温度和露点温度增加导致冷凝高度上升,然后在更高处形成新的凝结层,进而在更高的区域增加降水。

增湿海拔依赖性在不同海拔梯度存在明显差异,还受地形和其他因素的影响。在海拔 500 m 到 1500 m 之间增湿海拔依赖性不明显,可能是该范围是绿洲和人类活动集聚区,城市和农业活动频繁发生。快速的城市化,导致地表湿度减少和人为气溶胶增加。同时,绿洲城市地区温度增加比山区更快(Li et al.,2013),城市热岛改变降水结构,引起降水量增加(Chen,2014)。此外,绿洲灌溉会导致土壤湿度增加,空气保持湿润,使得绿洲地区降水相对稳定。同时,山区增温引起季节性融雪和冰川消融,增加土壤湿度和空中水汽,导致降水增加(Li et al.,2013;Chen,2014)。

3.4.4 增湿海拔依赖性的不确定性

增湿海拔依赖性依然存在很大的不确定性。首先,高海拔地区长序列降水观测资料极其匮乏,尤其是在海拔 3500 m 以上。例如,在西北干旱区 3500 m 以上仅有 2 个常规观测站点。在全球历史气候观测网络(GHCN)里,海拔 5000 m 以上的长期气候观测还是空白(Peterson et al.,1997;Lawrimore et al.,2011)。遥感反演、再分析资料和数值模式可以提供降水产品,但这些数据集本身就有很大的不确定性。其次,缺乏长期稳定的观测仪器设备和观测环境,诸如区域植被变化、人类活动和台站迁移,都可以引起观测数据的系统误差。因此,本研究提出的增湿海拔依赖性还须在未来的更多地区和更多资料验证。

为了更加全面地理解增湿海拔依赖性,海拔 4000 m 以上高海拔地区的降水观测是必要的。积极呼吁加强对全球高山地区气候要素的严格监测。期望未来能利用更多的严格观测资料,耦合卫星遥感反演和高分辨率模式产品,能够更加深刻和全面地认识和理解增湿海拔依赖性。

3.5 小时降水量变化

(1)新疆夏季小时降水量的变化

降水日变化是全球天气气候系统变化的最基本模态之一。降水日变化的研究,对理解降水形成机理、认识区域天气和气候特征以及改进数值模式预报能力等方面有重要作用。陈春艳等(2017)利用 1991—2014 年 16 个国家基准气象站逐时降水资料,分析了新疆夏季不同区域降水日变化基本特征,揭示出新疆夏季降水日变化呈现显著的区域差异,有别于我国中东部的一些新事实。

夏季降水量日变化特征明显不同。新疆北部日降水量呈单峰型变化,峰值主要发生在傍晚前后(16:00—20:00),而正午前(10:00—12:00)为降水量最少的时间段。新疆南部日降水量呈三峰型变化,峰值主要发生在傍晚(17:00—18:00)、午夜(00:00)和上午(10:00)。从逐年变化看,降水量日变化特征存在年际变化和差异。北疆降水频发于夜间,其降水频次与降水量表现出较为一致的日变化特征;而深夜至次日正午(22:00 至次日 12:00)是南疆降水相对频发的时段,其降水频次与降水量在日变化特征上有较明显的不一致性。

新疆夏季降水事件以 6 h 以内的短历时降水为主,平均为 85%,比例明显高于我国中东部,而持续 12 h 以上的较长历时降水事件偶有发生,这与我国中东部地区也明显不同;就全疆而言,持续 6 h 以内的短历时降水事件对夏季总降水量的贡献率相对较高(52%),是新疆有别于我国中东部地区的重要特点之一。复杂地形、天气系统路径以及特殊的大气环流与水汽条件等都可能是造成降水日变化区域间差异以及与我国东部差异的影响因素。

(2)河西走廊汛期小时降水量的变化

以甘肃省河西走廊的敦煌、酒泉、张掖和武威为干旱区西部的代表站,选取汛期(5—9 月)的小时降水量数据。河西走廊逐小时的降水比率和降水频率表现出明显的双峰型特征(王胜等,2018)。降水比率高值出现在 05:00—10:00 和 17:00—21:00,最高值出现在 18:00,为 5.8%;低值出现在 13:00—15:00,最低值出现在 13:00,为 3.1%。降水频率高值出现在 06:00—10:00 和 20:00—22:00,最高值出现在 08:00,为 3.7%;低值出现在 14:00—17:00,最低值出现在 15:00,为 2.3%。

降水比率出现高值或低值时间段的开始时间点都较降水频率有所提前。因此,对某时次降水量的大小起决定作用的是该时次的降水强度,而不是该时次的降水次数(王胜等,2018)。

(3)天山山区夏季小时降水量的变化

天山山区主要以短时降水为主,持续时间较短,一般发生在午后至傍晚时刻,受到地形的显著影响,存在明显的区域差异。

在伊犁河谷区域,降水峰值出现在傍晚至夜间,多为西南风和东北风(陈洢茹,2017)。在伊宁市,降水主要集中在 22:00 至次日 09:00,最高值出现在 02:00。降水频次的高值区在 23:00 至次日 11:00,降水强度最高值出现在 18:00。降水主要以夜雨为主,且以 3 h 的短时间降水贡献率最大(黄秋霞等,2015)。

天山地区降水频率与对流云出现频次的区域差异明显。在山区,对流和降水峰值出现于下午;天山北坡对流和降水的峰值出现在夜间,而天山南坡对流和降水峰值时间为清晨(陈洢茹,2017)。天山地区小时尺度降水变化与山区及其周边地区环流场和热力场的日变化有关。在午后,山区经常出现较强的低空辐合以及热力学不稳定度,触发对流,造成午后的降水峰值;在清晨,辐合中心位于天山南侧盆地,结合南侧大气的热力学不稳定能量,有利于天山南侧对流的触发,使得南侧在清晨出现降水峰值(陈洢茹,2017)。

第4章 西北干旱区实际蒸发量估算

4.1 蒸散发研究的理论基础与相关假设

4.1.1 蒸散发研究的理论基础

(1)蒸散发研究的理论基础

因陆面类型的复杂性,一般用蒸散发量(Evapotranspiration)表示在一定时段内,水分从陆面转化到水汽进入大气的所有过程的总和,通常用蒸发掉的水层厚度的毫米数表示。蒸散是一个物理过程,发生在地表能量传输和地表水循环过程中,蒸散过程主要表现为各类自由水面蒸发、土壤蒸发和植被蒸腾,这三类常称为实际蒸散发。而潜在蒸散发一般指下垫面有广阔均一的植被覆盖且供水充足时的蒸散发能力或最大可能蒸发量。实际蒸散发量一般小于潜在蒸散发量,如在西北干旱区,潜在蒸散发量在 1000 mm 以上,但是实际蒸散发量可能只有几十毫米。

蒸散发作为流域水文循环和能量循环的中心环节,在一定的下垫面条件下具有一定的演变规律。目前,全球气温升高已得到国际科学界的广泛认证,全球变暖可以促使水文循环加剧。从全球水量平衡来看,降水增加必然导致全球实际蒸散发的增加;但从全球能量平衡来看,太阳辐射(潜在蒸散发量)减少必然导致相反的结论,即全球实际蒸散发下降。由此,关于全球变暖的水文循环响应,能量平衡分析和水量平衡分析对实际蒸散发趋势的预测结果相互矛盾。

蒸散发是流域水文循环和地表能量平衡的重要环节,也是地球表面物质循环的重要载体(丛振涛等,2013)。在全球陆地水文循环中,蒸散发约占降水量的 2/3,而在全球能量平衡中,将近一半的到达地表的太阳辐射以潜热形式的蒸散发消耗。在传统的水文学研究中,较多关注降雨径流关系、水文统计、产汇流模拟等,对蒸散发的认识和研究尚不深入。随着对全球气候变化认识的不断深入及对生态环境的日益关注,对蒸散发的认识和研究正受到越来越多的关注。目前,蒸散发研究中备受关注的关键科学问题包括流域实际蒸散发的准确估算、流域水文循环的演变、生态水文关系、改进蒸发过程的水文模拟和水资源管理等(丛振涛等,2013)。

(2)蒸散发的研究方法

气候变化中对蒸散发的研究,涉及的资料有蒸发皿蒸发、植被蒸散发和遥感、涡动相关法、大口径激光闪烁仪等新技术和新方法的应用。最著名的要数"蒸发悖论"现象,即气温升高与潜在蒸散量减少同时发生的水文气候现象,这种现象在全球各地得到验证(Roderick et al.,2005),在我国大部分地区也得到验证(王艳君等,2006;张明军等,2009;Gao et al.,2007),主要原因涉及风速、太阳辐射、气溶胶等。Li 等(2013)通过改进国际上广泛使用的 PenPan 模型参数,使之适用于中国西北干旱区蒸发皿蒸发量的模拟、估算,发现中国西北干旱区蒸发水平以 1993 年为转折点,由显著下降逆转为显著上升的趋势;空气动力项是引起蒸发水平变化的主要因素。

流域实际蒸散发的准确估算相当困难,而水热耦合平衡假设给估算实际蒸散发提供了一个可行的解决办法。Bouchet(1963)提出基于无平流影响时大气对陆面蒸发反馈的基本假设的蒸发互补关系,代表性的蒸发互补关系模型包括 AA 模型、GG 模型和 CRAE 模型(Brutsaert et al.,1979;Granger et al.,1989;Morton,1983),国内许多学者开展了这些模型的应用和比较工作(刘绍民等,2004;尚松浩等,2008)。苏联气候学家 Budyko 对流域实际蒸散发(或径流)受潜在蒸散发(或蒸发能力)和降水控制做了定量描述,并在全球水量和能量平衡分析时发现,陆面多年平均蒸散发主要由大气对陆面的供给(降水量)和需求(潜在蒸散发)之间的平衡决定,提出了著名的 Budyko 假设,之后合并平均了 Schreiber 曲线和 Oldekop 曲线,提出了 Budyko 曲线,根据欧洲 29 个流域对该曲线进行了验证(Budyko,1958,1963,1974),此后类似的关系曲线统称为 Budyko 曲线。为了反映流域及下垫面特征,引入了 Budyko 曲线参数。我国学者吴厚水(1983)、杨远东(1987)、傅抱璞(1981)等引入了包括地形、植被、土壤等下垫面参数,其中傅抱璞推导出可以描述 Budyko 曲线的傅抱璞公式。Zhang 等(2001)提出反映植被覆盖的经验公式。

Budyko 曲线定量描述了流域多年平均实际蒸散发、潜在蒸散发和降水之间的关系,Yang 等(2007)利用中国非湿润区流域证明了利用单个流域的实际蒸散发、潜在蒸散发和降水值得到对应流域的 Budyko 曲线的方法是可行的;Zhang 等(2008)讨论了 Budyko 曲线在月、旬时间尺度上的适用性;Milly 等(2002)认为其可作为其他大尺度水文模型的验证手段。

4.1.2　蒸散发的相关假设

在水文学中,一般通过建立实际蒸散发与潜在蒸散发之间的关系来估算流域(区域)蒸散发量,其两者关系的确定是流域水量平衡分析的关键问题(Dooge et al.,1999)。围绕气候变化引起的实际蒸散发变化及其对潜在蒸散发概念的不同理解,蒸发理论得出了 Penman 蒸发正比假设和 Bouchet 蒸发互补假设的两种争论(Penman,1948;Bouchet,1963)。

（1）Penman 蒸发正比假设

Penman 将潜在蒸散发(ET_0)作为给定气候和植被条件下的最大可能蒸散发量,因而将土壤蒸发和作物蒸腾看作潜在蒸散发量的一定比例(Penman,1948)。也就是说,实际蒸散发与潜在蒸散发呈正比关系,即 Penman 蒸发正比假设。

在 Penman 蒸发正比假设下,实际蒸散发量由下式估算,

$$E = K_c f(\theta) ET_0 \tag{4.1}$$

式中,K_c 为作物系数;$f(\theta)$ 为有关土壤水分的函数,认为 $f(\theta)$ 为分段的线性关系(贾仰文等,2005)。

分布式水文模型和陆面过程模型的区域蒸散发计算中也采用了此公式,以进行水量平衡或能量平衡分析(杨大文等,2004;贾仰文等,2005)。

（2）Bouchet 蒸发互补假设

在干旱区沙漠腹地,陆面水分很少,实际蒸散发量几乎为 0,而此时潜在蒸散发量却很大(Morton,1983)。Bouchet 质疑蒸发正比理论没有考虑到陆面与大气之间的复杂反馈机制(Bouchet,1963)。

孙福宝等(2007)通过理论分析对流域蒸散发关系进行了统一解释,认为在湿润地区实际蒸散发与潜在蒸散发呈正比关系,而在非湿润地区实际蒸散发与潜在蒸散发之间为互补关系。

在 Bouchet 蒸发互补假设关系为

$$E + ET_0 = 2E_w \tag{4.2}$$

式中,E_w 被视为陆面充分湿润的理想状态,其不随陆面湿润状况而变。微分形式为

$$\delta E + \delta ET_0 = 0 \tag{4.3}$$

式中,E 和 ET_0 为互补关系,即潜在蒸散发的减少等于实际蒸散发的增加,反之亦然。但后续研究发现 E 和 ET_0 并非 1:1 的关系(Yang et al.,2006)。典型的蒸发互补模型有 A-A 模型、区域蒸发互补相关模型和非湿润面蒸发互补模型等。绿洲效应是蒸发互补理论的直观例子。

4.2 实际蒸散发量的遥感反演

实际蒸散发量包括土壤、水面的蒸发和植被蒸腾,是地表水量平衡和热量平衡的重要参量,也是植被生长状况与作物产量的重要指标。

基于地面观测的资料可获得长时间序列的蒸散发信息,但站点观测值并不能提供蒸散发的空间分布特征,尤其是在观测站点稀疏的西北干旱区(邓兴耀等,2017)。结合遥感技术可以反映蒸散发的空间异质性,满足全球和区域尺度的研究。对于区域尺度上蒸发的估算,遥感信息不仅具有常规手段无法比拟的,对大面积地面特征信息同时快捷获得的手段,而且就目前科技水平而言,遥感技术是最为经济和最为准确的手段。

美国蒙大拿大学(University of Montana)森林学院工作组利用美国国家航空航天局(NASA)的气象数据和 Terra/MODIS 遥感数据,结合 Penman-Monteith 公式,制作了全球 MODIS ET(MOD16)数据集,其空间分辨率为 1 km×1 km,时间序列从 2000 年至今,涵盖 8 天、1 月和 1 年的合成产品。

MODIS ET 数据集凭借较高模拟精度和时空分辨率,已成功应用于全球和区域蒸散发的动态监测。利用中国陆地生态系统通量观测研究网络数据和流域水文数据,验证了 MODIS ET 数据的精度(相关系数平均值 0.76,均方根误差平均值 0.81 mm/d,平均偏差 0.14 和平均绝对偏差 0.63),并分析了 MODIS ET 数据集在不同气候和下垫面条件下的适用性。

选用的地表实际蒸散发数据为 MODIS ET 数据集中的年合成产品(MOD16A3),时间序列从 2000 年至 2014 年。MOD16A3 数据集对于无植被覆盖的裸土、沙漠、戈壁等区域的蒸散发不进行计算,故像元的 ET 值均设置为 NoData,且不计面积统计范围。DEM 数据为 SRTM3,空间分辨率为 90 m×90 m,来自中国科学院数据云(http://www.csdb.cn/)。

4.2.1 MOD16A3 蒸散发产品精度评估

采用流域水量平衡法验证 MOD16A3 产品在西北干旱区的模拟精度。水量平衡所需径流量为水文站的观测数据,选取河流上游的控制水文站,尽可能避免选取有大型水库及大规模灌溉用地的流域。同时,选择资料系列较长的流域。最后选取天山北坡的博尔塔拉河与呼图壁河、天山南坡的阿克苏河与开都河、祁连山水系的黑河等流域。

水量平衡法计算的多年蒸散发量均值与 MOD16A3 数据的年均蒸散发量较为吻合,二者

的平均绝对误差为 38.3 mm,平均相对误差为 12.3%,均方根误差为 39.9 mm。虽然 MOD16A3 数据年蒸散发量总体偏高,但其精度基本满足区域尺度的研究,可以用于研究西北干旱区蒸散发的时空动态特征。

MODIS ET 数据集的反演算法考虑了土壤表面蒸发、冠层截流水分蒸发和植物蒸腾,较好地反映了荒漠和绿洲下垫面的非均匀性。

4.2.2　基于 MODIS 数据的蒸散发量估算

将 2000—2014 年的蒸散发数据集逐像元逐年平均,分析 ET 的空间分布特征。ET 的高值区(>400 mm/a)主要出现在伊犁河谷和阿尔泰山东北坡等山区地带。将平均 ET 值分为 8 级,进行像元统计分析(表 4.1)。可以看出,天山为>400 mm/a 的高蒸散发区域;蒸散发低值区(<200 mm/a)主要分布在南疆塔里木盆地边缘绿洲、北疆准噶尔盆地边缘绿洲。在像元统计分析中(表 4.1),全区 ET 小于 200 mm/a 的区域占总面积的 38.33%,北疆和南疆盆地均以<200 mm/a 的低蒸散发占主导(面积百分比分别为 52.97% 和 39.35%)。

近 15 a,干旱区 ET 整体水平较低,空间分布上表现为从东南向西北减少、自山区向两侧平原减少的特点。这种差异是因为干旱区的实际蒸散发主要受水分状况(降水)控制,降水直接影响地表土壤含水率大小,从而影响蒸散发大小。虽然海拔较高、太阳辐射多,蒸散发的能量充足,但是地处内陆,水汽较难输送,降水量稀少,土壤湿度低,使得地表实际蒸散发低值区面积广大;区域西部为西风环流的通道,带来大西洋的湿润气流,在山地迎风坡形成丰富的降水量,而平原地区降水量较小,下垫面单一。

表 4.1　西北干旱区年均 ET 分级

ET(mm)	占总面积百分比(%)	北疆(%)	天山(%)	南疆(%)	祁连山(%)	河西走廊(%)	内蒙古西部(%)
≤100	2.192	0.042	0.005	11.206	0.000	0.972	8.169
100<ET≤200	36.137	52.976	10.144	39.351	2.686	53.407	82.028
200<ET≤300	23.121	25.301	19.185	23.923	22.953	30.159	9.340
300<ET≤400	16.716	14.751	21.494	11.960	30.087	13.656	0.457
400<ET≤500	14.790	5.683	32.452	8.550	28.451	1.807	0.007
500<ET≤600	6.562	1.177	15.714	4.164	15.532	0.000	0.000
600<ET≤700	0.458	0.070	0.987	0.739	0.291	0.000	0.000
>700	0.024	0.000	0.019	0.106	0.000	0.000	0.000

近 15 a,西北干旱区年均蒸散发量变化较小(图 4.1)。全区年均蒸散发大致稳定分布在 225~285 mm/a,最小值出现在 2008 年(224.69 mm/a),最大值出现在 2003 年(282.13 mm/a);祁连山和天山亚区年均蒸散发量相对较高,最大值分别出现在 2003 年(414.92 mm/a)和 2002 年(387.15 mm/a),最小值分别在 2000 年(295.12 mm/a)和 2008 年(305.96 mm/a);内蒙古西部亚区年均蒸散发最小,稳定在 117.71 mm/a(2013 年)至 165.90 mm/a(2003 年)之间(图 4.2(彩))。

将 Theil-Sen median 趋势分析与 Mann-Kendall 检验结合起来,可以反映 2000—2014 年西北干旱区 ET 的变化趋势。在 Theil-Sen median 趋势分析中,根据 β 值的计算结果,分为增强趋势($\beta>0$)和衰减趋势($\beta<0$)两类;在 Mann-Kendall 检验中选取显著性检验的置信水平为 0.05,将结果划分为显著变化($Z_c>1.96$ 或 $Z_c<-1.96$)和变化不显著($-1.96 \leqslant Z_c \leqslant$

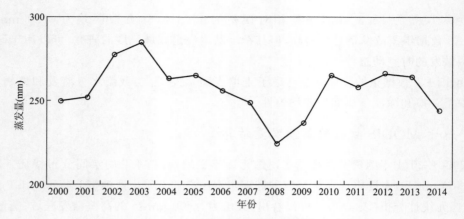

图 4.1　2000—2014 年西北干旱区年际 ET 变化

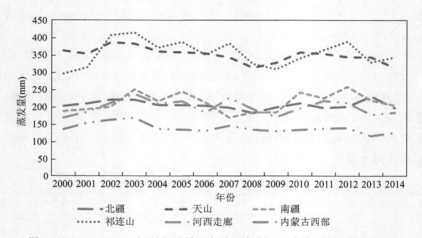

图 4.2　2000—2014 年西北干旱区各分区年际 ET 变化(另见彩图 4.2)

1.96)。结合 Theil-Sen median 趋势分析与 Mann-Kendall 检验的结果,得到基于像元尺度的
ET 变化趋势。

　　从西北干旱区 ET 值的变化趋势统计表可以看出(表 4.2),近 15 a,全区 ET 变化趋势面
积比例大小依次为:轻微减小>轻微增加>显著减小>显著增加。全区蒸散发减小区域面积
占 69.28%,内蒙古西部减小最明显,减小区域面积百分比为 94.36%,天山、北疆和河西走廊
亚区也有减小趋势,面积百分比分别为 83.02%、76.37% 和 70.04%;全区蒸散发增加区域面
积占 30.72%,南疆和祁连山亚区有增加趋势,增加区域面积百分比分别为 64.94%
和 55.44%。

表 4.2　西北干旱区 ET 值的变化趋势统计

β	$|Z_c|$	ET 变化趋势	占总面积百分比(%)	北疆(%)	天山(%)	南疆(%)	祁连山(%)	河西走廊(%)	内蒙古西部(%)
$\beta<0$	$|Z_c|>1.96$	显著减小	15.761	10.055	32.502	4.947	3.572	9.316	42.385
$\beta<0$	$|Z_c|\leqslant1.96$	轻微减小	53.518	66.312	50.520	30.109	40.984	60.723	51.978
$\beta>0$	$|Z_c|\leqslant1.96$	轻微增加	25.475	17.315	15.868	53.340	55.354	25.967	4.811
$\beta>0$	$|Z_c|>1.96$	显著增加	5.246	6.318	1.110	11.604	0.090	3.994	0.826

北疆额敏河流域、博尔塔拉河流域、奎屯河流域、玛纳斯河流域、呼图壁河流域,天山伊犁河谷中部及南疆塔里木盆地边缘蒸散发有显著增加趋势,是因为以上区域人工灌溉活动改变了土壤湿度和地表覆被状况,进而影响地表实际蒸散发。结合土地覆盖类型变化,2001—2013年绿洲边缘的草地和稀疏植被区演变为农用地,导致草地净减少 16569.63 km²,稀疏植被区净减少 6366.32 km²,而农用地净增加 22935.95 km²。稀疏植被演变为农用地的区域,平均蒸散发量增加了 82.41 mm;草地转化为农用地的区域,平均蒸散发量增加了 62.77 mm(邓兴耀等,2017)。天山山麓地带蒸散发显著减小。地表实际蒸散发亦受植被覆盖变化的影响。1982—2013 年天山山地和平原过渡带植被 NDVI 呈显著下降趋势。

西北干旱区蒸散发的空间格局受降水和土地覆盖的综合影响。西北干旱区地处内陆,降水稀少,实际蒸散发量偏低,但也存在空间差异。祁连山和天山等高大山脉迎风坡有丰富的降水,而周边盆地和走廊降水稀少,蒸散发量表现山区大于平原的特点。同时,由于动力和热力性质差异,不同土地覆盖的蒸散发量差异显著,如林地最大,其次是农用地和草地,稀疏植被最低。

2000—2014 年西北干旱区蒸散发量变化较小,主要受人类活动和气候变化的共同影响。西北干旱区内陆河流域绿洲农业发达,土地覆盖变化、绿洲面积扩大、种植结构调整和种植品种变化均会引起蒸散发的变化,除人类活动外,气候变化对蒸散发也会产生深刻影响,尤其是在生态环境脆弱的高寒山区。西北干旱区蒸散发量具有明显的空间异质性,西北干旱区山地、绿洲、荒漠生态系统自然要素的分异特征十分鲜明,在全球干旱区有很强的代表性。

4.2.3　基于 MODIS 数据的天山山区蒸散发量估算

利用水量平衡法验证 MOD16A3 蒸散发产品的在天山山区的适用性。表 4.3 反映了水量平衡法计算的多年蒸散发量均值与 MOD16A3 数据的年均蒸散发量较为吻合,二者的平均绝对误差为 44.30 mm,平均相对误差为 13.72%,均方根误差为 44.58 mm。MODIS ET 产品的年蒸散发值总体偏高,但其精度基本满足区域尺度的研究,可以用于研究天山山区蒸散发的时空动态特征。MODIS ET 数据集的反演算法考虑了土壤表面蒸发、冠层截流水分蒸发和植物蒸腾,较好地反映了山地生态系统的异质性。通过水量平衡法的验证,该产品的精度基本满足区域尺度的研究。因此,高空间分辨率的 MODIS ET 数据集可以用于揭示区域蒸散发的时空动态特征,尤其在观测站点稀疏的高寒山区。

表 4.3　天山山区典型流域 MOD16A3 数据精度评价

典型流域	MOD16A3-ET(mm)	水量平衡-ET(mm)	绝对误差(mm)	相对误差(%)
呼图壁河	415.24	377.73	37.51	9.93
阿克苏河	321.84	272.40	49.44	18.15
开都河	397.53	351.59	45.94	13.07

将 2000—2014 年的 MODIS 蒸散发量数据逐像元逐年平均,将年均 ET 值分为 8 级,进行像元统计分析(表 4.4)。近 15 a 天山山区 ET 值总体较高,全区高蒸散发区域(ET>400 mm)占总面积的 49.172%,低蒸散发区域(ET<200 mm)占总面积的 10.149%。

2000—2014 年天山山区年均蒸散发量在空间分布上有西部大东部小、北部大南部小的特点。ET 的高值区(>400 mm)主要位于山区中西段,其中伊犁河谷周围的 ET 值最大。而 ET

的低值区（＜200 mm）主要在天山 90°E 以西，ET 在天山北坡大于南坡。

表 4.4　天山山区年均 ET 分级

ET(mm)	占总面积百分比(%)
≤100	0.005
100＜ET≤200	10.144
200＜ET≤300	19.185
300＜ET≤400	21.494
400＜ET≤500	32.452
500＜ET≤600	15.714
600＜ET≤700	0.987
＞700	0.019

　　干旱区的实际蒸散发主要受水分状况（降水量）控制，降水直接影响地表土壤含水率大小，进而影响蒸散发量大小。天山山区位于降水量稀少的干旱区，但是地处气候过渡带，是我国西北干旱区最大的降水中心，被称为干旱区的"湿岛"，造成全区 ET 值总体较高。伊犁河谷具有特殊的喇叭口地形，使水汽得以充分进入，并在地形抬升作用下形成丰沛降水，水汽在长距离向东输送过程中，相对湿度持续降低，故山区降水由西至东逐渐减少；来自大西洋和高纬北冰洋的湿润气流在天山北坡受地形抬升，而在南部由于背风坡的雨影效应，导致北坡降水较南坡丰沛。上述降水量的空间分布格局造成了天山山区蒸散发量西部高于东部、北坡（迎风坡）大于南坡（背风坡）的特点。

　　蒸散发的空间格局也受土地覆盖的影响。ET 的高值区主要为山区的林地和草地，低值区主要为稀疏植被区。同时，伊犁河谷农用地的 ET 值较高。为说明不同土地覆盖类型的蒸散发量特征，统计研究区典型的 4 种土地覆盖的 ET 平均值（图 4.3），各土地覆盖类型的 ET 平均值为：农用地＞林地＞草地＞稀疏植被，这是因为不同土地覆盖的动力和热力性质存在差异，导致地气相互作用中能量的重新分配。农用地因人工种植和灌溉，其植被覆盖度和土壤水分都高于农用地边缘的草地，使得蒸散发表现出显著的空间异质性。

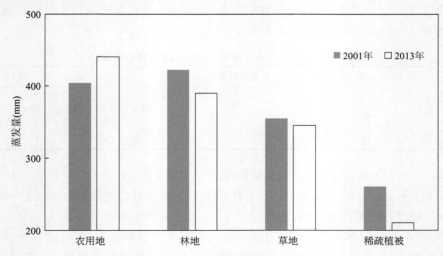

图 4.3　2001 年和 2013 年天山山区四种土地覆盖的 ET 平均值

2000—2014 年天山山区蒸散发量分布在 305~387 mm,最小值在 2008 年(305.96 mm),最大值在 2002 年(387.15 mm)(图 4.4)。蒸散发量与降水量的变化趋势是一致的,二者的相关系数为 0.66,均有减小趋势,ET 的变化率为 −2.91 mm/a,降水量的变化率为 −0.35 mm/a。

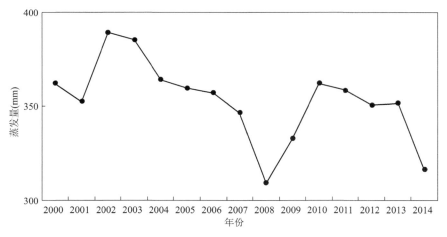

图 4.4　2000—2014 年天山山区年际 ET 变化

结合 Theil-Sen median 趋势分析与 Mann-Kendall 检验的结果,得到 2000—2014 年全区像元尺度的蒸散发变化趋势。2000—2014 年全区蒸散发变化趋势以减小为主,减小区域占 83.022%,各类变化比例为:轻微减小>显著减小>轻微增加>显著增加(表 4.5)。

表 4.5　天山山区 ET 值的变化趋势统计

β	$|Z_c|$	ET 变化趋势	占总面积百分比(%)
$\beta<0$	$|Z_c|>1.96$	显著减小	32.502
$\beta<0$	$|Z_c|\leqslant1.96$	轻微减小	50.520
$\beta>0$	$|Z_c|\leqslant1.96$	轻微增加	15.868
$\beta>0$	$|Z_c|>1.96$	显著增加	1.110

伊犁河谷 ET 有显著增加趋势,是因为该区域有高密度的农业发展,土地覆盖的变化影响地表蒸散过程的信息链。1985—2005 年,伊犁河谷土地利用格局发生巨大变化,其中耕地面积增加 31.53 万 hm²,耕地的扩张主要来源于草地和未利用地。人工灌溉的耕地其土壤湿度和植被覆盖度都高于同气象条件下的草地和未利用地,所以伴随着农用地扩张的进程,伊犁河谷的蒸散发有显著增加趋势。天山山地和平原过渡带的蒸散发为显著减小趋势。这是因为地表实际蒸散发亦受植被覆盖变化的影响,1982—2013 年天山山地和平原过渡带植被 NDVI 呈显著下降趋势。

对天山山区蒸散发未来趋势的预测显示,全区蒸散发持续减小的面积比重为 69.89%,这种持续减小的变化趋势,对冰川、针叶林、高寒草甸和湖泊等天山山区特殊的生态环境要素造成影响。蒸散发量的减小,对高山草原和河谷灌溉农业等有有利的影响,同时也能够缓解高寒草原的退化和山麓地带的荒漠化。随着区域气候系统的变化和人类活动的影响,蒸散发量减小的趋势是否会持续发展,山区水文循环、生态系统和地表过程将如何响应,尤其是对山区自然植被的保护和修复将产生怎样的影响,需要全面的、长序列的数据进行深入研究。

4.3 基于 Budyko 假设的实际蒸散发量估算

4.3.1 Budyko 水热耦合平衡假设

Budyko 在分析全球水量和能量平衡分析时发现,陆面实际蒸散发量主要由大气对陆面的水分供给(降水量)和蒸发能力(潜在蒸散发量)之间的平衡决定的(孙福宝,2007)。在年或多年尺度上,对陆面蒸散发限定了如下边界条件:

在极端干旱条件下,全部降水都将转化为蒸散发量,

$$当 ET_0/P \to \infty 时, E/P \to 1 \tag{4.4}$$

在极端湿润条件下,可用于蒸散发的能量都将转化为潜热,

$$当 E/P \to 0 时, E/ET_0 \to 1 \tag{4.5}$$

因此,满足此边界条件的水热耦合平衡方程的一般形式为,

$$\frac{E}{P} = f\left(\frac{ET_0}{P}\right) = f(\varphi) \tag{4.6}$$

式中,$\varphi = R_n/\lambda P$ 或 ET_0/P;$f(\varphi)$ 是一个函数,是一个满足上述边界条件并独立于水量平衡和能量平衡的水热耦合平衡方程,这就是 Budyko 假设。

值得一提的是,Budyko 提出了基于 Budyko 假设水热耦合平衡方程的经验公式,

$$\frac{E}{P} = \sqrt{\frac{ET_0}{P} \tanh\left(\frac{P}{ET_0}\right)\left[1 - \exp\left(-\frac{ET_0}{P}\right)\right]} \tag{4.7}$$

上式称为 Budyko 曲线。Budyko 曲线有 $ET_0/P - E/P$ 与 $P/ET_0 - E/ET_0$ 两种形式,尽管两种形式具有类似的曲线形式,但两者并不等价。

Budyko 假设成为生态水文学中简单而实用的方法。Budyko 的研究跨越了较大的时空尺度,并未考虑下垫面条件的影响。自 Budyko 假设提出以来,众多学者就 Budyko 假设的曲线形式推导作出了重要贡献,出现了一系列考虑下垫面因素的 Budyko 经验公式,现有的研究工作一般在多年平均尺度上验证和完善 Budyko 假设及其经验公式。

我国气候学家傅抱璞(1981)根据流域水文气象的物理意义提出了一组 Budyko 假设的微分形式,推导出 Budyko 假设的解析表达式,

$$\frac{E}{P} = 1 + \frac{ET_0}{P} - \left[1 + \left(\frac{ET_0}{P}\right)^{\overline{w}}\right]^{\frac{1}{\overline{w}}} \tag{4.8}$$

或

$$\frac{E}{ET_0} = 1 + \frac{P}{ET_0} - \left[1 + \left(\frac{P}{ET_0}\right)^{\overline{w}}\right]^{\frac{1}{\overline{w}}} \tag{4.9}$$

以上公式称为傅抱璞公式,式中,$\overline{w}$ 是一个积分常数,P 为降水量,ET_0 为潜在蒸发量。目前,相关学者发展了多种参考作物蒸散量的估算方法,但每一种方法都有其适用范围,对其估算方法的适用性没有形成一致的认可,尤其在干旱区(徐俊增等,2010)。Penman-Monteith 模型被证实是估算参考作物蒸散量效果的最好的方法,被 FAO(世界粮农组织)推荐使用,在我国西北干旱区得到广泛的应用。

Penman-Monteith 方法计算参考作物蒸散量公式如下:

$$ET_0 = \frac{0.408\Delta(R_n - G) + \gamma\dfrac{900}{T + 273}U_2(e_s - e_a)}{\Delta + \gamma(1 + 0.34U_2)}$$ (4.10)

其中，PET 为潜在蒸散发量（mm/d），年潜在蒸散发量是根据日潜在蒸散发累加而得到；R_n 为作物表层净辐射（MJ/(m² · d)）；G 为土壤热通量（MJ/(m² · d)）；γ 为干湿表常数（kPa/℃）；Δ 为饱和水汽压曲线斜率（kPa/℃）；U_2 为 2 m 高度 24 h 内平均风速（m/s）；e_s 为饱和水汽压（kPa）；e_a 为实际水汽压（kPa）；T 为日平均温度（℃）。该公式被世界粮农组织推荐为潜在蒸散发通用公式。

傅抱璞的推导不仅为 Budyko 假设提供了坚实的数理基础，其公式的对称形式则证实了 Budyko 对水热耦合平衡的理解。

陆面的实际蒸散发不仅受能量平衡、空气饱和差、温度等气象因素的影响，而且还受土壤湿度、植被状况等下垫面因素的影响，如森林覆盖率变化引起流域实际蒸散发和地表径流变化。

孙福宝（2007）认为傅抱璞公式作为流域水热耦合平衡关系的解析解，具有坚实的数理基础，同时能较好地代表其他流域水热耦合平衡关系式。因此，选择傅抱璞公式作为水热耦合平衡关系的一般形式，并用于探讨流域水热耦合平衡规律和实际蒸散发的计算公式。

4.3.2 Budyko 假设的干旱内陆河流域蒸散发模型

在湿润条件下蒸散发估算的方法已经相对成熟，蒸发悖反及争论主要表现在干燥条件下。孙福宝（2007）证实了非湿润区年实际蒸散发与潜在蒸散发呈互补关系，但对干旱区内陆河流域的验证工作较少。

（1）干旱区内陆河流域的选取

将 Budyko 假设用在内陆河流域有个问题是，内陆河顾名思义没有产流输出，水量平衡即为 $P - E - \Delta S = R = 0$。因此，应用 Budyko 的公式有理论上的局限。但是，内陆河流域的特点是河流出山口以上是径流形成区，以下是耗散区，如果出山口以上的集水面积作为流域面积，Budyko 的公式是适用的。因此，选择一些小流域或者大中等流域的集水区域作为内陆河代表流域。

在流域选取过程中，注意选择人类活动影响较少且受人工干扰较小的流域。首先考虑各支流上游的控制水文站，以尽可能地避免选取大型水库及大规模灌溉用地的流域。同时，尽量选择资料系列较长的流域。按此标准，选取干旱区内陆河流域的 68 个流域，其中：阿尔泰山南坡及塔城地区，包括青格里河、额敏河等 8 个流域；天山北坡诸河流，包括艾比湖河区、玛纳斯河河区、乌鲁木齐河、开垦河等共 24 个流域；天山南坡诸河流，包括阿克苏河区、库车—渭干河区、开都河区、迪那河等共 10 个流域；昆仑山北坡诸河流，包括喀什噶尔河区、叶尔羌河区、和田河区、克里雅河等共 14 个流域；祁连山水系，包括黑河、石羊河等共 12 个流域。

在多年平均尺度上，由水量平衡（$E = P - R$）获得流域平均年实际蒸散发量是准确的。水量平衡方法仍不失为区域蒸散发估算方法中最为准确的方法之一，因此，将年水量平衡计算的蒸散发作为实测值。

（2）干旱区内陆河流域蒸散发估算模型

探讨傅抱璞公式中参数 ϖ 值的影响因素与流域水量平衡研究有着密切的联系。根据前人研究成果，除潜在蒸散发和降水之外，导致水量平衡区域间差异性的因素还包括流域下垫面特性,如植被覆盖、土壤属性和地貌特性等。这些因素由区域地貌地形、气候、土壤及植被间高度非线性的相互作用决定的,综合反映到水热耦合平衡关系的参数中去。

在内陆河流域,在整个流域面积上应用 Budyko 假设有理论上的局限,而应该以出山口以上的集水面积作为流域面积来考虑。整个研究区域的 68 个流域的面积差异较大,从 146 km² 到 19022 km² 不等。流域地形平均坡度 tanβ 用来代表地形地貌对年水量平衡的影响,在本研究中各坡度通过 DEM 数据提取,然后在流域范围内进行平均。

根据傅抱璞公式计算出各流域的 $\overline{w}$ 值,为探讨影响 $\overline{w}$ 值区域差异性的因素,分别给出了 68 个流域的 $\overline{w}$ 值与植被-土壤相对蓄水能力 $S_{max}/\overline{ET}$ 以及平均坡度 tanβ 之间相关关系,其相关系数分别为 -0.50 和 0.71,都通过了 $P > 0.99(a = 0.01)$ 的 F 显著性检验。这表明下垫面因素对 $\overline{w}$ 值有着显著的影响(图 4.5)。

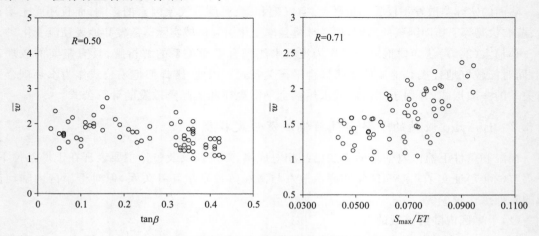

图 4.5　各流域 $\overline{w}$ 值与下垫面参数的相关系数

本研究尝试通过建立植被-土壤相对蓄水能力 $S_{max}/\overline{ET}$、平均坡度 tanβ 以及流域集水面积 A 三个参数估算 $\overline{w}$ 的公式。$\overline{w}$ 的一般形式为,

$$\overline{w} = 1 + f_1\left(\frac{S_{max}}{ET}\right) f_2(A) f_3(\tan\beta) \tag{4.11}$$

式中,f_1、f_2 和 f_3 是待定函数。

根据水量平衡关系,式(4.11)有如下的边界条件:

当 $S_{max} \to 0$ 时,$f_1\left(\dfrac{S_{max}}{ET}\right) \to 0$,即 $\overline{w} \to 1$;

当 $A \to 0$ 时,$f_2(A) \to 0$,即 $\overline{w} \to 1$;

当 $\tan\beta \to 0$ 时,$f_3(\tan\beta) \to 1$,$\overline{w}$ 不受 $\tan\beta$ 的影响;

当 $\tan\beta \to \infty$ 时,$f_3(\tan\beta) \to 0$,即 $\overline{w} \to 1$。

考虑到以上的边界条件,可选择 f_1、f_2 和 f_3 的函数形式,具体形式如下:

$$\overline{w} = 1 + a_1\left(\frac{S_{max}}{ET}\right)^{b_1} (A)^{c_1} \exp(d_1\tan\beta) \tag{4.12}$$

对上式进行对数变形,得出如下形式,

$$\ln(\overline{w} - 1) = \ln a_1 + b_1\ln\left(\frac{S_{max}}{ET}\right) + c_1\ln(A) + d_1\tan\beta \tag{4.13}$$

通过逐步回归法,即可得到上式中相应的系数。于是有

$$\overline{w} = 1 + 81.513 \left(\frac{S_{\max}}{ET}\right)^{1.621} (A)^{-0.0233} \exp(-2.218\tan\beta) \tag{4.14}$$

利用上式估算 $\overline{w}$ 值的确定性系数为 0.744,F_{test} 检验指标达 21.01,达到 $p=0.999$ 的显著性水平(图 4.6)。

考虑到线性关系比较容易进行各因子敏感性分析,可通过矩阵计算,给出如下线性关系:

$$\overline{w} = 0.897 + 14.17 \left(\frac{S_{\max}}{ET}\right) - 0.0000057(A) - 0.834\tan\beta \tag{4.15}$$

利用上式估算 $\overline{w}$ 值的确定性系数为 0.764,F_{test} 检验指标达 29.85,达到了 $p=0.999$ 的显著性水平。但需要注意的是,此线性关系不再满足给出的边界条件(图 4.6)。

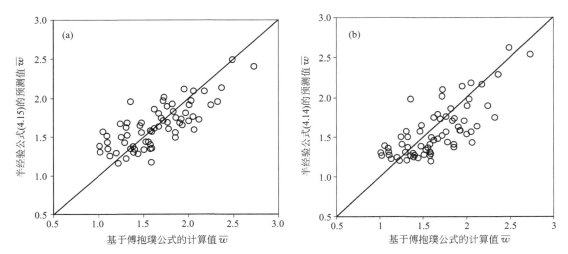

图 4.6 各流域模拟的参数 $\overline{w}$ 值和傅抱璞公式计算的 $\overline{w}$ 值的比较

(a)采用本研究提出的线性关系(公式(4.15))计算得到预测参数 $\overline{w}$ 值,$R=0.764$;

(b)采用本研究提出的复合关系(公式(4.14))计算得到预测参数 $\overline{w}$ 值,$R=0.744$;1∶1 线为比较方便

根据生态水文学理论,对同一流域,在没有大规模的 LUCC(土地利用/土地覆盖变化)时,植被在对气候变化进行反馈调节的过程中缓慢发生变化(如 100 a),因此,陆面植被特征可被认为是相对稳定的,即参数 $\overline{w}$ 值在每个流域可取为一个常数。

为了进行干旱内陆河区域的年实际蒸散发量的估算,对推导出的半经验公式进行检验。图 4.7 给出了把 Budyko 假设应用在干旱内陆河区域各流域多年平均的年实际蒸散发量的预报精度。结果表明:多年平均实际蒸散发量的预报值可解释实测值的 91.8%(确定性系数 R^2 达 0.918),回归斜率为 0.822,回归截距为 13.19 mm,平均绝对误差 MAE 为 7.46 mm,方差均方根 RMSE 为 23.36 mm。

综合以上的分析,在 Budyko 水热耦合平衡假设下,利用傅抱璞推导出 Budyko 假设的解析表达式(即傅抱璞公式)为基本公式,结合本研究构建的参数 $\overline{w}$ 的半经验公式,构建了干旱内陆河流域实际蒸散发量的估算模型(简称为 Budyko-IARB),具体如下:

$$E = \left[1 + \frac{ET_0}{P} - \left[1 + \left(\frac{ET_0}{P}\right)^{\overline{w}}\right]^{\frac{1}{\overline{w}}}\right] \times P \tag{4.16}$$

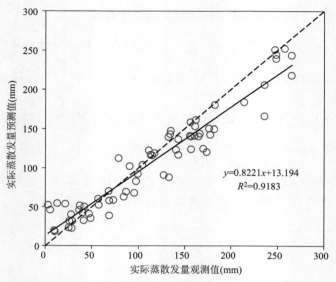

图 4.7　采用的 $\overline{w}$ 半经验公式与傅抱璞公式一起估算各流域多年平均
实际蒸散发量和实测值比较(1 : 1 线置于图中以利于比较)

$$或 \qquad \left[E = 1 + \frac{P}{ET_0} - \left[1 + \left(\frac{P}{ET_0}\right)^{\overline{w}}\right]^{\frac{1}{\overline{w}}}\right] \times ET_0 \tag{4.17}$$

$$\overline{w} = 1 + 81.513\left(\frac{S_{max}}{\overline{ET}}\right)^{1.621}(A)^{-0.0233}\exp(-2.218\tan\beta) \tag{4.18}$$

式中,E 是实际蒸散发量;ET_0 是潜在蒸散发量;P 是降水量;$\overline{w}$ 是参数,取决于流域下垫面条件;$S_{max}/\overline{ET}$ 是流域的植被-土壤相对蓄水能力;β 是流域的平均坡度;A 是流域的集水面积。

利用构建的基于 Budyko 水热耦合平衡假设的实际蒸散发量的估算模型,估算了 68 个典型干旱内陆河流域的实际蒸散发量,并与利用水量平衡关系计算的实际蒸散发量进行比较,结果见图 4.8。可以看出,干旱内陆河流域实际蒸散发量存在明显的区域差异,阿尔泰山南坡实

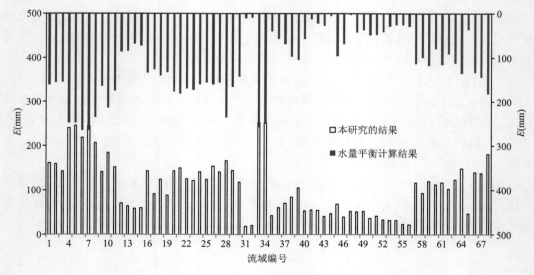

图 4.8　干旱内陆河 68 个典型流域的实际蒸散发量

际蒸散发量最大,为 201.8 mm,其次是祁连山,天山北坡实际蒸散发量大于南坡,而昆仑山北坡最小,仅为 40.9 mm(表 4.6)。

表 4.6　根据本研究构建的估算模型计算的区域实际蒸散发量

区域	阿尔泰山南坡	天山北坡	天山南坡	昆仑山北坡	祁连山北坡	干旱内陆河流域
E(mm)	201.8	114.1	102.8	40.9	119.7	108.7

　　综上所述,傅抱璞公式及本研究提出的参数 $\overline{w}$ 值的半经验公式合在一起,能准确预报流域逐年蒸散发量,是定量估算唯一参数的一个尝试,其在整个干旱内陆河地区(共使用 68 个流域)的应用结果表明参数 $\overline{w}$ 值包含的物理意义是明确的,即参数 $\overline{w}$ 值取决于流域的下垫面条件,主要包括流域的地形地貌、土壤、植被和流域的面积等条件,尤其强调干旱内陆河流域的面积是指流域的集水面积,而不是通常意义上的流域面积。傅抱璞公式和参数的半经验公式一起可以为内陆干旱区不同地区和流域提供较为可靠的年实际蒸散发量。

　　(3)Budyko-IARB 蒸散发模型在呼图壁河流域的应用

　　利用 Penman-Monteith 公式,估算了新疆呼图壁河流域潜在蒸散发量。计算得到呼图壁河流域多年平均潜在蒸散发量为 1073.73 mm,1992—2012 年间变化幅度较少,在 1020.45~1223.69 mm 之间波动。随着全球变化,呼图壁河流域参考作物蒸散发量有微弱的减少趋势,倾向率为 -7.81 mm/10a,但没有通过 0.05 的显著性检验(图 4.9)。

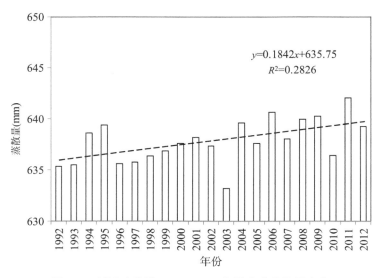

图 4.9　呼图壁流域 1992—2012 年潜在蒸散发量变化

　　利用 Penman-Monteith 公式计算呼图壁河流域多年平均逐日蒸散量,并计算了全年累积蒸散量,得出多年平均参考作物日蒸散量和累积蒸散量分布曲线(图 4.10)。呼图壁河流域参考作物蒸散量在 11 月至次年 4 月偏低,5—10 月偏高,变化幅度也基本一致,这主要是由于冬季和春季少雨、夏秋季节多雨造成相对湿度变化引起的,而蒸散量高值期与该地区作物的生长季一致,作物需水量随着蒸散量的增大而增加。

　　在年尺度上,根据呼图壁河流域逐年的实际蒸散发量、潜在蒸散发量和降水量,对 Budyko 曲线的傅抱璞解析公式进行了检验。在年尺度上,Budyko 假设所描述的流域水热耦合关系是

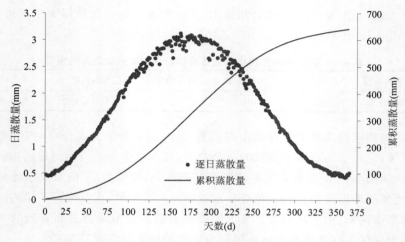

图 4.10　呼图壁流域 2011 年日潜在蒸散量和累积蒸散量

成立的。同时也发现在 $ET_0/P\text{-}E/P$ 形式下，实测点表现的较为离散；而在 $P/ET_0\text{-}E/ET_0$ 形式下，实测点则收敛到采用多年平均水量平衡所反求的 Budyko 曲线上。这说明降水量在干旱区为实际蒸散发量的主要控制性因素。另一方面说明了采用流域内逐年降水量、潜在蒸散发量及对应于该流域的一个 $\overline{w}$ 值即可以得到较为准确的年实际蒸散发量。

　　图 4.11 清楚地说明，在年尺度上呼图壁河流域实际蒸散发与潜在蒸散发之间呈负相关关系，即为互补关系；该互补关系来自潜在蒸散发与降水量之间的负相关关系。可见，随着年降水量的增加，潜在蒸散发量降低，实际蒸散发量增大。这说明了 Budyko 水热耦合平衡关系为研究流域年蒸散发量提供了基础。

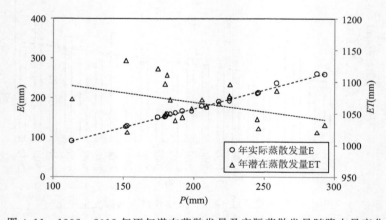

图 4.11　1992—2012 年逐年潜在蒸散发量及实际蒸散发量随降水量变化

　　利用构建的基于 Budyko 水热耦合平衡假设的 Budyko-IARB 蒸散发估算模型计算呼图壁河流域的年实际蒸散发量。图 4.12 给出了呼图壁河流域的年实际蒸散发量的实测值与估算值的逐年变化过程。

　　研究发现，呼图壁河流域实际蒸散发量为 153.84 mm，呼图壁河流域估算的实际蒸散发量均可解释实测值的 98% 以上。呼图壁河蒸散发量的绝对误差为 3.2 mm，均方根误差为 11.88 mm，说明精度很好，可以满足实际蒸散发量的估算。综上，构建的基于 Budyko 水热耦

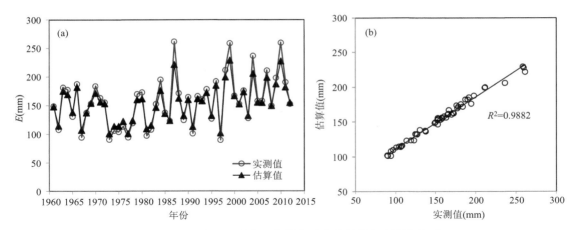

图 4.12　呼图壁河流域实际蒸散发量的估算值与观测值的对比

合平衡假设的实际蒸散发量的估算模型可以计算呼图壁河流域的实际蒸散发量。

　　在干旱区,降水量为实际蒸散发量的主要控制性因素。在年尺度上实际蒸散发与潜在蒸散发之间呈互补关系,即随着年降水量的增加,潜在蒸散发量降低,实际蒸散发量增大。根据半经验公式对参数 $\overline{w}$ 的估算值,采用傅抱璞公式计算了呼图壁河流域逐年实际蒸散发量,并与水量平衡结果对比,表明傅抱璞公式及本研究提出的参数 $\overline{w}$ 的半经验公式一起,可以准确地估算流域实际蒸散发量。

第5章　大气水分循环及其变化

5.1　全球大气水分循环

大气中的水汽在地球的水分平衡和能量平衡中起着关键作用。在地表吸收的太阳辐射中,蒸发作用使得50%的热量进入大气,通过释放潜热加热大气,并冷却地表。同时,通过潜热作用,使得大气中的热量从低纬度输送到较高的纬度。水汽也是主要的温室气体,水汽的多少与温度密切相关。因此,水汽被视为气候反馈系统的一部分。

水循环是地球气候和生态环境系统的重要组成部分(Trenberth et al.,2007;Allan et al.,2010),在全球变暖的影响下,全球水分循环过程加剧(Huntington,2006;IPCC,2013)。同时,水循环过程是地球系统的关键过程,在干旱地区对气候变暖异常敏感,而干旱地区的气候变暖会导致严重的生态环境问题(Li et al.,2018)。全球水循环的变化正在深刻地影响着地球环境(Allan et al.,2010)。

水循环的大气过程,即大气水分循环过程,是大气水循环的重要部分(刘国纬,1997)。虽然大气中的水只占地球总水资源储量的很小一部分,但它在水热平衡和人类社会最终所依赖的生态系统中扮演重要角色。水在地球系统中起关键作用,水循环如何变化,以及人类活动在未来如何影响水循环变化,是21世纪水文和大气科学重要的科学问题之一。IPCC报告提供了全球水循环变化及其引起严重环境问题的证据。

据估算,地球上可利用的水资源总量约为1.5×10^9 km³,其中海洋占绝大部分,约为1.4×10^9 km³。冰盖和冰川约占29×10^6 km³,地下水约为15×10^6 km³。在大气中约有13×10^3 km³的水汽,相当于地球表面单位面积的气柱的水为26 kg/m²或26 mm/m²。同时,水汽有明显的地理差异,如高低纬之间、沿海和内陆之间差异很大。

Trenberth等(2007)估算发现海洋向陆地输送了38×10^3 km³的水,与通过河流流到海洋的水量大致相同。然而,陆地上的降水量是这个水量的3倍以上,说明水分在陆地上有频繁且大量的再循环过程。Trenberth等(2007)研究认为,水汽再循环具有明显的年循环变化,且各大洲之间也存在较大的差异。在热带地区和夏季,水汽再循环更加频繁。海洋水循环与陆地水循环相互作用过程明显不同。在太平洋,水汽主要在太平洋内部循环为主,但在大西洋和印度洋、海洋和陆地之间的水循环模式不同。陆地上约有2/3的水来自大西洋,其余的大部分来自印度洋。如北美、南美、欧洲和非洲大陆的水汽主要来自大西洋,同时也通过径流补给大西洋。

大气水分循环过程是水循环过程的一个重要分支(苏涛等,2014)。大气中的水汽产生于海洋、湖泊、河流和陆面的蒸发,然后蒸发的水汽被输送到大气中,凝结成云,形成降水降落到地面,经过再次蒸发形成水汽,依次循环往复。大气降水一般有两个来源:局部蒸发的水汽(即水汽再循环)和外部水汽输送(平流水汽)(Brubaker et al.,1993;Burde et al.,2001)。大气水汽再循环是水循环的关键组成部分,它连接着陆地表面和大气,平衡着地球系统的水和能量循环(Dominguez et al.,2008;Guo et al.,2014)。因此,正确理解和准确估算大气水循环过程对于预测区域水文气候和水资源的变化以及更好地适应变化具有至关重要的意义。

针对全球、区域和流域尺度上大气水循环过程的变化开展了诸多研究(Brubaker et al.,1993;Fontaine et al.,2003;Bosilovich et al.,2005;Huntington,2006;Trenberth et al.,2007;Dominguez et al.,2008;Bengtsson,2010,2011;Guo et al.,2014)。总体而言,气候变暖引起蒸发和降水增加,进而加剧全球大气水循环。然而,Bosilovich 等(2005)指出,随着温度升高,全球大气中可降水量增加,大气中水的停留时间也随之增加,反而降低了全球大气水循环的速率。此外,Huntington(2006)收集了水文要素变化的证据,发现全球大气水循环在不断加剧(Bengtsson,2010)。Skliris 等(2016)也提出了全球水循环的加速变化,但增加速率小于克劳修斯-克拉珀龙方程(Clausius-Clapeyron 方程)得出的速率。

近年来,大气水循环的变化呈现出不同的区域特征,引起了人们的广泛关注。Bengtsson 等(2011)研究了气候变暖下极地地区全球水循环的现状和未来变化;Fontaine 等(2003)研究了西非地区的水汽通量和大气水循环过程。Zheng 等(2017)研究了中国新疆地区的水文要素收支变化,Feng 和 Wu(2016)也发现新疆地区的水循环在不断加剧。

5.2　大气水分循环研究方法

大气中的水汽循环是气候变化研究中的一个基本问题,也是大气环流研究的一个基本内容。它不仅是降水发生的基本条件,也和其他重要的天气现象相联系,大气中的水汽循环还和大气的能量收支相联系,对气候变化产生影响和响应(郭毅鹏,2013)。过去几十年,随着全球温度的升高,各种极端天气气候事件频发,如极端降水、冻雨、冰雹、干旱等极端天气气候事件。这些事件都与局地的水汽收支有着密切的联系。

水汽再循环是大气降水的主要过程,特别是在干旱地区(Dominguez et al.,2008;Li et al.,2018)。全球变暖影响下,水汽再循环可能导致降水变化(IPCC,2013)。许多研究集中在大流域和平原地区水汽再循环的变化(Eltahir et al.,1994;Kang et al.,2004;康红文等,2005;Dominguez et al.,2006),但在干旱地区的研究相对较少。Li 等(2018)发现干旱地区的水汽再循环比湿润地区更为显著,水汽再循环和降水量的相关性在不同干旱区存在差异。在青藏高原,水汽再循环的变化差异性明显,其中高原西部的干旱区呈下降趋势,而其他地区则呈现增加趋势(Guo et al.,2014)。

在过去的几十年里,科学家提出了许多水汽再循环模型(Budyko,1974;Brubaker et al.,1993;Eltahir et al.,1994;Schär et al.,1999;Dominguez et al.,2006)。Budyko(1974)提出了一维的水汽再循环模型,Brubaker 等(1993)对其进行改进而发展为二维模型。Trenberth(1998)和 Schär 等(1999)对二维模型的性能进行了更新,使其更适合估算实际的水汽再循环状况。

5.2.1　水汽再循环的气候学方法

定义当地蒸发的水汽对降水的贡献为 β,称为水汽再循环率,即水汽再循环产生的降水量在总降水量中所占的比重(孔彦龙,2013),则有:

$$\beta = \frac{P_m}{P} \tag{5.1}$$

根据式(5.1),认为区域内的总降水量等于外来水汽形成的降水量和当地蒸发的水汽形成的降水量之和。本节利用 Brubaker 二元模型(Brubaker 等,1993),基于两个基本假设:①降水、蒸发、大气水汽含量和水汽输送通量在所研究区域内的分布呈线性变化;②境外输入水汽和境内蒸发的水汽在本地区上空得以充分混合,具有形成降水的同等机会。根据假设①,区域上空水汽含量中由境外输入的部分 Q_a 为

$$Q_a = \frac{F_{\text{in}} + (F_{\text{in}} - P_a A)}{2} = F_{\text{in}} - \frac{P_a A}{2} \tag{5.2}$$

式中,A 是区域面积,单位为 km^2。同样,由境内蒸发的部分水汽量 Q_m 为

$$Q_m = \frac{0 + (E - P_m)A}{2} = \frac{(E - P_m)A}{2} \tag{5.3}$$

由假设②得,Q_a 和 Q_m 充分混合。因此,P_a 和 P_m 的比值等同于 Q_a 和 Q_m 的比值,即

$$\frac{P_a}{P_m} = \frac{Q_a}{Q_m} = \frac{F_{\text{in}} - \dfrac{P_a A}{2}}{\dfrac{(E - P_m)A}{2}} \tag{5.4}$$

综合公式(5.2)—(5.4),可以得出水汽再循环率为

$$\beta = \frac{E}{E + 2F_{\text{in}}} \tag{5.5}$$

式中,E 为实际蒸发量,单位为 mm。在生态水文学中,基于水热耦合平衡的 Budyko 模型成为估算实际蒸发量的方法之一。我国气候学家傅抱璞(1981)推导出具有坚实的数理基础的 Budyko 假设解析表达式,称为傅抱璞公式,具体为

$$\frac{E}{P} = 1 + \frac{ET_0}{P} - \left[1 + \left(\frac{ET_0}{P} \right)^{\overline{w}} \right]^{\frac{1}{\overline{w}}} \tag{5.6}$$

式中,E 是实际蒸发量;ET_0 是潜在蒸发量;P 是降水量;$\overline{w}$ 是参数,取决于流域下垫面条件,如植被覆盖、土壤属性和地貌特性等(Choudhury,1999;Zhang et al. ,2001;Yang et al. ,2006;Li et al. ,2013;Cong et al. ,2015)。姚俊强等(2015)建立了新疆干旱区各区域参数 $\overline{w}$ 值,其中天山山区 $\overline{w}$ 值为 1.66(Yao et al. ,2017)。因此,可以利用式(5.6)来估算天山地区实际蒸发量,其中潜在蒸发量采用 FAO 推荐的 Penman-Monteith 方法。

5.2.2 水汽再循环的同位素学方法

水汽再循环的同位素量化方法,主要是基于质量守恒和同位素平衡模型,下面所用的为基于氘盈余的水汽同位素平衡模型。国际上通用 δ 值来表示元素的同位素含量。δ 值是指水样品中某元素的同位素比值(R)相对于标准水样同位素比值(R_{VSMOW})的千分偏差(顾慰祖,2011),即

$$\delta = \left(\frac{R}{R_{\text{VSMOW}}} - 1 \right) \times 100\text{‰} \tag{5.7}$$

用 δ 值表示水的同位素比值可以很明确地看出同位素比值变化的方向和程度。如 δ 值为正,表示水样较标准富含重同位素,δ 值为负,表示水样较标准富含轻同位素。

Dansgaard(1964)提出了氘盈余的概念,并将其定义为:

$$d = \delta D - 8\delta^{18}O \tag{5.8}$$

干旱区陆表蒸发的水汽氘盈余显著高于降水和外来水汽的氘盈余值(Pang et al.,2011),因此,氘盈余作为示踪剂,能够更加准确地指示水汽来源,来量化水汽来源。利用同位素与氘盈余可以计算水汽再循环率(孔彦龙,2013)。在干旱区,蒸发量较大,云下蒸发是不可忽略的过程。因此,水汽再循环包括两部分:一是云下蒸发部分,当温度低于 0 ℃时,云下蒸发过程不明显,可用 Froehlich 模型(Froehlich et al.,2008);二是陆表(水面)蒸发部分。以氘盈余作为示踪剂,Peng 等(2005)建立了基于氘盈余的水汽同位素平衡模型(Peng 模型):

$$f_c = \frac{d_c - d_{adv}}{d_{evap} - d_{adv}} \tag{5.9}$$

式中,f_c 为降水蒸发剩余比,d_c 为云层底部降水的氘盈余,d_{adv} 为外来水汽的氘盈余,d_{evap} 为再循环水汽的氘盈余。具体计算过程见孔彦龙(2013)的文章。

5.3　干旱区西部大气水分循环过程

5.3.1　气候要素变化特征

（1）气温

1961—2010 年平均气温显著升高,每 10 a 气温升高 0.328 ℃($p < 0.01$)。Mann-Kendall 检验表明,1990 年气温趋势发生突变,1990 年以后升温趋势加速,为每 10 a 增加 0.48 ℃($p < 0.01$),而在 1961—1989 年增温率为 0.10 ℃/10a($p > 0.05$)(图 5.1a(彩))。在变化趋势空间分布上,增温速率存在空间变异性,但整个区域呈现出快速变暖的趋势。新疆北部升温速度最快,为 0.37 ℃/10a($p < 0.01$),其次是天山山区和南疆,分别为 0.34 ℃/10a 和 0.26 ℃/10a($p < 0.01$)。

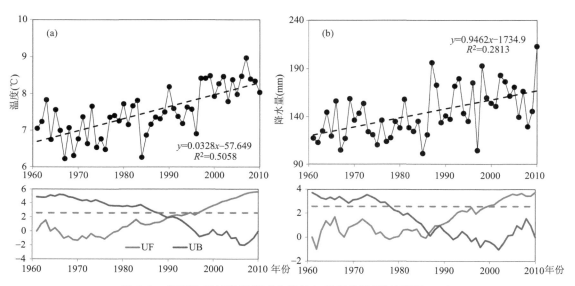

图 5.1　新疆地区气候要素变化趋势与突变分析(另见彩图 5.1)
(a)平均气温;(b)降水量;(c)地表水汽压;(d)地表风速;(e)日照时数

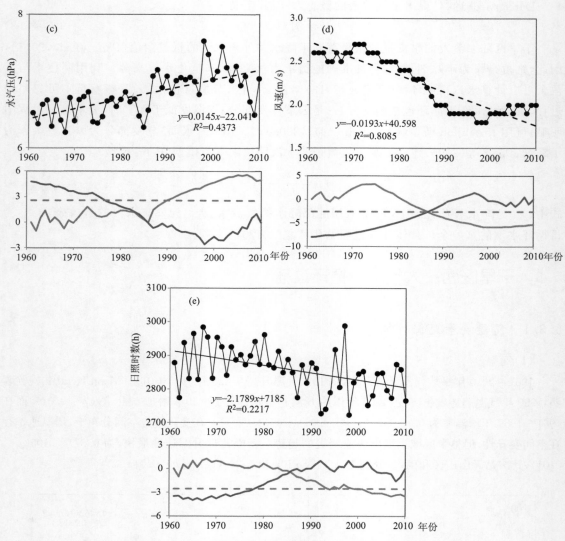

图 5.1(续)　新疆地区气候要素变化趋势与突变分析(另见彩图 5.1)
(a)平均气温；(b)降水量；(c)地表水汽压；(d)地表风速；(e)日照时数

(2)降水量

20 世纪 60 年代以来,新疆年降水量显著增加,增加趋势为 9.46 mm/10a($p<0.01$),1987 年发生突变拐点($p<0.01$),1987 年之后降水量较 1961—1986 年增加 29.6 mm(图 5.1b (彩))。空间分布上,天山山区降水量增长速率最大,为 15.56 mm/10a($p<0.05$),北疆次之, 为 13.06 mm/10a($p<0.05$),南疆最低,为 5.60 mm/10a($p<0.05$)。

一般来说,海拔高度对气候因素的分布和变化有明显的影响,尤其是在降水的垂直分布 上。新疆降水垂直变化很明显,年降水量从平原(吐鲁番盆地<50 mm)增加到山区(天山山区 >800 mm)。在降水量和面积比例上,总降水量小于 50 mm 的区域占新疆总面积的 43.9%, 降水量大于 400 mm 的区域仅占总面积的 12.3%(图 5.2)。此外,海拔高度也会影响润湿趋 势,即存在增湿的海拔依赖性(Yao et al.,2016)。因此,海拔依赖性是降水变异性评价的一个关键特征。

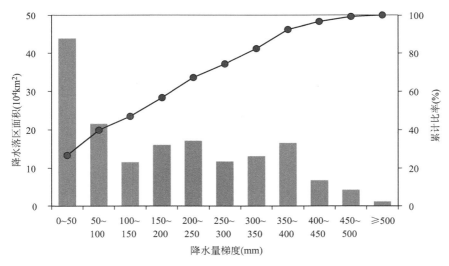

图 5.2　不同梯度降水和对应的降水落区面积

（3）地表水汽压

地表水汽压是一个重要的气候因子,可以表示大气的水分状况。新疆地表水汽压呈显著上升趋势,在 1986 年发生突变($p<0.01$)(图 5.1c(彩))。20 世纪 80 年代末,地表水汽压急剧上升,随后在高位变化,但在 21 世纪以来有明显的下降趋势。在空间上,南疆和北疆的增加速率一致,为 0.16 hPa/10a($p<0.05$),而天山山区最低,为 0.10 hPa/10a($p<0.05$)(图 5.1(彩))。因此,山区水汽保持稳定状态,为降水的发生提供了充分的水分条件。地表水汽压随着海拔的升高而显著降低,反映了大气水汽主要存在于大气的低层(Yao et al.,2016)。

（4）地表风速

1961—2010 年新疆地表风速显著下降,趋势为−0.19 m/(s・10a)($p<0.01$)(图 5.1d(彩))。1961—1990 年,地表风速显著下降,下降速率为 0.20 m/(s・10a)($p<0.01$),随后发生趋势逆转,上升速率为 0.06 m/(s・10a)($p>0.05$)。下降最显著的是北疆(−0.22 m/(s・10a),$p<0.01$),其次是南疆(−0.20 m/(s・10a),$p<0.01$),均较天山山区(−0.08 m/(s・10a),$p<0.01$)下降明显。南疆地区自 1990 年以来地表风速呈显著增长趋势。Li 等(2018)也注意到中国西北地区自 20 世纪 90 年代初以来地表风速的恢复趋势。

（5）日照时数

日照时数是反映太阳辐射变化的一个重要指标。自 20 世纪 80 年代末以来,全球太阳辐射经历了从"变暗"到"变亮"的转变(Wild et al.,2005),新疆也经历了类似的转变。从 1961—2010 年,日照时间的变化经历了三个阶段:20 世纪 60 年代以来为上升趋势,1987 年开始持续变暗,90 年代初开始稳定变亮(图 5.1e(彩))。日照时数的空间趋势表现出较大的区域差异。天山山区的"变暗"速度最快,为 44.26 h/10a($p<0.05$),其次是北疆和南疆,分别为 20.52 h/10a 和 14.73 h/10a($p<0.05$)。

（6）蒸发量

蒸发是影响水循环及其控制水分损失的重要因素。图 5.3 为 1961—2010 年新疆地区的 PET 和 ET 变化情况。在北半球 PET 明显减少(Roderick et al.,2007;Yang et al.,2011),在

1993 年新疆发生了明显的由减少到增加的转变,变化趋势分别为 — 27.34 mm/10a 和 51.49 mm/10a($p<0.01$)。

实际蒸发 ET 的观测是有限的,往往是从其他气候因素和陆地参数特征估计得到。随着遥感的发展,ET 可以通过广泛使用的 MODIS ET 产品(MOD16)来得到,该数据在中国已经被证明是适用的(邓兴耀等,2017)。因此,使用 MOD16 来验证估算的 ET 在新疆上空的准确性,并与估算的 ET 进行比较,得到了合理的结果($R=0.68$)。基于 Budyko 假设的 ET 从 1961—2010 年呈明显的增长趋势,增长速度为 6.66 mm/10a($p<0.05$)(图 5.3)。

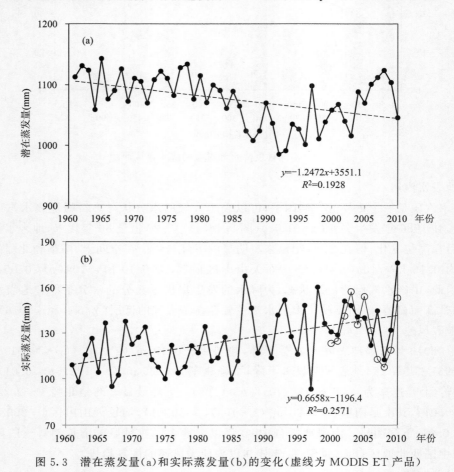

图 5.3 潜在蒸发量(a)和实际蒸发量(b)的变化(虚线为 MODIS ET 产品)

总的来说,新疆的气候要素在 20 世纪 80 年代末或 90 年代初经历了明显的变化。1990 年以后,气温、降水、水汽、风速、日照时数、PET 和 ET 均发生了显著的变化,分别为 0.90 ℃、26.00 mm、0.43 hPa、—0.60 m/s、—64 h、—37.37 mm 和 17.16 mm。

5.3.2 水汽输送与水汽收支

干旱区的平均气候态(1961—2010 年)水汽输送与北半球中纬度的大规模西风环流十分相似。水汽主要由中纬度西风带输送,水汽来自北大西洋和北冰洋。在环流配置下,西风水汽经欧洲大陆、里海和咸海以及中亚到新疆西部地区。西部边界水汽通过伊犁河、克孜勒苏河、额尔齐斯河等几个河谷进入新疆。此外,新疆还受到印度(或西南)季风的影响,主要产生暴雨和大暴雨的水汽来源。热带季风的水汽输送主要通过两个路径:首先,南向水汽流起源于印度洋北部,低层通过青藏高原及其东部外围,向西进入新疆(Yatagai et al.,1998;Huang et al.,2015;2017)。其次,阿拉伯海和中亚上空异常的反气旋系统导致水汽从阿拉伯海输送到中亚,然后向东进入南疆(Yang et al.,2018)。

　　新疆的水分输出主要发生在东边界。1961—2010 年,水汽输送净收支呈上升趋势(图 5.4)。这是由于南部和西部边界水汽输送增加所致。与新疆降水变异性相关的水分输送是一个次要过程,降水与净水分收支的相关系数为 0.37。降水与西部、南部、东部和北部边界水汽输送的相关系数分别为 0.55、0.36、−0.07 和 0.36。

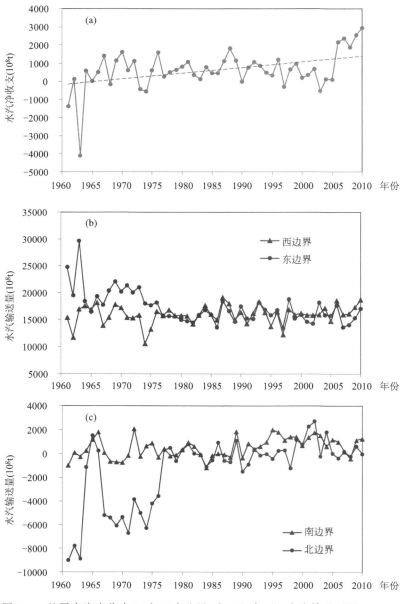

图 5.4　整层水汽净收支(a)与四个边界(东、西、南、北)水汽输送通量(b),(c)

5.3.3 水汽再循环变化

(1)水汽再循环的变化

图 5.5 为 1961—2010 年新疆水汽再循环率(PRR)和再循环降水量(RP)的变化情况。PRR 平均值为 6.48% 和 7.79%,Brubaker 和 Schär 模型的估算值分别为 4.87% 和 8.07%,以及 5.87% 和 9.67%。1961—2010 年,PRR 显著增加,增长趋势分别为 0.44%/10a 和 0.53%/10a。RP 的年平均值为 10.37 mm 和 12.46 mm,两个模型的范围分别为 5.65~18.49 mm,6.82~22.17 mm。在 95% 置信水平下,RP 的增长速度分别为 1.63 mm/10a 和 1.37 mm/10a。PRR 值的增加表明新疆地区近几十年来水汽再循环强度不断增强。

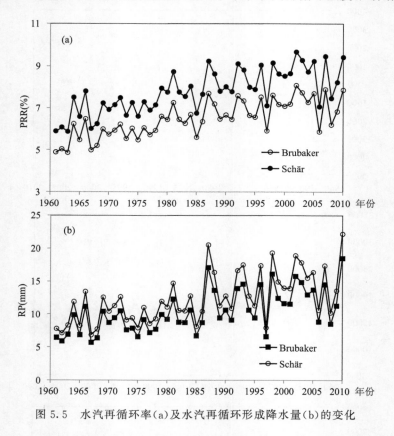

图 5.5　水汽再循环率(a)及水汽再循环形成降水量(b)的变化

采用 Mann-Kendall 检验评价 PRR 和 RP 的变化趋势。如图 5.6 所示,20 世纪 80 年代新疆地区 PRR 和 RP 的趋势发生逆转($P<0.001$)。从 20 世纪 80 年代初到 21 世纪初,都呈现出急剧上升的趋势。与 1961—1980 年相比,1981—2010 年 PRR(或 RP)增加 1.34%(或 4.06 mm),说明新疆地区 1980 年后水汽再循环加快。

(2)PRR 与气候因子的关系

气候要素的变异性可以影响到全球大气水循环强度(Bosilovich et al.,2005),研究 PRR 与气候因子之间的统计关系,可以评价气候对 PRR 的影响。结果如图 5.7 所示,实际蒸发量与 PRR 呈显著的正相关,与潜在蒸散发量呈较强的负相关。降水、气温、水汽与 PRR 均呈显著正相关,而 PRR 与风速、日照时数呈显著负相关。潜在蒸散发量主要由辐射和大气动力要

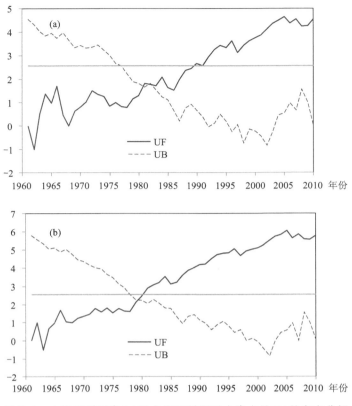

图 5.6　水汽再循环率(a)及水汽再循环形成降水量(b)的突变分析

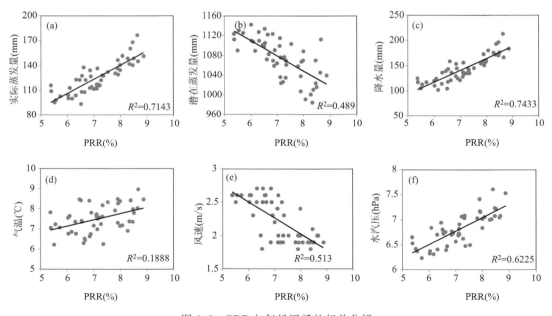

图 5.7　PRR 与气候因子的相关分析

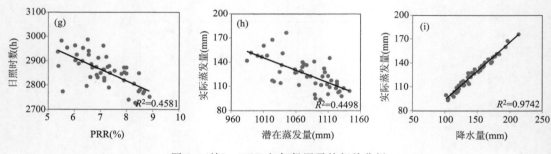

图 5.7(续)　PRR 与气候因子的相关分析

素驱动,包括空气温度(包括平均、最大和最小气温)、水汽压、风速和日照时间(Allen et al.,1998)。一般来说,RP 是局部蒸发形成降水的部分,说明实际蒸发量是控制水汽再循环的主导变量,潜在蒸散发量是次要因素。在干旱地区,实际蒸发量受水分变量(即降水量)变化的控制,而不受能量变量(即潜在蒸散发量)变化的控制(Yang et al.,2006;Yao et al.,2017)。实际蒸发量与降水呈强正相关($R=0.97$,$p<0.001$),与潜在蒸散发量呈负相关($R=-0.67$,$p<0.01$),和上述关系一致。因此,PRR 的变化主要由降水量、水汽条件等水分变量的主导影响。

5.3.4　大气水分循环过程概念模型

(1)新疆大气水分循环过程概念模型

根据上述关系,提出了一个气候变化及其大气水循环变化的概念框架,如图 5.8 所示。在全球变暖的影响下,新疆经历了加速变暖和降水增加,同时水汽和风速也有所增加。高纬度和低纬度的不对称变暖引起地表压力梯度变化,导致中纬度风速恢复。根据克劳修斯-克拉珀龙关系,气候变暖应引起大气中水分的增加,升温 1 ℃ 可能导致大气水汽含量增加 6%～7%(Bengtsson et al.,2011)。此外,空气湿度增加提高了对流有效势能,这有利于产生更多的云,使得太阳辐射"变暗"。气候变暖、风速恢复和水汽压的增加增强了新疆上空的潜在蒸发(Li et al.,2013),但同时太阳辐射"变暗"可能减弱潜在蒸发。蒸发是水循环中的一个关键因素,与水和能量平衡有关(Yao et al.,2017)。根据 Budyko 的理论,陆地实际蒸发量本质上受水和能量两个变量控制,这两个变量由降水和潜在蒸发量的变化来估算(Budyko,1974;Donohue et al.,2011)。在干旱地区,实际蒸发量受降水控制,而不是潜在蒸发量(Yang et al.,2006;Yao et al.,2017)。随着温度升高,降水增加,陆地实际蒸发量的增加,增加了大气的持水能力(Houghton et al.,2001;Bosilovich et al.,2005)。因此,大气的增温增湿加强了新疆地区的水汽循环过程,增加了 PRR,可能引发更多的局地对流性降水发生。

新疆区域多年平均大气水循环过程如图 5.9(彩)所示。由图可知,总的降水量为 2804×10^8 m^3,其中约 217×10^8 m^3 是由当地地表和植被蒸发的水汽,即水汽再循环部分形成的降水量。在绿洲与荒漠,或者高纬度与低纬度之间,水汽再循环存在着较大的异质性。

(2)新疆气候变化与大气水分循环过程

新疆气候要素在 20 世纪 80 年代末或 90 年代初经历了急剧的变化。近 20 a 来,在全球变暖的影响下,新疆地区经历了加速变暖和降水增加的过程,水汽含量增加,地表风速"恢复"。所有这些变化都促进了潜在蒸发量的增加,而增加的降水增强了地表实际蒸发量。

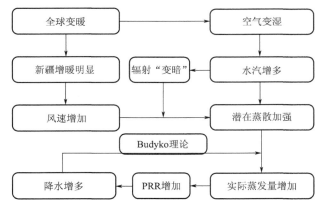

图 5.8　气候变化及其相关的大气水分循环过程的概念模型

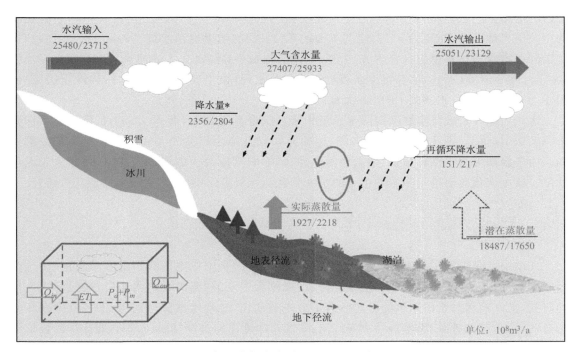

图 5.9　新疆大气水分循环过程（另见彩图 5.9）

（＊代表总降水量；ET/1927/2218 分别代表 1961—1979 年和 1980—2010 年多年平均的蒸发量）

　　大气的增温增湿增强了新疆地区的大气水汽循环，增加了水汽再循环过程。通过 Brubaker 模型和 Schar 模型，发现 PRR 显著增加。特别是从 20 世纪 80 年代初到 21 世纪初，PRR 快速增长，说明近 30 a 来局地水汽循环加快。PRR 变化主要受实际蒸发量、降水量、水汽条件等水分变量的影响。

　　与湿润地区和大河流流域相比，新疆的大气水循环过程是独特的。新疆地处典型的干旱区，水汽再循环是干旱区大气水循环的一个关键过程。然而，实际蒸发量缺乏观测数据，而过度依赖于估算模型，使得 PRR 的估算存在较大的不确定性。为了从总降水量中估算 PRR，在不同的时间尺度上发展了多种水汽再循环模型，如气候尺度（Budyko，1974；Brubaker et al.，1993；Schär et al.，1999）或日尺度（Eltahir et al.，1994；Dominguez et al.，2006）。此外，稳定的降水同位素也为研究降水循环过程提供了重要的大气水循环信息(Kurita et al.,2008;Zhang et al.,2016;2018)。但是,这仅仅代表了天气尺度(Kurita et al.,2008),同时,大气降水的采样和测量也是困难的。

准确地估计 PRR 的关键因素是对实际蒸发量的精确估计(Li et al.,2018)。在前期研究中,使用 ERA-interim 数据和 NCEP/NCAR 再分析数据,但这些数据在干旱地区被严重高估。此外,下垫面条件(如植被、灌溉情况)和土地利用/覆被变化等通过影响蒸发而对 PRR 的变化有直接影响(Vervoort et al.,2009;Harding et al.,2014;Jomaa et al.,2015)。基于 Budyko 理论的傅抱璞方程被广泛应用于不同尺度的实际蒸发估算,包括降水量、潜在蒸发量、下垫面条件(如植被覆盖、土壤水分、地形)(Budyko,1974;傅抱璞,1981;Zhang et al.,2004;Yang et al.,2006;Yao et al.,2017)。

基于 Brubaker 模型和 Schar 模型估算的新疆区域 PRR 分别为 6.48% 和 7.79%,与 Li 等(2018)的结果一致。Li 等(2018)估计了北半球四个干旱区的 PRR 变化,发现包括新疆在内的中蒙干旱地区的 PRR 为 5%。也与 Kong 等(2013)的结果也很接近。Kong 等(2013)利用稳定同位素数据估算得出乌鲁木齐(中亚最大城市,位于新疆乌鲁木齐河流域)的 PRR 平均值为 8%。Wang 等(2016)估算得出新疆石河子和蔡家湖(位于新疆古尔班通古特沙漠边缘)的 PRR 小于 5%,乌鲁木齐的 PRR 高达 16.2%。

水汽再循环形成降水在新疆降水总量中所占比重不足 10%,而 90% 以上的降水是由区外水汽输送引起的。因此,研究水分来源、运输路径以及与之相关的大气环流过程是至关重要的。由于新疆大气水循环加剧,增温增湿迅速,其影响可能改变邻近地区的降水、融雪和冰川状况。这些变化应会进一步影响中亚的水文变化和水资源的可用性,在未来需要深入研究。

5.4 天山大气水分循环过程

天山山系是中亚干旱区最大的山系,山脉横贯东西,是中亚地区降水最多的地区,山区的大气降水是地表水和地下水体的主要补给源,被称为中亚的"湿岛"和"水塔"。通过前人大量的研究,水汽输送对天山降水的影响已有了清晰的认识,外来水汽源分别为:①源自大西洋的海洋气团;②源自里海、黑海等的中亚气团;③源自印度洋的海洋气团;④源自北冰洋的极地气团,其中受来自大西洋的西风带水汽输送影响最大。但是,这些研究忽略了水汽再循环过程对降水的影响,相关研究较少。

天山地区常规气象台站的地面观测资料包括海拔≥1500 m 的 10 个测站(外加乌鲁木齐站)的逐月的气温、降水量、相对湿度、风速、日照时数等气象要素,起止时间为最新统编资料的年限 1981—2010 年。天山山区无高空探测站点,因此选用常用的再分析资料。NCEP/NCAR 再分析资料是目前世界各国气象学家研究天气和气候时的常用资料,刘蕊等(2010)发现在新疆 NCEP/NCAR 1°×1°资料比 2.5°×2.5°资料更接近探空资料,且能较好地反映新疆降水过程的水汽输送、辐合和演变特征(杨莲梅等,2012)。因此,选择 NCEP/NCAR 逐日 4 次 1°×1°再分析资料,包括 1000～100 hPa 共 21 层的地面气压、比湿、风场资料,起止时间为 2000—2010 年。月和年水汽通量是利用日水汽通量时间积分得到,整层水汽收支选取地面至 100 hPa 进行积分得到。

(1)基于气候学方法的天山地区水汽再循环

天山地区地形复杂,站点稀缺,对其降水量的合理计算是一个难点。史玉光等(2008)结合新疆天山的地理、气候和站点分布特征,提出了新疆天山地区降水量的插值计算方法,即以自然正交分解(EOF)和 DEM 相结合的梯度距离平方反比法(GIDS)。该方法在计算天山地区降水量的误差分析发现相对误差为 6.8%,证实该方法在天山地区科学可行。经计算,天山地区 2000—2010 年平均降水量为 449.0 mm,夏季降水量最大,为 232.4 mm,春秋季节分别为 108.2 mm 和 81.0 mm,冬季仅为 27.4 mm。

利用 NCEP/NCAR 逐日 4 次 1°×1° 再分析资料估算了天山地区 2000—2010 年整层水汽平均输入量。需要将境外流入山区的水汽输送量转化为区域面平均值,山区格网计算面积为 $3.203\times10^5\ km^3$。经计算,2000—2010 年流入山区的境外水汽输送量为 4258.8 mm,其中夏季输送量最大,为 1756.9 mm,春、秋季分别为 1046.2 mm 和 949.4 mm,冬季为 505.2 mm。经 Penman-Monteith 模型和傅抱璞公式估算的山区多年平均实际蒸发量为 273.2 mm,其中夏季为 140.1 mm,春、秋季分别为 59.9 mm 和 59.1 mm,冬季仅为 11.1 mm。

综合以上计算结果,计算得出天山地区年水汽再循环率为 9.32%。四季来看,水汽再循环率在夏季最高,为 11.32%,春、秋季相当,分别为 8.41% 和 8.64%,冬季为 3.40%。在天山地区,当地蒸发的水汽形成的降水量为 41.8 mm,外来水汽输送到山区形成的降水量为 407.2 mm(表 5.1)。因此,天山地区主要依靠外来输送水汽到山区上空,在地形和大气环流的综合作用下形成降水。

表 5.1　天山地区四季水循环要素

	降水量 (mm)	潜在蒸发量 (mm)	实际蒸发量 (mm)	水汽输入量 (mm)	水汽再循环率(%)	蒸发引起的降水量(mm)	外来水汽引起的降水量(mm)
春季	108.2	147	60.0	1046.2	8.41	9.1	99.1
夏季	232.4	391	140.1	1757.0	11.32	26.3	206.1
秋季	81.0	212	56.1	949.4	8.64	7.0	74.0
冬季	27.4	20	11.1	506.2	3.40	0.9	26.5
年	449.0	775	273.2	4258.8	9.32	41.8	407.2

(2)基于同位素平衡模型的天山地区水汽再循环率

国际原子能机构(IAEA)和世界气象组织(WMO)共同建立了全球大气降水同位素监测网络(GNIP),提供了自 20 世纪 50 年代后期以来全球不同地区的降水同位素数据,乌鲁木齐站是唯一的天山地区降水同位素监测站点,观测时间为 1986—2003 年。选取月均的降水同位素 ^2H 与 ^{18}O 数据,及对应的平均气温、降水量。为使降水观测具备代表性,不同海拔的观测是必要的。中国科学院地质与地球物理研究所在乌鲁木齐河流域进行了降水同位素观测,实验时间为 2003 年 4 月至 2004 年 7 月,降水同位素观测点选在高山站和后峡站(表 5.2)。采用该实测数据做相关研究,数据来自水同位素与水岩反应实验室,同位素 ^2H 与 ^{18}O 的测试精度分别为 ±0.1‰ 和 ±0.02‰。

表 5.2　乌鲁木齐河流域降水同位素观测站点信息

站点	经度	纬度	海拔(m)	气温(℃)	降水量(mm)	数据来源
乌鲁木齐	87°37′E	43°47′N	918	7.7	306	GNIP
后　峡	87°11′E	43°17′N	2100	1.1	424	孔彦龙(2013)
高　山	86°50′E	43°06′N	3545	−2.6	390	

　　某一地区 δD-$\delta^{18}O$ 线性关系被称为区域大气降水线（LMWL），区域大气降水线往往偏离全球大气降水线，为研究一个局部地区的降水同位素提供参照，反映了各自降水的变化规律。因此，同位素的方法通常是绘制区域降水 $\delta^2 H$-$\delta^{18}O$ 图（图 5.10（彩）），然后分析各种影响同位素变化的过程。

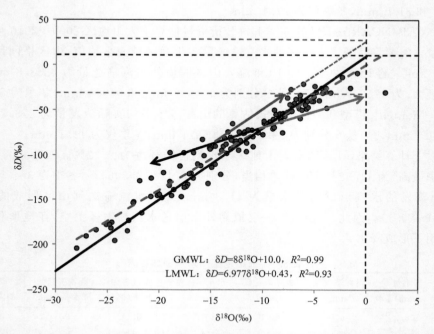

图 5.10　乌鲁木齐水分内循环与云下蒸发控制的降水同位素演化示意图（另见彩图 5.10）

（黑色实线为全球降水线（GMWL）；红色虚线为乌鲁木齐区域降水线（LMWL_Urumqi）；

绿色实线为云下蒸发控制的降水线；蓝色实线为水分内循环的降水线）

　　利用 GNIP 观测网络全球的 200 多个站点的大气降水同位素数据，得出全球尺度下的大气降水线，被称为全球降水线（GMWL）：

$$\delta^2 H=8\delta^{18}O+10 \quad R^2=0.99 \tag{5.10}$$

　　利用 GNIP 网站提供的乌鲁木齐站 1986—2003 年各月的降水同位素数据，得出大气降水 $\delta^2 H$-$\delta^{18}O$ 关系，即当地的大气降水线（LMWL_Urumqi），即

$$\delta^2 H=6.977\delta^{18}O+0.43 \quad R^2=0.93 \tag{5.11}$$

　　乌鲁木齐大气降水中的 $\delta^2 H$ 在 $-204.5‰\sim-8.9‰$，平均值为 $-86.25‰$，变差系数为 5.3%；$\delta^{18}O$ 在 $-27.97‰\sim1.8‰$，平均值为 $-12.42‰$，变差系数为 5.1%。全年降水同位素变化明显，从 12 月至次年 7 月，降水同位素值呈逐渐增加趋势；从 8 月至 11 月，同位素值迅速减小。

　　乌鲁木齐地区大气降水线的斜率（6.977）小于全球降水线（8），接近于西风带的斜率（7.24）（孔彦龙，2013）。一方面说明了该地区降水的水汽主要来自西风带的水汽输送；另一方面，降水至地面过程中发生了云下蒸发（Froehlich et al.，2008）。在新疆，蒸发量大，绿洲和水体等陆面蒸发的水汽和外来水汽一起形成降水。此外，由于温度较高，雨滴从云底至地面的过程中会有蒸发，即云下蒸发。陆面蒸发和降水云下蒸发合称为水汽再循环过程。在水汽再循环过程中，氘盈余 d 值会偏高，同位素贫化，进一步说明在干旱区可以用氘盈余来研究水汽再

循环过程。

在干旱环境中,蒸发量的大小主要取决于降水量,而温度也是影响因子之一。而在干旱区,降水同位素有明显的温度效应。因此,温度影响着不同的降水过程,温度与氘盈余 d 和 $\delta^{18}O$ 的关系可以定性地判定水汽再循环的存在。孔彦龙等(2013)发现了乌鲁木齐河流域降水同位素因温度区间而异,包括绝热膨胀、水汽再循环与云下蒸发等降水过程(图 5.11(彩))。在天山山区,温度主要受海拔高度的影响,说明地形是影响水汽再循环的主要因素之一。

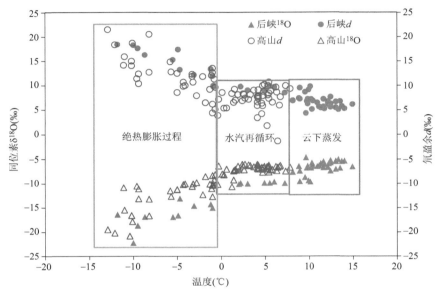

图 5.11　乌鲁木齐河流域降水同位素^{18}O、氘盈余与气温的关系(孔彦龙,2013)(另见彩图 5.11)

根据公式(5.11),可以定量地计算乌鲁木齐河流域不同海拔高度的水汽再循环的差异。从乌鲁木齐站到高山站,随着海拔的增加,水汽再循环率逐渐下降。在山区,仅在温度高于 0 ℃的季节有水汽再循环发生,降雪过程中当地蒸发贡献几乎为 0。在绿洲,除了平均温度低于 0 ℃的 1 月,其与季节均有水汽再循环发生。乌鲁木齐站平均再循环水汽占到 8%,在 3—6 月低于均值,而 8—11 月明显抬高(孔彦龙,2013)。

(3)天山地区水汽再循环率

气候学角度,天山地区水汽再循环率为 9.32%。当地蒸发的水汽形成的降水量为 41.8 mm,外来水汽输送到山区形成的降水量为 407.2 mm(图 5.12)。在同位素水文学角度,天山地区水汽主要来自西风带的水汽输送,而乌鲁木齐站平均再循环水汽仅占到 8%。随着海拔的增加,水汽再循环率逐渐下降,在海拔 2000 m 以上的水汽再循环可以忽略不计。值得说明的是,气候学方法是把天山山区做为一个整体来研究的,而同位素结果仅来自乌鲁木齐河流域。乌鲁木齐河的实验表明,海拔 2000 m 以上的水汽再循环率已经很小,仅为 0.33%;而临近一号冰川的高山站仅在 6 月有 1% 的再循环率。因此,在海拔 2000 m 以上的水汽再循环可以忽略不计。选取新源(929.1 m)、昭苏(1854.6 m)、巴音布鲁克(2458.9 m)和巴里坤(1650.9 m)为天山地区代表站点,分别计算 P_m。在气候学角度,各站的 P_m 分别为 49.8 mm、50 mm、27.8 mm 和 21.4 mm。

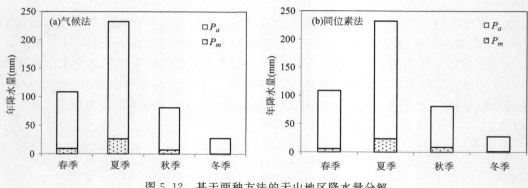

图 5.12 基于两种方法的天山地区降水量分解

气候学上,开展水汽再循环的研究较早。1974 年著名水文气候学家 Budyko 提出了估算水汽再循环的一元模型(Budyko,1974),该模型被我国水文学家刘国纬先生改进后介绍到国内,一直沿用至今(刘国纬,1997)。Brubaker 把该模型扩展到区域尺度,后经 Trenberth 扩展到月时间尺度(Trenberth et al.,2004),即 Brubaker 二元模型。还有 Eltahir 等(1994)建立的二元水汽平衡模型。Guo 等(2014)把 Brubaker 模型应用到青藏高原地区,证实该模型在高海拔山区具有适用性。但是,Brubaker 模型用水量平衡原理,把整个区域看作一个格点组成的整体,且认为降水、蒸发和水汽输送在区域内呈线性变化分布,虽然精简了烦琐的计算,但忽略了水循环要素的非线性变化对水汽再循环的影响,尤其是山区特殊的地形结构和下垫面特征。此外,该方法需要水循环过程的大量参数,在资料稀缺地区缺少应用。

随着同位素技术的发展,水同位素可以较好地示踪水汽来源,而氘盈余示踪水汽来源更加准确简单(Tsujimura et al.,2001)。Froehlich 等(2008)研究发现阿尔卑斯山区的再循环比为2.5%~3%;Tsujimura 等(2001)发现青藏高原那曲地区陆表蒸发形成的水汽在降水中大约为 27%;而台湾山区陆地蒸发的水汽在山区年降水中比例可达 37%(Froehlich et al.,2008)。因此,利用同位素方法,获取区域不同海拔上的水汽再循环,可以获得更高精度的结果,为更加精细化的分析水汽再循环提供了新的思路。

利用传统气候学和新的同位素水文学方法分别计算了水汽再循环。但如何使两种方法相结合,扬长避短,相互佐证,共同研究水汽的来源和路径问题,是下一步需要研究的问题。此外,同位素水文实验在天山地区开展较少,而其独特的水汽源地示踪优势,需要气候研究者更多的关注,在西风带关键水汽输送路径建立定点长期观测,是未来需要进一步探讨的问题。

水汽再循环的研究对水资源管理和实施调水工程具有重要的意义,本研究证实了被誉为中亚"水塔"的天山地区水汽再循环率仅为 8%~9.32%,说明当地蒸发的水汽对降水的贡献较小,而广大的沙漠戈壁地区无水可蒸发,水汽再循环能力更弱。

第6章　暴雨过程大气水循环过程与模拟

6.1　暴雨的变化及水汽输送

暴雨是我国的主要灾害性天气之一(陶诗言,1980)。干旱区降水稀少,但每年夏季均会出现区域性的强降水过程。在全球变暖背景下,强降水过程发生的频率和强度均有明显增加。2018年7月31日新疆哈密市沁城乡小堡区域短时间内集中突降特大暴雨,日降雨量达到115.5 mm,超过当地历史最大年降雨量52.4 mm,07:00—08:00 2个时次小时降水量均达到29.2 mm,强降水引发山洪,致使哈密市射月沟水库溃坝,造成20人遇难、8人失踪,8700多间房屋及部分农田、公路、铁路、电力和通信设施受损。在极端干旱的南疆,2018年5月21日18:00—19:00时和田皮山国家站小时降水量突破历史极值,为53.8 mm;21日19:00—20:00叶城县乌吉热克乡小时降水量为28.2 mm,造成极大损失。2018年10月17—18日乌鲁木齐大暴雪,24 h降雪量达到35.5 mm,城区大面积停电、停水、停暖、停课达2 d,并造成了严重的社会影响。

通过多年的科学研究和气象业务实践,新疆的强降水预报和研究已取得了一定成果。统计发现,强降水高频区在天山山区,集中在河谷地带和天山南北坡,5—8月出现最多,日循环峰值出现在午后至傍晚,其中强降水量占到年降水量的40%以上(杨莲梅等,2011)。新疆强降水是高、中纬西风带及低纬副热带环流多尺度系统相互作用的产物,降水成因十分复杂。影响新疆大范围强降水的环流背景是,大气高层为南亚高压双体型、中亚副热带长波槽和副热带西风急流偏南,中层为伊朗副高东伸北挺和西太副高西伸北抬,两高压之间为中亚低值系统,这种高、低空的大尺度环流系统的配置造成大范围强降水过程(杨莲梅等,2011)。

新疆强降水过程有特定的大尺度环流背景和复杂的水汽源地和输送路径,并与低纬阿拉伯海、孟加拉湾和热带印度洋水汽输送有联系,揭示造成新疆不同区域暴雨的水汽源汇结构、远距离接力输送和集中的机制,以及不同年代际背景新疆暴雨过程水汽源-汇结构的差异非常重要,以此作为切入点和突破口来分析新疆地区暴雨形成的机制,对增进对高、中、低纬系统相互作用过程对新疆影响的认识,提高我国内陆干旱区暴雨过程的预报预测水平有重要意义(杨莲梅等,2011)。

6.2　典型暴雨过程的水汽路径与源地模拟

水汽输送及来源影响着区域水分平衡,是影响降水,尤其是大降水过程的重要因子,水汽输送变化直接关系着降水天气与气候状况。强降水水汽输送有两个关键科学问题,一是造成强降水的水汽从何而来,即水汽的来源和路径;二是各路径水汽输送在强降水中的贡献大小(江志红等,2011)。定量确定强降水的水汽输送过程及路径是一个热点和难点问题(陈斌等,

2011）。因此,研究水汽输送过程及路径,揭示大气水分循环的机理,是大气水分循环研究的一个重要课题。

干旱区暴雨的形成和发展需要有充沛的外来水汽补给,因此暴雨过程中水汽来源及输送路径问题是暴雨形成机制及其预报的重要基础(蔡英等,2015)。受地形分隔的影响,中国干旱区各地的水汽输送源地和路径差别颇大,不仅西部和东部有差异,北部和南部也有一些差别(杨莲梅等,2011)。在全球变化背景下,干旱区的水汽输送路径更加复杂(杨莲梅等,2011)。选取典型暴雨过程,分析暴雨的落区和时段,利用轨迹模式模拟得到暴雨过程水汽输送路径及来源,然后定量分析不同水汽路径的贡献率,进一步加深对区域暴雨灾害中水汽输送路径的科学认识,研究结果对灾害预报和社会防灾减灾服务具有重要的现实意义。

6.2.1 拉格朗日轨迹模式介绍

目前,主要是基于欧拉方法来分析水汽输送特征,无法定量区分各水汽来源贡献,而拉格朗日方法可以通过模拟气团在一定时间内的三维运动轨迹,确定水汽源地,定量统计出各源地和路径的水汽输送贡献(杨浩等,2014)。常用的拉格朗日轨迹模式有 Hysplit 模式和 Flexpart 模式(Draxler et al.,1998;Stohl et al.,1998)。最初通过追踪气块在大气中输送的过程来确定水汽输送,进一步发展了拉格朗日方法确定水汽输送路径及其源区的研究(Wernli,1997;Nieto et al.,2006);Sodemann 等(2008)把该方法拓展到定量评估不同路径或源区对降水的相对贡献研究方面。

使用 NOAA 开发的供质点轨迹、扩散及沉降分析用的综合模式系统 HYSPLIT_v4(Hybrid Single Particle Lagrangian Integrated Trajectory Model),是采用拉格朗日方法计算的混合单粒子轨道模型。HYSPLIT_v4 模式中气流的移动轨迹是其在时间和空间上位置矢量的积分。假设气块随风飘动,以气块一个时间步长的运动为例,气块的最终位置由其初始位置和第一猜测位置之间的平均速度计算得到。HYSPLIT_4.9 模式采用的是地形坐标,故在输入气象数据时,垂直方向上要内插到地形追随坐标系统。更详细的模式信息请参考相关文献(Draxler et al.,1998)和网站(http://www.cdc.noaa.gov/climate diagnostics center)。

6.2.2 拉格朗日轨迹模式模拟方案

以 2004 年 7 月 17—21 日天山山区大暴雨过程为例,说明拉格朗日轨迹模式的模拟方案。2004 年 7 月 17—21 日天山山区出现了一次罕见的特大暴雨过程,影响范围广、降水强度大且持续时间长,造成严重的灾害损失(蒋军等,2005)。2004 年 7 月如此大强度、持续时间如此长的特大暴雨灾害所需的水汽究竟来源于哪里,不同水汽源地和输送路径所占比例如何,这些问题都有必要做进一步深入研究。

根据 2004 年 7 月 17—21 日新疆降水量分布,选择发生暴雨的区域,即选择的模拟区域为 40°—45°N,80°—90°E,大致在天山山区范围。初始场水平分辨率为 1°×1°,模拟空间的轨迹初始点为 66 个,模拟时间选取为 2004 年 7 月 17—21 日。天山山区平均海拔在 3500 m 以上,因此模拟初始高度选择对流层中下层的 700 hPa。模拟空气块后向追踪 11 d 的三维运动轨迹,并插值得到相应位置上空气块的物理属性(如相对湿度、温度等),每隔 6 h 所有轨迹初始点重新后向追踪模拟 11 d。

根据空间起始点和时间起始点,模式将给出大量轨迹,无法进行直观分析,而常用聚类分析。使用模式自带的簇分析方法,通过分析合并后所有簇的空间方差之和(TSV)的变化对轨迹进行聚类。

江志红等(2013)提出一种客观定量的轨迹分析方法,即气块追踪分析法,在水汽路径及贡献率分析方面得到较为广泛的应用。某一路径或源地水汽输送贡献率为

$$Q_s = \frac{\sum_1^m q_{last}}{\sum_1^n q_{last}} \times 100\% \qquad (6.1)$$

式中,Q_s 表示通道水汽贡献率,q_{last} 表示通道上最终位置的比湿,m 表示通道所包含轨迹条数,n 表示轨迹总数。

6.2.3　天山山区暴雨过程的水汽路径与源地模拟

(1)暴雨实况

2004 年 7 月 17—21 日新疆维吾尔自治区出现了一次罕见的特大暴雨过程,从过程雨量分布上可以看出,天山山区过程雨量达到暴雨量级,伊犁河谷地区出现特大暴雨,而在沿天山北坡一带、塔城等部分地区也出现中到大雨。根据新疆的暴雨标准,有 20 个站点的日降水量达到暴雨,其中伊宁、伊犁、霍城、炮台和莫索湾 5 个站点的日降水量打破历史极值,伊宁 19 日的降水量达到 62.9 mm。暴雨主要集中在 19 日 02:00 到 20 日 02:00,有 12 个站的过程降水量超过 48 mm,大部分在天山山区,最大过程降水量为 103.1 mm(伊宁)。因此,此次影响范围广、降水强度大及长的持续时间的暴雨降水主要以天山山区为主,即为天山山区型暴雨。

选取过程降雨量大于 25 mm 的 35 个气象站,降雨落区主要位于天山山区及其北坡,计算了区域平均降水的日变化。7 月 17 日开始出现较弱降水,19—20 日降水量迅速增多,随后降水量逐渐减少(图 6.1)。

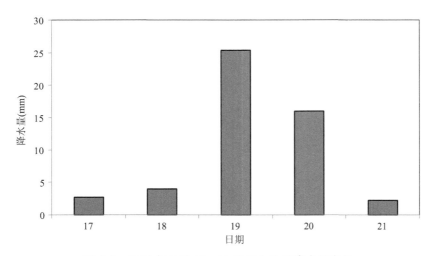

图 6.1　2004 年 7 月 17—21 日天山山区降水量变化

(2)暴雨过程的水汽通量及环流特征

在 500 hPa 环流图上(图 6.2a(彩)),由欧洲脊东移至乌拉尔山附近形成的乌拉尔脊是暴雨过程的主导系统,经向度大,脊顶伸向极区。受其东移带来的北方冷空气在中亚地区维持,形成中亚低涡,低涡向东南移动造成新疆的降水。在贝加尔湖南侧附近有高压脊维持。在北

半球中高纬地区形成的两脊一槽的环流形势为新疆大范围强降水提供有利条件。同时,南亚高压呈双体型,其中青藏高压位置偏西,而伊朗高压位置北移与乌拉尔山高压叠加;在对流层高层上空脊向北发展,而两脊之间的中亚低值系统南伸,形成了有利于暴雨的大尺度环流背景。而在对流层高层(图 6.2b(彩)),副热带西风急流自中亚向新疆呈西南—东北向发展,在急流北侧有气旋性切变。此外,在对流层中低层有来自蒙古附近地区的偏东低空急流,在新疆北部及天山上空与西来气流辐合(图 6.2c(彩))。

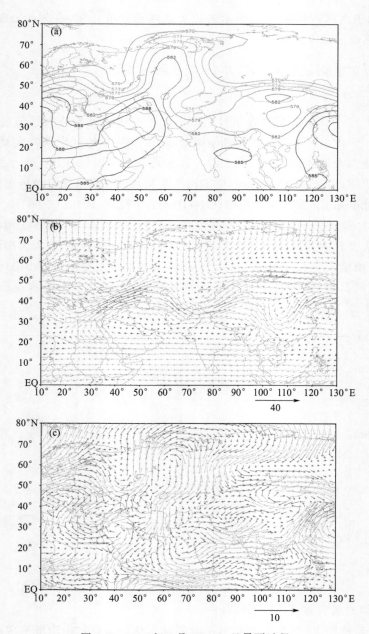

图 6.2　2004 年 7 月 17—21 日暴雨过程

(a)500 hPa 高度场(单位:gpm)和(b)200 hPa、(c)700 hPa 风场(单位:m/s)分布(另见彩图 6.2)

　　在暴雨发生前,新疆上空为较弱的西风水汽输送,而暴雨的水汽输送主要在中低层。在 700 hPa 上,水汽源区主要在阿拉伯海东北部和孟加拉湾附近地区,该水汽团在中亚低值系统的影响下,通过接力输送方式,与来自北方及东北方的冷空气团在巴尔喀什湖及以北地区汇合,由巴尔喀什湖地区进入新疆,说明巴尔喀什湖地区为此次暴雨水汽的次源地,即前人提到的"中转站"作用(杨莲梅等,2007)。西来水汽在新疆天山上空与由来自贝加尔湖地区西伸的偏东低空急流汇合,形成强辐合区,水汽通量散度达到最强。随着偏东低空急流的东移,水汽辐合区也随之移动,暴雨逐渐消弱。而在 500 hPa 上,来自青藏高原西部的偏南水汽输送增强;在中亚低值系统的推动下,水汽输送向东移动进入新疆,该水汽输送伴随着整个暴雨过程,说明在一定环流条件下,来自高原西侧的水汽输送通道对新疆强降水有重要的作用。Huang 等(2015)也证实该水汽输送通道是塔里木盆地的强降水的主要水汽输送路径之一。

　　水汽路径和源地只能代表水汽的输送量的多少,即水汽条件;而降水还取决于水汽的辐合,即动力条件。蒋军等(2005)诊断了此次特大暴雨过程的天气动力学机制,认为北方气流、西南气流以及偏东气流形成低层切变辐合区,高空强西南急流形成高层强辐散区,为特大暴雨上升运动的持续和发展提供了充足的动力条件。涡度平流随高度增加而形成的上升运动和高层强暖平流使高层辐散产生的上升运动,为大降水提供了更为有利的动力条件。

　　(3)暴雨过程水汽输送轨迹聚类分析

　　根据轨迹模拟方案,在 700 hPa 得到了 1584 条轨迹,图 6.3 给出了聚类分子中的 TSV 变化。分析发现 700 hPa 的 TSV 聚类到 3 条轨迹后出现了第二次迅速增加,得到 700 hPa 的水汽轨迹最终聚类为 3 条,即 700hPa 上的水汽路径主要有 3 条。北方路径有 2 条,其中 31% 的偏东轨迹(路径 1)来自鄂霍次克海和东西伯利亚地区,经东北路径越过蒙古上空进入新疆境内;22% 的偏北轨迹(路径 3)是从波罗的海沿岸的北冰洋而来,经过东西伯利亚和中亚巴尔喀什湖地区,从伊犁河谷和塔城等地区进入新疆;另一条是西方路径,占到 47%(路径 2),水汽轨迹从阿拉伯海东岸、地中海、里海等地区向东,经过中亚到达巴尔喀什湖以北地区,与来自北冰洋的北方路径相汇合后进入新疆。

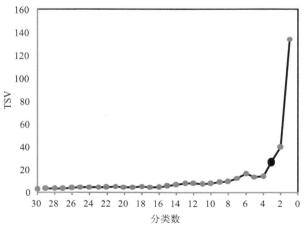

图 6.3　水汽输送轨迹聚类空间方差增长率

　　上述使用 HYSPLIT_v4 模拟得到了此次暴雨过程水汽输送路径,进一步证明了新疆天山地区暴雨水汽主要来自西方路径,其中巴尔喀什湖地区作为北来水汽和西来水汽输送的"中转站",具有特殊的地位。马禹等(1998)对新疆"96·7"特大暴雨的研究发现,水汽主要来自阿拉伯海东岸和孟加拉湾北岸,然后按"接力"的方式由源地输送到巴尔喀什湖地区,并称为"次源地";杨莲梅等(2007)从气候学角度分析了接力式水汽输送,证实了降水偏多年偏西和偏北路径水汽输送增强。此外,偏东路径在前人研究中也有提及,认为是由低空偏东急流输送导致的(张家宝等,1987;杨莲梅等,2011)。

(4)暴雨过程水汽输送路径追踪分析

水汽路径及其对应路径上的轨迹数量百分比,并不等于相关路径水汽输送的贡献率,这还与轨迹上空气的比湿密切相关(王佳津等,2015)。因此,结合气块追踪分析法,分别分析了2004年17—21日1 d、6 d和11 d的水汽输送过程中相应的物理量(温度和相对湿度)属性(图6.4)。

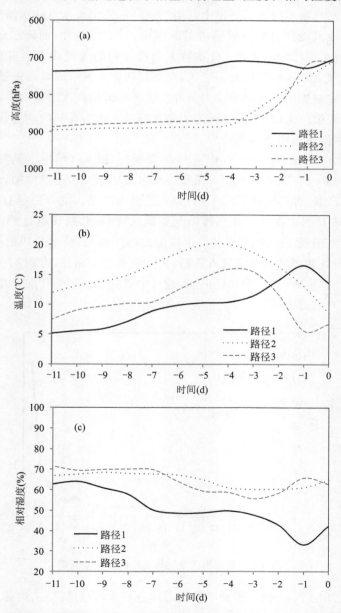

图6.4 水汽输送过程中水汽路径的(a)高度变化;(b)温度变化;(c)相对湿度变化

1 d 前研究区域的大部分水汽主要位于目标地区及其周围一带,高度均在 700~800 hPa,向北可以追踪到阿拉湖、塔城及以北地区,温度在 5~13 ℃,相对湿度在 60% 以上;向东追踪到东天山以北地区,温度在 16 ℃ 以上,相对湿度在 30% 左右。6 d(－6 d)前主要水汽来源出现在中亚巴尔喀什湖及以北的西西伯利亚地区一带的低层,高度在 900 hPa 左右,温度在 12~18 ℃,相对湿度在 65% 左右;向东追踪到我国东北及东西伯利亚东部地区,高度在 700 hPa,温度在 10 ℃ 以下,且相对湿度在 50% 左右。11 d(－11 d)前向北水汽来源主要出现在波罗的海和北冰洋周边海区,在 900 hPa 高度左右,温度在 7 ℃ 左右,相对湿度在 70% 以上;向西水汽来源主要出现在里海和黑海附近地区,高度也在 900 hPa 左右,温度在 10 ℃ 以上,相对湿度在 65% 左右;另一个水汽源地在鄂霍次克海以东地区,在 700 hPa 高度左右,温度较低。

图 6.4 给出了不同路径和源地的水汽输送过程中高度、温度和相对湿度的演变情况,可以看出,源自欧亚大陆东北部的气块主要来自 700 hPa 左右的对流层中层,气块的初始温度和湿度均最低,在向西输送过程中温度逐渐升高,而湿度在输送过程中下降明显,气块在到达新疆上空时携带的水汽有限。源自波罗的海、北冰洋沿岸及里海、黑海等的气块主要来自 900 hPa 的贴近海平面的高度,由于水面的蒸发作用,气块携带的水汽较多,在输送过程中温度逐渐升高,而依然保持原有的湿度不变;在翻越阿尔泰山、天山的过程中,由于地形的影响使得气块的高度升高,气块的温度明显下降,湿度略有降低。因此,携带较为丰富的水汽,在地形和环流配置条件下可形成暴雨乃至特大暴雨。

通过气块轨迹后向追踪分析,发现这次新疆天山暴雨过程的水汽源地主要有三个,分别是鄂霍次克海以东的东西伯利亚地区、波罗的海—北冰洋沿岸、阿拉伯海以北—里海地区。结合聚类分析得出的水汽路径可知,偏东路径的水汽主要来自鄂霍次克海以东地区的冷空气,水汽贡献率较低;偏西路径的水汽是来自阿拉伯海以北—里海—巴尔喀什湖地区一线的低层暖空气,是暴雨水汽的主要来源;而偏北路径的水汽来自波罗的海—北冰洋沿岸的冷空气,在巴尔喀什湖附近地区与偏西路径的水汽汇合,对暴雨的水汽有很大的贡献。

(5)暴雨过程水汽输送路径贡献率

为进一步定量地区分不同源地的水汽输送贡献,将其划分为鄂霍次克海以东地区、阿拉伯海以北—里海—巴尔喀什湖地区、波罗的海—北冰洋沿岸地区三个源地。

图 6.5 给出了此次暴雨中各源地及对应路径的空气块携带的水汽输送贡献率。此次暴雨超过 50% 的水汽来自阿拉伯海以北—里海—巴尔喀什湖地区的偏西路径的水汽输送贡献,其次是来自波罗的海—北冰洋沿岸地区的偏北水汽路径,占到 26%;来自鄂霍次克海以东地区的偏东路径为 21%。可见,此次大暴雨的水汽输送主要来自新疆以西的里海和巴尔喀什湖地区,而西南的暖湿气流对上述源地有重要的水汽贡献。可以推测,来自印度洋、阿拉伯海的暖湿水汽输送可以间接的输送到新疆地区,这在杨莲梅等(2007)从欧拉观点的角度出发的研究中得到证实。

6.2.4　新疆东部暴雨过程水汽路径与源地模拟

(1)暴雨实况

2007 年 7 月 15—18 日,新疆东部地区发生一次特大暴雨过程,暴雨主要发生在天山东部和北部地区,有三个暴雨中心:一是东天山积北地区,地形复杂;二是新疆北部的和布克赛尔;第三个在新疆东南部,邻近塔克拉玛干沙漠,气候异常干燥。此次降水过程最大降雨量超

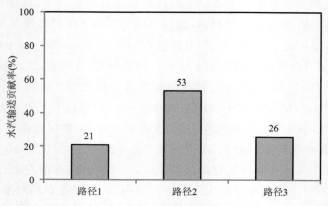

图 6.5　不同水汽路径对暴雨降水的贡献率

过 110 mm,有 20 个气象观测站点的记录达到暴雨等级,其中有 6 个站点打破当地观测历史记录,分别是:乌鲁木齐站,75.4 mm;小渠子站,58.2 mm;奇台站,58.4 mm;吉木萨尔站,58.2 mm;和布克赛尔,61.5 mm;伊吾,56.0 mm,分别占到该站 2007 年累积降水量的 18%、7.6%、20%、16.8%、21.5% 和 34.5%。表 6.1 列出了此次暴雨极端站点的信息。和布克赛尔最大小时降水量发生在 17 日 16:00,小时雨量为 52.1 mm。

表 6.1　2007 年 7 月极端降水站点信息

站号	站名	日期	降水量(mm)	占年降水的比例 (2007 年)(%)	历史排名 (1961—2008 年)
51470	天池	17	101	12.0	2
51463	乌鲁木齐	17	75.4	18.0	1
51156	和布克赛尔	17	61.5	21.5	1
51379	奇台	17	58.4	20.0	1
51378	吉木萨尔	17	58.2	16.8	1
51465	小渠子	17	58.2	7.6	1
52118	伊吾	17	56	34.5	1
52101	巴里坤	17	49.7	14.5	/
51482	木垒	17	45.8	9.1	2
51642	轮台	16	39.9	49.5	/
51855	且末	16	31.1	57.3	2
51777	若羌	16	25.7	37.6	/
52203	哈密	17	21.8	39.1	2

　(2)环流形势和水汽输送、收支特征

　2007 年 7 月 15—18 日欧亚大陆大气环流(图 6.6(彩))分析发现:200 hPa 副热带西风急流呈西南向,急流北侧中亚地区形成气旋性切变形成中亚副热带大槽;贝加尔湖或南侧高压脊维持,中高纬度两脊一槽的环流形势构成了大降水的有利条件;同时,南亚高压呈双体型,一个中心位于伊朗高压,另一位于青藏高原,脊线位于 30°N 附近,大尺度环流为大降水提供了有利的条件。对流层深厚的中亚低涡东南移造成新疆降水,是导致新疆暴雨的主导系统。同

140

时,在 700 hPa 风场发现河西走廊或蒙古向新疆伸展的偏东低空急流(LLEJ),它与中亚的西
风气流在新疆上空产生辐合,在暴雨过程中扮演了非常重要的作用。

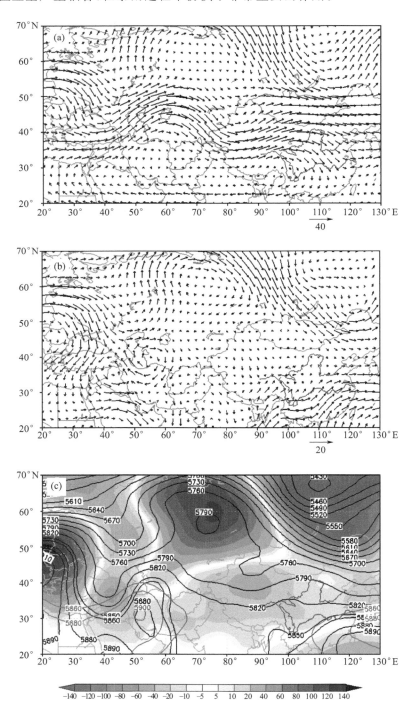

图 6.6　2007 年 7 月 14 日 00:00(世界时,下同)至 7 月 18 日 00:00 的(a)200 hPa 风矢量
(单位:m/s)、(b)700 hPa 风矢量(单位:m/s)、(c)500 hPa 位势高度(等高线,单位:dagpm)和异常场
(阴影,单位:dagpm)。红线代表 5880 线(另见彩图 6.6)

在暴雨发生的初始阶段,15 日 14:00 蒙古至华北的高压发展,导致河西走廊突然出现低空偏东急流,并向新疆输送少量水汽。随着华北高压发展,从 16 日 02:00 低空偏东急流增强,同时,新疆出现 3 个辐合中心,分别是天山中部、东疆和新疆东南部,并对应 3 个暴雨中心。偏东水汽来自于孟加拉湾,印度季风从孟加拉湾向东北输送大量水汽,其中一部分到达甘肃东部,在低空偏东急流的引导下向新疆输送,此外,西北、东北、西风和东风气流在新疆偏东地区汇合产生强降水,16 日 02:00 天山中部出现最大水汽通量散度达 $-6.0 \times 10^{-5} g/(m^2 \cdot s)$,从 16 日 14:00—17 日 20:00 中天山至东天山和新疆东南部出现强水汽通量辐合区,与暴雨中心一致。上述分析表明,孟加拉湾水汽在一定环流条件下能向新疆传输并影响新疆暴雨的形成。

从大尺度环流看,强降水期间印度至新疆为平均槽区,500 hPa 水汽通量表现为青藏高原向北的水汽输送,从 14 日 08:00—15 日 08:00 在新疆东部脊的引导下青藏高原水汽向新疆输送使得新疆上空增湿,随着中亚低涡的东移水汽呈西南向输送,这进一步表明在一定的环流形势下青藏高原水汽能向北输送进入新疆。

垂直积分水汽通量场(图 6.7(彩))显示,存在西北、东北、西方和东方的水汽输送路径,水汽辐合区位于西天山、东天山和新疆东南部,水汽通量散度分别达 $-5.5 \times 10^{-5} kg/(s \cdot m^2)$、$-5.2 \times 10^{-5} kg/(s \cdot m^2)$ 和 $-14.0 \times 10^{-5} kg/(s \cdot m^2)$,对应于三个暴雨中心。这与 700 hPa 水汽输送路径非常一致。偏东的水汽输送源自于孟加拉湾和阿拉伯海,印度季风向东北方向输送充沛的水汽,其中一部分在低空偏东急流的引导下向新疆输送,500 hPa 以上存在青藏高原向新疆的水汽输送。

对流层各层各边界水汽收支(图 6.8(彩))表明,水汽输入主要有 500 hPa 以下西边界、500 hPa 以上南边界、700 hPa 以下北边界和 500 hPa 以下东边界,从 7 月 15 日 08:00—18 日 02:00 这四个边界的水汽输入量分别为 1.07 亿 t、0.91 亿 t、0.60 亿 t 和 0.25 亿 t。虽然西边界的输入最多,但南边界输入量接近西边界,北边界和东边界输入量之和为西边界的 79.8%,东、南和北边界水汽输入量之和达 1.76 亿 t,远远超出西边界输入量,此外西边界输入量随着暴雨持续是减小的。上述表明在此类暴雨过程中东、南、北边界水汽输入扮演了重要作用,尤其青藏高原的偏南水汽输入是非常充沛的。

(3)暴雨过程水汽输送轨迹聚类分析

根据轨迹模拟方案,结合聚类分子中的 TSV 变化,发现 700 hPa 的 TSV 聚类到 4 条轨迹后出现了迅速增加,得到 700 hPa 的水汽轨迹最终聚类为 4 条,即 700 hPa 上的水汽路径主要有 4 条(图 6.9)。来自海洋的路径有 3 条(a 组、c 组和 d 组),轨迹贡献率分别为 38%、7% 和 10%。a 组轨迹从大西洋到欧洲大陆和里海北部,最终到达新疆;c 组水汽源于北大西洋和波罗的海,穿越欧亚大陆和巴尔喀什湖后到达东天山地区;d 组水汽起源于北冰洋,穿越西伯利亚地区后到达新疆北部。此外,来自欧亚大陆(b 组)的水汽路径约占轨迹数的 45%。上述分析发现,来自大西洋、欧亚大陆以及内陆地区的水汽路径占总路径的 83%。这些发现与欧拉分析的结果是一致的。

图 6.10 给出了不同路径和源地的水汽输送过程中高度、温度和相对湿度的演变情况,可以看出,源自偏南路径的水汽在对流层低层,气块的初始温度和湿度均较高;在 2 d 前温度逐渐降低,湿度增加,表明经历了潮湿的气流翻越了天山。偏北路径的水汽源自北大西洋、波罗的海、北冰洋地区,湿度高且温度低,在途经内陆干旱区的过程中,温度骤升而湿度骤降。在过

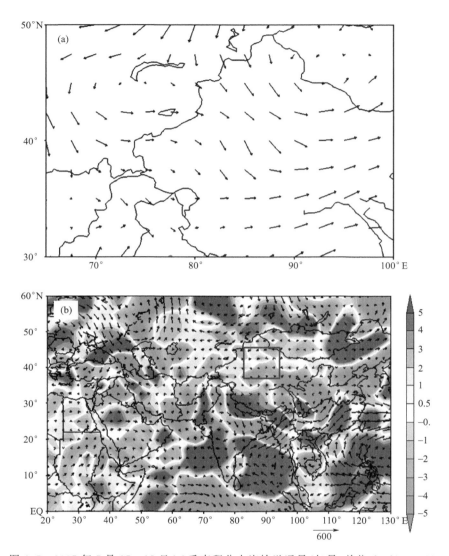

图 6.7 2007 年 7 月 15—18 日(a)垂直积分水汽输送通量(矢量,单位:kg/(s·m));
(b)距平(向量,单位:kg/(s·m))和散度异常(阴影,单位:10^{-5} kg/(s·m^2))(另见彩图 6.7)

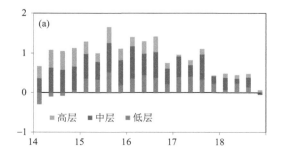

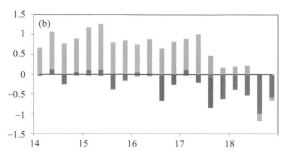

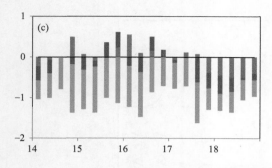
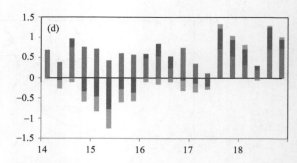

图 6.8　各边界不同高度层水汽输送通量收支(单位:10⁹ t)

(a)西边界;(b)南边界;(c)东边界;(d)北边界,其中高层是 500～300 hPa,

中层是 700～500 hPa,低层是地表至 700 hPa(另见彩图 6.8)

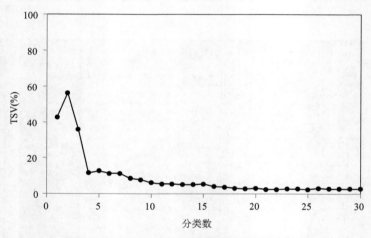

图 6.9　水汽输送轨迹聚类空间方差增长率

去的几个小时内,随着湿度的急剧增加和温度的轻微下降而上升,但对极端事件的影响很小。

(4)暴雨过程水汽输送路径贡献率

为进一步定量地区分不同源地的水汽输送贡献,将其划分为欧洲大陆—地中海—里海地区、中亚和内陆地区、北大西洋和波罗的海地区三个源地。造成新疆东部暴雨的主要水源地为欧洲大陆—地中海—里海地区(A)和中亚及内陆地区(B),分别占水汽源地的 37％和 44％。北大西洋—波罗的海区域(C)和北冰洋区域(D)的水汽源地分别占 8％和 11％。

轨迹模拟发现,大部分上层水汽经过青藏高原,进入新疆东部,该路径水汽起源于阿拉伯海地区,通过独特的大气环流模式输送到目标地区。此外,超过一半的中层水汽来自北大西洋、北冰洋、欧亚大陆西部和西北部输送至新疆北部。因此,除北大西洋、北冰洋和欧亚大陆外,源自阿拉伯海地区的偏南水汽已成为新疆东部地区极端降水的重要水汽来源之一。

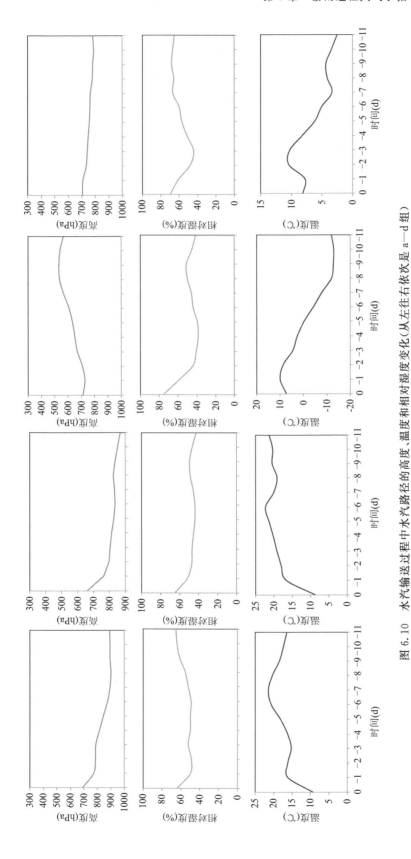

图 6.10　水汽输送过程中水汽路径的高度、温度和相对湿度变化(从左往右依次是 a~d 组)

第7章 西北干旱区西部气候干湿转折变化

7.1 常用干湿指数简介

7.1.1 常用的干湿指数

由于气候变暖及人类活动加剧,气象灾害对全球粮食、水资源和生态安全及人类可持续发展的威胁日益突出,对干湿变化监测、预警、影响评估及应急管理能力提出了严峻挑战。如何及时、有效地监测预警和预测干旱的发生和发展,如何客观、准确地评估干旱影响程度和范围,如何科学、有力地应对干旱危害等问题至今仍然是摆在我们面前的重要科学课题(张强等,2011)。

目前,国际上已有100多种监测指数来定量表征干旱。从发展来看,干旱监测技术经历了以下发展阶段(张强等,2011)。①仅依赖降水的单要素阶段:如降水距平、降水天数等;②降水与温度要素结合阶段:主要在监测中引入了气温要素,如 Thornthwaite 提出的降水效率指数,用降水和蒸发的比率表示,但和干旱区概念混淆;③针对农业的干旱监测技术发展阶段:开始关注土壤水分变化,如农业干旱日、前期降水指数、充足水分指数等,开展针对农业干旱问题的初步应用;④Plamer 干旱指数时代:是干旱指数发展史上的一个重要里程碑,该指数将前期降水、水分供给和水分需求等结合起来,采用了气候适宜条件标准化计算,并在空间和时间上具有可比性;该指数物理意义明确,实用效果也较理想;Plamer 指数虽然以完善的水分平衡模式为物理基础,但在非半干燥和半湿润气候区效果不佳;⑤专门用途的监测阶段:针对某些行业的干旱监测,如用于火灾管控的干旱指数、地表供水指数、水文干旱指数等;⑥标准化指数发展阶段:如标准降水指数 SPI、我国国家标准干旱指数 CI、标准降水蒸发指数 SPEI 等;⑦新技术和技术集成阶段:遥感卫星监测技术和手段的运用,更加多样化,还包括基于多指数和多技术集合的干旱监测系统,如欧洲干旱观察 EDO 等。

目前,国际干旱监测技术正在向信息综合和技术集成的方向发展。可以最大化利用现有的丰富信息资源和新技术,但物理基础依然薄弱。需要发展更理想的干旱监测指数,建立专业化干旱观测系统,开展多尺度影响评估。

7.1.2 标准降水蒸发指数——SPEI

在全球变暖背景下,增温对干旱的影响日益明显,而 SPEI 指数考虑了气温变化对干旱的影响。SPEI 指数的计算程序软件来自西班牙 CSIC 机构(http://digital.csic.es/),计算过程包括以下四个步骤(Vicente-serrano et al.,2010)。

(1)计算气候水平衡量:

气候水平衡量 D_i 即降水量 P_i 与潜在蒸散发量 PET_i 之差,

$$D_i = P_i - PET_i \tag{7.1}$$

式中,PET 利用 Thornthwaite 方法计算得到。

（2）建立不同时间尺度的气候水平衡累积序列：

$$D_n^k = \sum_{i=0}^{k-1}(P_{n-i}-PET_{n-i}), n \geqslant k \tag{7.2}$$

式中,k 为时间尺度,一般为月,n 为计算次数。

（3）采用 log-logistic 概率密度函数拟合建立数据序列：

$$f(x) = \frac{\beta}{\alpha}\left(\frac{\chi-\gamma}{\alpha}\right)^{\beta-1}\left[1+\left(\frac{\chi-\gamma}{\alpha}\right)^{\beta}\right]^{-2} \tag{7.3}$$

式中,α 为尺度系数,β 为形状系数,γ 为 origin 参数,可通过 L-矩参数估计方法求得。因此,给定时间尺度的累积概率为

$$F(x) = \left[1+\left(\frac{\alpha}{\chi-\gamma}\right)^{\beta}\right]^{-1} \tag{7.4}$$

（4）对累积概率密度进行标准正态分布转换,获取相应的 SPEI 时间变化序列：

$$SPEI = W - \frac{C_0+C_1W+C_2W^2}{1+d_1W+d_2W^2+d_3W^3} \tag{7.5}$$

式中,W 是一个参数,其值为 $W=\sqrt{-2\ln(P)}$。P 是超过确定水分盈亏的概率,当 $P\leqslant0.5$ 时,$P=1-F(x)$；当 $P>0.5$ 时,$P=1-P$,SPEI 的符号被逆转。其他常数项分别为 $C_0=2.515517$,$C_1=2.515517$,$C_2=2.515517$,$d_1=2.515517$,$d_2=2.515517$,$d_3=2.515517$。

综上所述,SPEI 指数不仅具有多时间尺度特征,而且考虑了气温的敏感性影响,在变暖背景下干湿分析中具有明显的优势。

潜在蒸散发量（PET）是计算 SPEI 干旱指数的关键变量。本数据集采用 Thornthwaite 方法（Thornthwaite,1948）计算 PET,具体如下：

$$PET = \begin{cases} 0 & T<0 \\ 16\left(\dfrac{N}{12}\right)\left(\dfrac{NDM}{30}\right)\left(\dfrac{10T}{I}\right)^m & 0\leqslant T<26.5 \\ -415.85+32.24T-0.43T^2 & T\geqslant26.5 \end{cases} \tag{7.6}$$

式中,T 为逐月平均温度,N 为最大日照时数,NDM 为逐月的日数,I 为年热量指数,是用每年 12 个月的月热量指数求和得到。年热量指数的计算为：

$$I = \sum_{i=1}^{12}\left(\frac{T}{5}\right)^{1.514} \qquad T>0 \tag{7.7}$$

m 是与 I 有关的系数,可得到：

$$m = 6.75\times10^{-7}I^3 - 7.71\times10^{-5}I^2 + 1.79\times10^{-2}I + 0.492 \tag{7.8}$$

利用 Thornthwaite 方法计算 PET,所需的计算变量少,方法简单易行,因此应用广泛。

表 7.1　标准化干旱指数 SPI/SPEI 的划分标准

	极端干旱	中等干旱	轻度干旱	正常	轻度湿润	中等湿润	极端湿润
SPI/SPEI 值	$\leqslant-2.0$	$-2.0\sim-1.0$	$-1.0\sim-0.5$	$-0.5\sim0.5$	$0.5\sim1.0$	$1.0\sim2.0$	$\geqslant2.0$

7.1.3　SPEI 干湿指数数据集

干旱是气象灾害中最为严重的灾害之一,它具有出现频率高、持续时间长、波及范围大的特点,

因此备受科学界和社会的关注(杨庆等,2017;张强等,2011;Dai,2012)。近年来,随着全球变暖的不断加剧,极端天气气候事件频繁出现,干旱的发生频率和强度明显增加,不但给人类带来巨大的经济损失,还会造成水资源短缺、荒漠化加剧和沙尘暴频发等生态问题,对干旱区的影响更加明显(苏宏新等,2012;张利利等,2017)。随着国家"一带一路"倡议的实施,新疆作为"丝绸之路经济带"核心区,备受关注。新疆地处亚洲中部干旱区,地形复杂,生态环境极其脆弱,抵御灾害的能力较低,是全球气候变暖的敏感区和强烈影响区(Yao et al.,2018)。随着全球气候变暖导致水循环过程加剧,新疆气候有明显改变,引起了广泛关注(Yao et al.,2018)。21世纪初,施雅风院士提出了西北干旱区气候呈现"暖湿化"特征,其中干旱区西部(新疆)更加明显。21世纪以来,新疆气候发生明显变化,表现为气温出现跃变式升高且维持高温波动,降水量呈微弱的减少趋势,这势必对区域干湿气候变化产生重要影响。干旱具有多时空尺度的特征。气象干旱是干旱的本质,其他干旱都是气象干旱引发的结果(Dai,2011)。气象干旱变化分析需气象观测资料作为基础数据。

目前,观测资料内容虽全面,涉及干湿气候表征的有降水、水汽压、相对湿度等要素,但单个要素并不能全面反映干湿状况,不利于直观分析干旱气候变化。基于气象观测资料,能够计算出一些可以综合表征区域干湿气候变化的指标,统称为干旱指数。降水和蒸发变化是影响干湿气候形成的两个最主要驱动因子,标准化降水蒸散指数(SPEI)综合考虑了降水和蒸发作用,且具有多尺度特征,能够在不同时间尺度上合理地评估干湿变化(Vicente-serrano et al.,2010)。利用SPEI指数不仅可以直观反映区域干湿分布与变化趋势,而且能够反映不同尺度的干旱变化情况(Yao et al.,2018)。因此,提供支持新疆地区干湿气候研究的SPEI多时间尺度干旱指数数据十分必要。

(1)数据采集和处理方法

所采用的原始气象站观测资料来源于中国气象科学数据共享服务网(http://data.cma.cn/),气象观测站点主要分布于新疆维吾尔自治区主要绿洲区域,山区和沙漠腹地站点稀少,大部分气象观测站高程范围在200～1500 m,跨越了高原温带、暖温带、中温带和亚寒带4个温度带。选取了55个地面气象观测站观测数据,选用的新疆区域气象站点及其空间高程分布如图7.1(彩)所示。

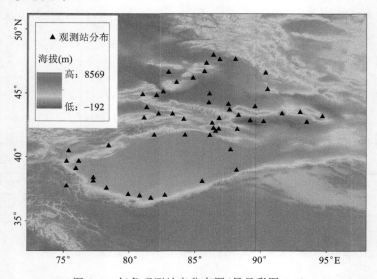

图7.1　气象观测站点分布图(另见彩图7.1)

数据生产流程共分为 4 部分:数据预处理、计算潜在蒸散发量、计算标准化降水蒸散发指数(SPEI)和整理干旱指数结果,整体流程如图 7.2 所示。

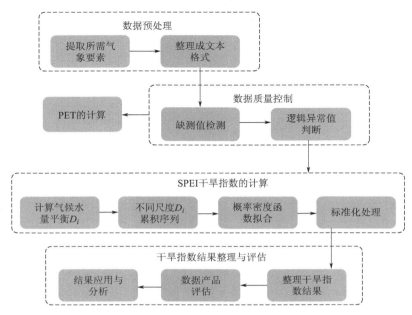

图 7.2　干旱指数生产流程

原始气象观测站点数据来源于国家气象信息中心,选取新疆 76 个国家基准站 1961—2015 年逐日气温和降水数据。同时对逐日气温数据进行平均,对逐次降水量数据进行求和,获得逐月数据。另剔除了连续缺测 3 个月以上的台站记录,最终获得了 55 个气象观测站的观测记录。提取每个站点 1961—2015 年逐月气温和降水量的全部记录,并按年月依次排序,输出以 55 个站点名命名的 ASCII 格式文本文件,便于满足后续计算干旱指数的数据需求。

干旱具有多尺度特征,不同时间尺度对不同受灾体的影响存在差异。因此,选取不同时间尺度,可以反映不同类型的干旱状况。如 3 个月时间尺度可以反映气象干旱,6 个月时间尺度可以反映农业生态干旱,而 12 个月时间尺度则反映水文干旱(Yao et al.,2018)。因此,主要选取 1、3、6、12、24 和 48 个月时间尺度,来计算不同时间尺度各站逐月干旱指数。

(2)数据样本

本数据集包含新疆区域 55 个站点、6 个时间尺度的干旱指数结果文件,为了便于计算处理与应用,存储为 xlsx 格式文件,结果文件以时间尺度命名,例如 SPEI-3.xlsx。每个指数结果文件均包含 4 个属性值:年份、月份、SPEI 值和对应站点 WMO 编号(如 51053)。每个表格按照 2×2 的矩阵排列,其中第一列为年份,第二列为月份;第一行是站点对应的世界气象组织(WMO)统一的气象站点编号,矩阵值为对应时间尺度的 SPEI 干旱指数,如图 7.3 所示。

(3)数据质量控制和评估

数据质量控制是计算测站 SPEI 干旱指数的必要步骤,测站原始观测数据的异常值及错误会导致计算干旱指数错误,影响数据集后续应用分析。数据质量控制主要包括对原始数据的特殊值的处理,以及在干旱指数计算过程中通过软件自动识别和人工校检的手段,对数据进

	A	B	C	D	E	F	G	H	I	J	K	L
1	Year	Month	51053	51059	51060	51076	51133	51156	51186	51232	51238	51241
2	1961	1	0.451377	-1.05883	-0.35914	-0.63745	0.265347	0.033399	0.242444	-1.34562	-0.60078	0.659608
3	1961	2	-1.05463	-1.3851	0.182839	-0.4711	0.017373	-1.1936	-0.85003	-1.51559	-1.45487	-0.90015
4	1961	3	-0.7877	-1.04958	-0.4765	-1.0376	-0.79422	-0.08988	-0.67001	-1.20854	0.018886	-0.52963
5	1961	4	-1.57419	-1.69811	-1.65779	-1.93683	-1.03894	-1.51117	-1.35285	-1.5836	-0.10915	-1.48424
6	1961	5	1.137474	1.184334	0.817694	1.293018	-0.31134	-0.53098	0.996862	-0.5375	-0.97146	-0.87557
7	1961	6	1.133956	0.833178	1.241252	0.60755	0.856201	0.305578	0.308915	0.882249	-0.05356	0.075259
8	1961	7	1.777661	1.479424	1.557746	1.358591	1.349435	0.989334	1.336652	0.575876	0.062162	1.446251
9	1961	8	2.04347	1.154908	1.043115	1.117112	1.129838	0.795601	1.429387	1.864832	1.032901	0.652998
10	1961	9	0.30128	-0.06954	-0.05354	-0.27347	0.100434	0.483	-0.30233	1.36211	-0.00022	0.246149
11	1961	10	1.729211	1.092034	1.450404	1.624899	1.810204	1.703465	1.357393	0.801943	0.856063	1.828072
12	1961	11	-0.2435	-1.75447	-0.99602	-0.82794	-0.86224	-1.32181	-0.99466	-0.73873	-0.08324	0.082044
13	1961	12	-1.11712	-1.05719	-1.53126	-1.48205	-1.61549	-1.2747	-1.22224	-0.6574	-1.2265	-1.61643
14	1962	1	-0.20689	0.178962	-0.38931	-0.80306	-0.21274	1.962284	-0.6452	0.804058	0.361711	0.949841
15	1962	2	-0.98156	-0.74362	-0.75099	-1.32106	-1.20574	-0.98773	-1.12009	-1.08674	-0.95861	-0.48757
16	1962	3	0.314799	-0.34081	0.368728	0.011094	-1.27563	0.449997	0.046483	-1.29357	-1.07896	-0.16155
17	1962	4	0.053265	-0.32556	-0.63595	-0.82617	-0.1407	-0.43942	-0.3382	-0.29364	0.320178	-0.27371
18	1962	5	-1.6369	-1.1749	-1.59646	-1.93837	-1.56718	-1.52694	-1.84445	-1.26854	-0.36666	-0.86816
19	1962	6	-0.99806	-0.89759	-1.66675	-1.69536	-0.62416	-0.87078	0.611374	-0.69977	0.407381	-0.47584
20	1962	7	-0.90593	-1.26273	-1.7038	-2.04245	-0.72253	0.869509	-0.09152	-1.31129	-1.18198	-1.02301
21	1962	8	-1.55951	-0.8805	-2.58585	-3.02199	-1.46841	-1.17819	-1.85135	-0.86619	-0.8152	-1.18102
22	1962	9	-1.30927	-1.45068	-2.14991	-1.96488	0.210867	-0.9501	-0.08681	-0.58575	0.027212	-0.21541
23	1962	10	-0.4815	0.120253	-0.75555	-0.81721	-0.37381	-0.1267	-0.0142	-0.18829	-0.63202	0.951333
24	1962	11	-0.4839	-0.30912	0.164872	-0.34666	-0.06471	-0.3558	-0.53366	-0.38952	0.688038	-0.51798
25	1962	12	0.914215	-0.63942	-1.19863	-0.01478	1.071206	-0.49823	-0.48316	-0.28932	-1.28892	-0.79762
26	1963	1	-1.45951	-1.81276	-1.60003	-1.57255	-1.91549	-0.86387	-1.36746	-1.49935	-1.66415	-1.32144
27	1963	2	0.004267	0.10814	0.035023	-0.12408	0.226165	0.008295	-0.80813	-0.97322	-0.95861	0.095262
28	1963	3	1	-1.40232	1.#QNAN	1.#QNAN	-1.09745	-2.869	1.#QNAN	-1.90011	0.192297	-1.87965
29	1963	4	1.478644	1.160303	1.285905	1.307449	1.177083	1.796071	1.155931	1.735137	0.842108	2.107757
30	1963	5	0.045664	0.564827	0.285341	0.040983	-0.05216	0.167118	-0.41253	-0.44191	-0.77325	0.021638
31	1963	6	0.43415	0.326687	-0.446	-0.26526	1.133206	0.138664	0.240337	-0.07941	0.30854	0.111373

	M	N	O	P	Q	R	S	T	U	V
1	51243	51288	51330	51353	51356	51365	51379	51431	51435	51436
2	-1.40824	-0.18769	0.291418	-0.65898	1.993597	-1.03848	-0.27705	-0.22234	-0.49441	-0.71017
3	-1.03615	-0.77449	-1.33298	0.243653	-1.22824	-1.29784	-1.19064	-0.53325	-0.03785	-0.59389
4	-0.92467	-0.51275	1.029068	-0.6098	-0.59664	-0.57918	-0.37634	0.586502	0.465062	-0.09245
5	-1.72344	-1.44041	-0.94057	-0.74401	-1.17493	-1.72491	-1.48739	-0.50801	-1.00323	-1.4557
6	-0.73698	1.370382	-1.595	0.650206	0.619471	0.159572	1.142902	-1.59547	-1.22034	-0.74907
7	0.436363	0.379124	-0.16306	-0.0383	0.229892	-0.75198	-0.1076	0.007418	-0.74642	-1.40048
8	1.245355	2.021402	-0.76211	0.968849	1.277951	0.892841	1.054078	0.681599	0.913081	-0.05323
9	0.930276	1.82068	1.148521	1.236387	1.461642	1.533557	1.282116	1.230759	0.866632	1.364552
10	0.588437	-0.49241	-1.1514	0.393066	0.800089	-0.54091	-0.28217	1.489423	-0.10254	1.730435
11	1.632122	1.814141	0.871744	1.439643	0.95614	1.569744	1.144277	0.75569	1.060546	0.189735
12	-0.6498	-0.69656	0.644326	-0.66555	-0.00339	0.818528	-0.69701	-0.53933	-0.25991	-0.97926
13	-0.37089	-1.00043	-1.20065	-1.17613	-1.44664	-1.5962	-1.59186	-1.66635	-1.49279	-1.5431
14	0.882957	-0.63197	0.791505	1.275205	0.407679	0.614949	-0.51896	-0.01859	0.165743	-0.65693
15	-0.5825	-0.87208	-1.11817	-0.48321	-0.81046	-0.3874	-1.08596	-1.79766	-2.10894	-1.89056
16	-1.27586	0.200668	-0.93028	-0.60841	-0.71617	-0.85766	-1.57277	-1.93948	-1.2722	-1.78437
17	-0.37391	0.417268	-0.84393	0.041781	0.704689	-0.05451	-0.20557	-0.38482	-0.26041	0.502445
18	-1.39636	-1.92523	0.289572	-1.18282	-1.89423	-2.06269	-1.99716	-1.08686	-0.92315	-1.62238
19	-1.09496	0.257376	-0.47094	-0.64786	-1.10517	-0.10302	-1.67648	1.888927	0.144223	0.144452
20	-1.10964	-1.26415	-1.32888	-0.30477	-0.60704	-2.18082	-2.36545	0.145631	-1.42272	-1.54222
21	-1.21185	-1.76165	-0.60789	-1.06343	-0.44041	-2.6775	-1.80288	-1.35544	-1.23961	-1.27646
22	-0.99721	0.276457	0.82158	0.144255	-0.30583	0.626799	0.79828	0.642387	0.581736	0.676721
23	-0.54123	-0.22719	-0.92606	-0.4273	-0.01309	0.203877	-0.8448	-0.81484	-0.97453	-0.63441
24	0.594045	-1.00898	0.69623	0.402615	0.477835	-0.60799	-0.5627	0.495643	0.634142	0.404203
25	-1.58337	-0.9294	-1.28529	-0.63703	-0.9848	-0.18457	-1.24948	-1.00931	-1.06029	-1.6144
26	-1.35884	-0.63197	-1.77447	-1.49001	-1.65582	-1.83772	-1.69624	-2.08851	-1.59519	-1.66656
27	0.164455	-0.87208	-1.37746	-0.80065	-0.10124	-1.52921	-0.83823	-0.90798	-0.5985	-0.15414
28	-2.30379	-2.00593	-0.57668	-1.4255	-1.19292	-1.85587	-2.77727	-0.46542	-1.0227	-1.18216
29	2.010402	0.967515	0.955757	1.357137	0.67134	1.086159	0.703561	0.236626	1.680217	1.014695
30	0.130862	-0.68523	-0.04143	-0.35683	-0.46461	-0.78841	-0.94999	0.265958	0.800186	0.15879
31	0.287718	-0.21078	-1.61426	1.557262	1.40532	0.836748	1.275522	-0.68374	0.584324	0.570282

SPEI-1

图 7.3　SPEI-1 数据样本

行严格质量控制。新疆气象信息中心对原始数据进行了初步质量控制。首先，检测每个站点逐日气温和降水量数据是否存在缺测，缺测超过 3 个月自动剔除；其次，进行了逻辑异常值的判断，日平均气温利用日最低和最高温度进行检测，降水量不能小于 0 mm。经过数据质量控制，从 76 个国家基准站中选取了 55 个完整站点的 1961—2015 年逐日气温和降水数据来计算 SPEI 指数。

新疆在 20 世纪 80 年代中后期至 90 年代有明显的暖湿化(施雅风等，2002，2003)；但在 21 世纪以来，随着温度跃升，蒸发需求加剧，而降水量增加趋势减缓甚至微弱减少，导致较明显的暖干化趋势。其中干旱化区域主要在新疆南部、东部和天山山区，而在新疆西北部和西南部(帕米尔高原)增湿特征明显。这与马柱国等(2018)利用降水数据、自矫正的帕尔默干旱指数(sc_PDSI)及 GRACE 卫星反演的陆地水储量等多源资料得出的结果一致，认为近些年来中国北方和西北部有变干趋势。

干旱化也对农牧业灾害有重要影响。利用新疆区域农作物受灾面积数据(Guo et al.，2018)来进一步验证本数据集结果的可靠性。从图 7.4 中农作物受灾面积和 12 个月尺度干旱指数对比发现，农作物受灾面积和 12 个月尺度干旱指数对应关系很好，相关系数在 0.60 以上，说明 12 个月尺度干旱指数能够很好地反映干旱对农业生产受灾的影响情况。

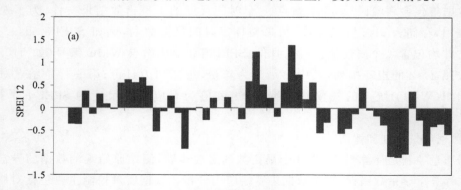

图 7.4　12 个月时间尺度 SPEI 指数与农作物受灾面积对比

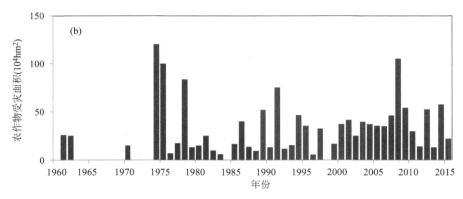

图 7.4(续)　12 个月时间尺度 SPEI 指数与农作物受灾面积对比

（4）数据价值及使用建议

干旱事件的发生频率、强度和变化趋势对区域气候变化和生态环境的分析及评价具有直接影响,本数据集可以和土壤湿度、植被覆盖、水文径流数据配合使用,用于探索新疆地区不同尺度干旱的发生频率、强度、变化趋势及空间特征。本数据集也可以用来与当地农业受灾面积、灾害损失等统计数据做关联分析,评估干旱事件对农牧业生产的影响。

本数据集共享了新疆区域 55 个气象站点 1961—2015 年内不同时间尺度干旱指数的结果。数据文件按时间尺度分别存储,数据文件格式为 xlsx,便于后续处理与应用,用户可根据实际情况选择性下载数据。

数据集引用格式:姚俊强,毛炜峄,胡文峰,等.1961—2015 年新疆区域 SPEI 干旱指数数据集[DB/OL]. Science Data Bank,2018.(2018-07-11). DOI:10.11922/sciencedb.632.

数据集下载地址为:http://www. sciencedb. cn/dataSet/handle/632,下载界面如图 7.5 所示(彩)。

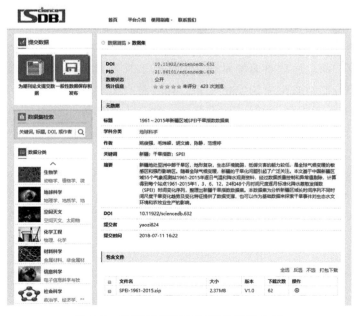

图 7.5　数据集下载界面(另见彩图 7.5)

7.2 干旱指数的适用性评估

7.2.1 GRACE 重力反演与气候试验卫星介绍

重力卫星即"重力反演与气候试验卫星"(Gravity Recovery and Climate Experiment, GRACE),2002 年 3 月由德国空间局(DLR)和美国国家航空航天局(NASA)在俄罗斯北部的普列谢茨克基地发射。GRACE 重力卫星的首要科学目标是获取高时间分辨率和空间分辨率的地球时变及静态重力场信息。

GRACE 重力卫星工作的基本原理是:双星在沿轨道飞行过程中,由于地球引力的影响,各自的飞行轨道将受到摄动影响而发生改变,所以双星间的距离、飞行速度和加速度都会随之改变。通过 K 波段和 Ka 波段的微波测距系统,精密测量双星飞行过程中的距离及随时间的变化情况,进而反演全球时变重力场。GRACE 卫星的数据处理、分发及管理是由美国德克萨斯大学空间研究中心(CSR)、德国波茨坦地学中心(GFZ)及喷气动力实验室(JPL)共同承担。GRACE 数据产品主要包括 Level-0、Level-1A、Level-1B、Level-2 和 Level-3 等(曹艳萍,2015)。

该卫星为较大尺度陆地水储量变化提供了新手段,同时基于反演的陆地水储量信息,为区域干旱监测提供新方法。GRACE 有多种数据产品,本研究使用的是 Level-2 GSM 数据产品,包括从 2002 年 8 月至 2013 年 7 月共计 132 个月的水储量数据(其中2003 年 6 月,2011 年 1 月、6 月,2012 年 5 月、10 月,2013 年 3 月数据缺失),实际可用数据 126 个月。考虑了非潮汐大气、海潮、固体潮、极潮及高频海洋信号的影响,并采用合适的大气、海洋及潮汐模型去除相关影响,因此,GRACE 时变重力场主要反映区域陆地水储量的变化。

7.2.2 GRACE 反演水储量

地球重力场通常用大地水准面的形式表示,它是一个与静止的平均海水面重合并延伸至大陆内部的重力等位面。地球重力场是地球内部和表面质量分布的产物,这些物质质量的变化或迁移会引起相应的地球重力场发生变化。地球重力场包括静态重力场和时变重力场两部分,其中静态部分占了一大部分,但是该部分的变化在人类时间尺度上是微小的,通常忽略不计;时变重力场部分包括:大气、海洋、陆地水等的质量变化或重新分布。所以,GRACE 重力卫星观测到的时变重力场是由地球表面 $10 \sim 15$ km 以内的质量变化引起的(Wahr et al.,1998)。根据 GRACE 重力卫星反演陆地水储量变化的原理和方法(Wahr et al.,1998),计算得到新疆区域 2002—2013 年逐月水储量数据。

根据水储量变化量,利用相对水储量指数来表征干旱特征(Cao et al.,2015)。相对水储量指数(RWSI)表示为

$$\text{RWSI}_{i,j} = \text{TSA}_{i,j} - \text{MTSA}_j \qquad (7.9)$$

式中,$\text{RWSI}_{i,j}$ 为该区域在 i 年 j 月的相对水储量指数;$\text{TSA}_{i,j}$ 为 GRACE 反演得到的区域在 i 年 j 月的水储量变化量(单位:mm);MTSA_j 为区域的水储量变化量在 2003—2012 年间所有 j 月的平均值(单位:mm)。若 $\text{RWSI}_{i,j} < 0$,说明水储量处于亏损状态;若 $\text{RWSI}_{i,j} > 0$,说

明水储量处于盈余状态；若 $\text{RWSI}_{i,j}=0$，则为正常状态。当 $\text{RWSI}_{i,j}<0$ 持续连续 3 个月及以上月份为负值，即认为该段时间发生了干旱。

一个区域的水储量总量主要包括地表水、地下水、土壤水、雪水当量和生物含水量五类，水储量总量的变化可以准确反映干旱灾害的实际情况。基于 GRACE 重力卫星反演得到区域的水储量变化量，分析区域水文时空变化特征，进一步可以监测区域内发生的干旱洪涝灾害。研究发现 GRACE 重力卫星数据反演得到极端干旱灾害事件。相关研究证实了重力卫星监测大尺度干旱洪涝灾害的潜力。

从新疆区域 2002—2013 年相对水储量指数时序分布与降雨量时间序列变化来看，两者的变化趋势基本一致(图 7.6)。当降水量多的时候，相对水储量指数值越大；当降水量少的时候，水储量呈现亏损状态。在 2008—2009 年期间，降水量较平均偏少，对应时段的相对水储量指数为负值，且处于最低值，说明水储量处于严重亏损状态，而对应着严重的干旱事件。但是GRACE 反演的水储量的变量除了降水，还包括地表水、地下水、土壤水、雪水当量等，水储量变化对降水的响应需要一段时间，因此两者的分布趋势并不完全一致。

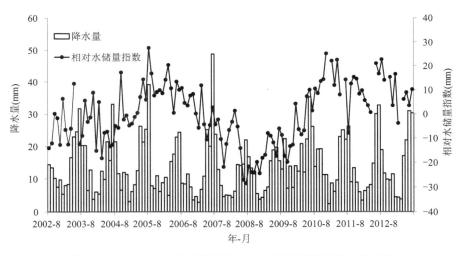

图 7.6   2002—2013 年新疆区域相对水储量指数及降水量变化

7.2.3   基于 GRACE 的干旱指数适用性评估

曹艳萍(2015)对 GRACE 反演的水储量数据在新疆干旱监测的能力做了综合评估，认为相对水储量指数连续 3 个月为负值的时间段为干旱时间，GRACE 相对水储量指数识别出2002—2013 年间的 7 次干旱事件(表 7.2)。其中最严重的干旱发生在 2008 年 4 月至 2009 年12 月，历时 21 个月，持续时间长，影响面积大，且有严重的灾害。干旱记载显示，2008 年遭遇历史罕见干旱，是新疆历史上第二严重干旱年。中国气象局显示，截至 2009 年 6 月底，新疆东部和南部的降水量偏少 3~8 成，局部地区偏少 8 成以上，而气温也偏高 1~2 ℃。GRACE 监测显示该时段每月平均水储量亏损 28.3mm，水储量亏损量最大，累积亏损量为 348.6 mm；干旱程度最严重，与气象记录一致。其他 6 次干旱事件持续时间较短，灾害损失较小，但均在干旱记录中。

表 7.2　GRACE 监测到的新疆地区干旱事件

干旱时段（年.月）	干旱持续时间	相对水储量指数的累积量（mm）
2003.02—2003.04	3 个月	−24.9
2004.03—2004.09	7 个月	−70
2004.11—2005.03	5 个月	−12.5
2007.04—2007.06	3 个月	−19.5
2007.08—2008.02	7 个月	−61.6
2008.04—2009.12	21 个月	−348.6
2010.02—2010.04	3 个月	−22.2

GRACE 反演的相对水储量指数反映的新疆区域发生干旱事件的时间和历史记录基本一致，说明其可用于新疆干旱监测。GRACE 反演的水储量数据在全球各地干旱监测和评估中均得到证实，且在较大的区域具有很好的监测效果。因此，以 GRACE 反演的水储量数据为准，来研究 SPEI 和 SPI 指数在新疆干旱监测中的适用性。

SPEI 指数和 SPI 指数是使用最广泛的干旱指数。前期研究均认为在干旱区，仅仅考虑降水量的 SPI 指数能够有效评估干旱灾害程度。在持续变暖背景下，考虑了大气蒸发需求的 SPEI 指数得到了越来越多的重视。SPEI 指数不仅考虑了降水量，而且还考虑了潜在蒸散发量，比 SPI 指数更加全面。同样地，SPEI 指数和 SPI 指数均具有多时间尺度特征，能够监测不同时间尺度（1—，3—，6—，12—，24 个月）的降水或气候水平衡亏损率。

GRACE 水储量通常反映较长时序的区域水文变化特征。考虑到相对水储量指数的计算过程中，引入了 12 个月时间尺度的 SPEI 指数和 SPI 指数，分别与相对水储量指数做比较。以 SPEI 或 SPI 小于−1.0 作为发生干旱的阈值。根据比较发现，在 2002 年 8 月至 2013 年 8 月期间，SPI 指数并没有监测到新疆区域的干旱事件，而 SPEI 监测到了 2007 年夏季和 2008—2009 年的干旱事件，且 SPEI>1.5，达到了严重干旱的程度（图 7.7（彩））。GRACE 同样监测到了 2 次干旱事件，并且与灾害公报中的记录一致。而 SPI 严重低估了干旱。尽管存在些许偏差，但整体上 GRACE 相对水储量指数和 SPEI 指数均能监测新疆的干旱灾害事件，且可以认为 SPEI 指数是一种有效的干旱监测指数。不同事件尺度的 SPEI 指数还可以监测不同类型的干旱，如 6 个月和 12 个月事件尺度分别代表农业干旱灾害和水文干旱灾害等。

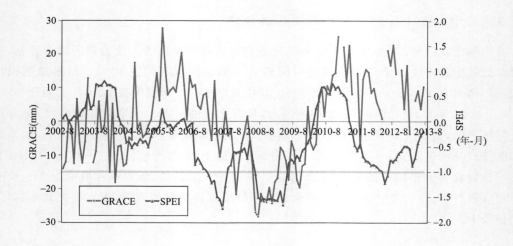

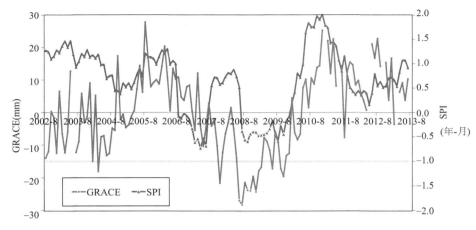

图 7.7　相对水储量指数与 SPI 和 SPEI 的比对(另见彩图 7.7)

7.3　降水量和潜在蒸散发量对干湿变化的影响

7.3.1　SPEI 和 SPI 的关系

对 1961—2015 年 6 个时间尺度(1、3、6、12、24 和 48 个月)的逐月 SPI 和 SPEI 指数进行估算,然后比较 SPI 和 SPEI 指数表征的新疆区域干旱期(图 7.8)。根据历史记录,SPI 和 SPEI 指数的变化在不同时间尺度上保持高度一致。图 7.9 显示了两个干旱指数在 6 个尺度下的差异,发现 SPEI 值低于对应事件尺度的 SPI 值,而这种差异有增加趋势。而且,这些差异在 6 个月和 12 个月的时间尺度上比 1 个月和 3 个月的时间尺度更明显。1996 年之后,两者的差异大于一1.5。

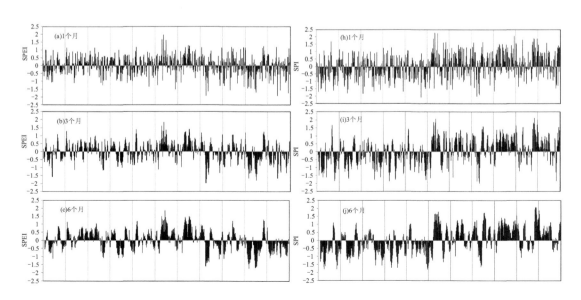

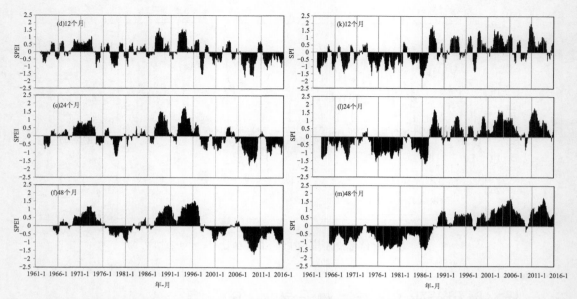

图 7.8　不同时间尺度(1、3、6、12、24 和 48 个月)的逐月 SPI 和 SPEI 指数变化(1961—2015 年)

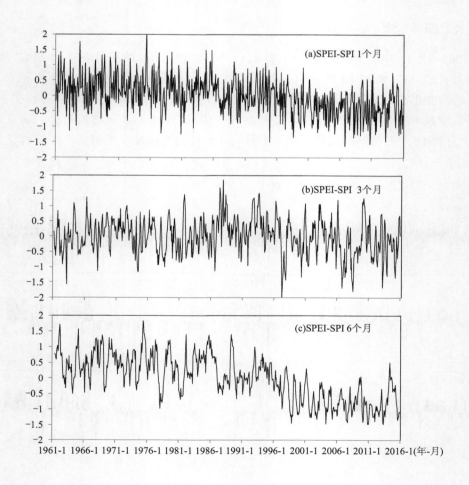

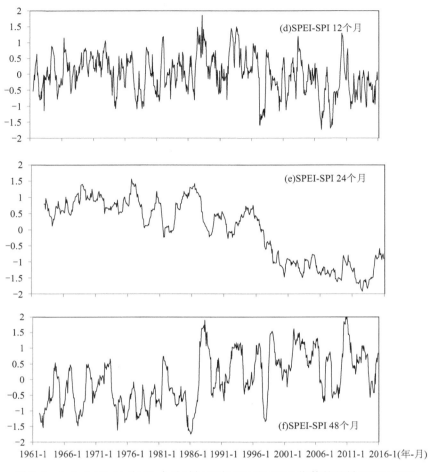

图 7.9　1、3、6、12、24 和 48 个月时间尺度 SPI 和 SPEI 指数的差异（SPEI-SPI）

在 6 个月的时间尺度上，SPI 和 SPEI 在 20 世纪 90 年代之前有很大的差异。SPEI 监测到了更多的湿事件，而干旱记录较少。但是，在 20 世纪 90 年代之后和 21 世纪初，SPEI 监测到了更多的严重干旱记录。在 12 个月的时间尺度上，SPI 和 SPEI 指数都监测到了 1961—1966 年和 1976—1986 年的两个较大干旱期。然而，SPEI 还监测到了 1996—2015 年间的干旱事件。总的来说，SPEI 监测到干旱频繁发生在 20 世纪 60 年代、70 年代、90 年代末和 21 世纪初 10 年，而 SPI 监测到 20 世纪 60 年代、70 年代和 80 年代初的干旱期以及 80 年代中后期的湿润期。

温度的升高使得大气的蒸发需求增加，潜在蒸发量增大，导致水分的过度消耗，进入了干旱期。在干旱地区，由于有足够的能量（辐射）用于蒸发，水分的消耗主要通过实际蒸散发进行。21 世纪以来，由于蒸发量的增加，使得 SPEI 监测的干旱事件次数明显大于 SPI 监测的干旱事件次数。

图 7.10 为 1961—2015 年新疆、北疆、南疆地区 1、3、6、12、24 和 48 个月的 SPI 与 SPEI 之间的相关分析。研究发现 SPI 与 SPEI 之间存在高度相关性，其中相关性在较短的时间尺度上明显强于较长的时间尺度上。在 1~12 个月时间尺度上相关系数在 0.67~0.44 之间变化，

而在 24～48 个月时间尺度上相关性不大。空间上,12 个月时间尺度的 SPI 与 SPEI 的相关性高,86% 的站点达到了 99% 的显著性水平。在 4 个时间尺度上,新疆北部的 SPEI 与 SPI 的相关性均明显强于南疆。

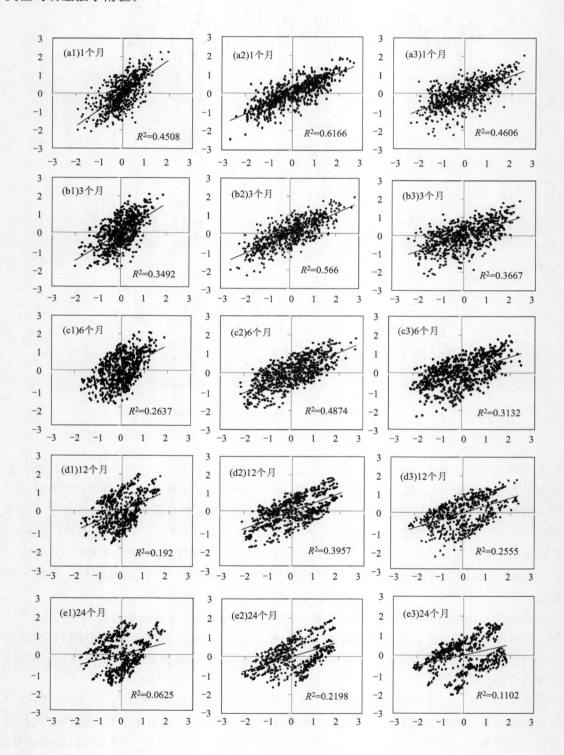

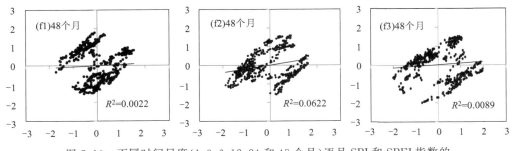

图 7.10　不同时间尺度(1、3、6、12、24 和 48 个月)逐月 SPI 和 SPEI 指数的
相关分析(三列从左至右依次是：新疆、新疆北部和新疆南部)

7.3.2　降水量和潜在蒸散发量对干湿变化的影响

区域干湿变化受水分状况和能量条件的共同影响,即受到降水量和潜在蒸发量的共同影响。在不同的气候区,降水量和潜在蒸发量变化对干湿的影响存在差异。

图 7.11 给出了 SPI 和 SPEI 指数的相关性与降水量或潜在蒸发量的关系,研究发现 SPI 和 SPEI 指数的相关性与降水量变化呈显著的对数函数关系,而两者相关性与潜在蒸发量呈线性关系。

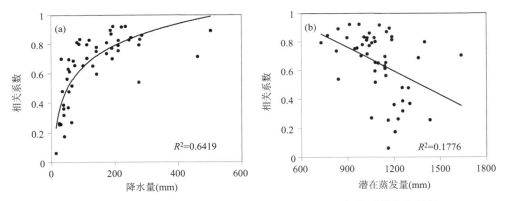

图 7.11　降水量(a)和潜在蒸发量(b)与 SPI 和 SPEI 相关系数的相关性
(纵坐标为 SPI 和 SPEI 相关系数,横坐标为降水量或潜在蒸发量)

图 7.12 给出了降水量和潜在蒸发量的平均态或标准差变化对干旱指数关系的影响。可以看出,SPI 指数和降水量的相关性与降水量变化呈不显著的对数函数关系,而 SPEI 指数和降水量的相关性与降水量标准差变化呈显著的对数函数关系。SPEI 指数和潜在蒸发量的相关性与降水量标准差变化呈显著的指数函数关系,而与潜在蒸发量的标准差变化呈线性变化;此外,SPEI 指数和降水量的相关性与潜在蒸发量的标准差变化也呈线性关系。以上说明了 SPEI 指数对潜在蒸发量平均态和标准差变化的敏感性。

图 7.13a、b 显示 SPEI 指数与年降水量(或潜在蒸发量)的相关系数随着不同时间尺度的演变过程。可以看出,随着时间尺度的增加,SPEI 指数与年降水量的相关系数直线下降,在 24 月时间尺度时相关系数接近 0,说明随着时间尺度的增加,降水量对区域干湿变化的影响显著减小;而 SPEI 指数与年潜在蒸发量的相关系数变化并不明显,一直保持在 0.4 以上,说明

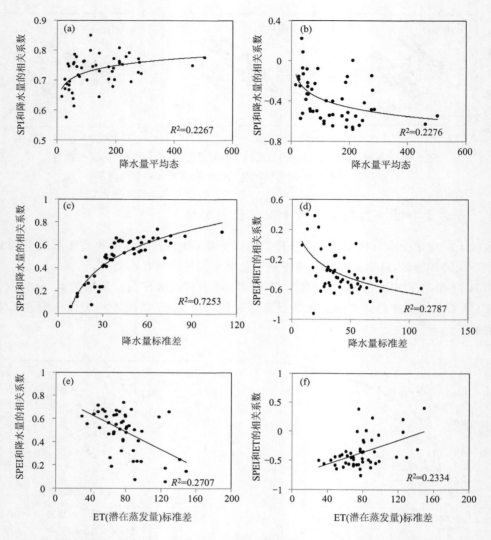

图 7.12　降水量和潜在蒸发量的平均态或标准差变化对干旱指数关系的影响

随着时间尺度的增加,潜在蒸发量对区域干湿变化的影响变化不大,反映了潜在蒸发量对区域干湿变化的持续影响。因此,在气候变暖背景下,潜在蒸发量对区域干湿变化的影响需要高度重视。

图 7.13 显示 SPEI 指数与年降水量(或潜在蒸发量)的相关系数随着降水量(或潜在蒸发量)的演变。可以看出,SPEI 指数与年降水量的相关空间格局主要受年均降水量控制(p <0.01),SPEI 指数与年降水量的相关性与平均年降水量呈线性正相关关系,反映了 SPEI 对不同降水量等级的敏感性。SPEI 与潜在蒸发量相关性的空间格局与潜在蒸发量的标准差呈正相关关系(p<0.01)。表明潜在蒸发量影响 SPEI 主要在潜在蒸发量标准差较高的区间。因此,SPEI 对降水量和潜在蒸发量的敏感性存在差异,分别对应着较大的年均降水量和较高的潜在蒸发量标准差。在潜在蒸发量大的干旱区,干旱程度受潜在蒸发量变化的影响更大。

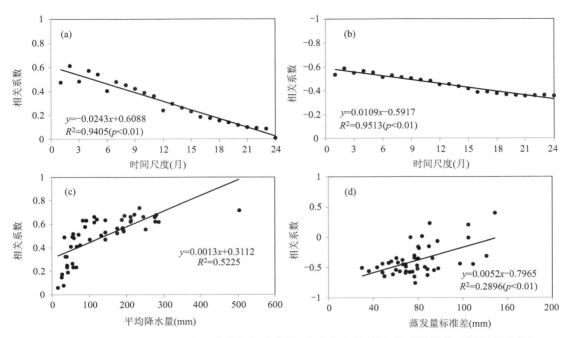

图 7.13　（a）和（b）12 个月的 SPEI 指数与年降水量（潜在蒸发量）的相关系数随着时间尺度的变化；（c）和（d）SPEI 指数与年降水量（或潜在蒸发量）的相关系数随着降水量（或潜在蒸发量）的演变

7.4　干湿多时间尺度变化

7.4.1　干湿变化趋势

图 7.14 反映了新疆干湿气候的变化趋势。总体来看，新疆干湿气候有下降趋势，并有年代际变化特征。1961—2015 年变化趋势为 $-0.12(10a)^{-1}$（$p < 0.05$）。1997 年出现了显著的突变。约 75% 的站点有干旱化趋势，尤其是在南疆和天山西侧。

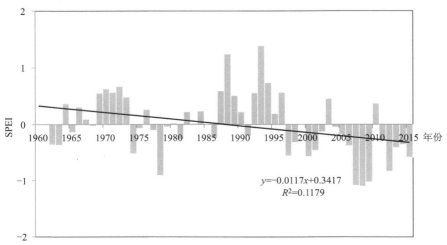

图 7.14　1961—2015 年新疆 SPEI 干湿指数变化趋势

图 7.15(彩)和图 7.16(彩)显示了不同时间尺度(1~24 个月)SPEI 指数反映的干湿变化。从 3 个月、6 个月和 12 个月时间尺度下的 SPI 和 SPEI 的变化可以发现,SPI 和 SPEI 的变化在空间和时间尺度上保持高度一致。但从 1997 年开始,SPEI 值小于 SPI 值,且两者之间的差异随着时间尺度的增加而增大。这些差异在 12 个月的时间尺度上比在 3 个月和 6 个月的时间尺度上更加明显,21 世纪以来更加明显。发现新疆气候有微弱的变干态势,1~24 个月时间尺度 SPEI 指数所反映的变化趋势为 $-0.0122\pm0.0043\ a^{-1}$。1997 年之后发生明显的转折,从 1961—1996 年的湿润期(趋势为 $0.0157\pm0.0066\ a^{-1}$)转折为 1997—2015 年的干旱期($-0.0287\pm0.0068\ a^{-1}$)。

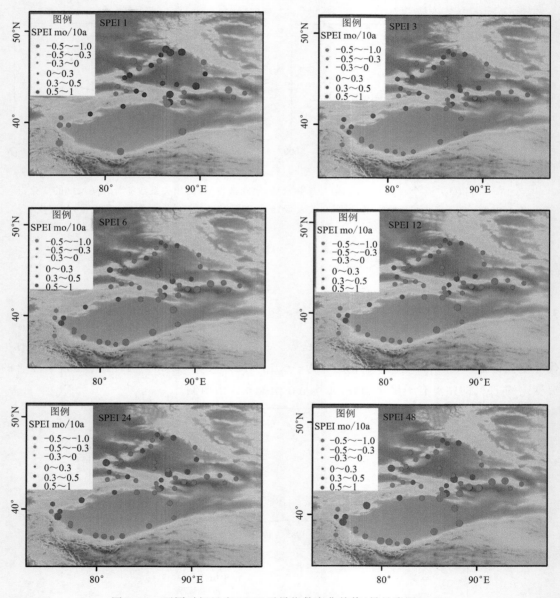

图 7.15 不同时间尺度 SPEI 干旱指数变化趋势(另见彩图 7.15)

从空间分布来看,1961—1996 年期间的新疆有 72.5% 的站点表现为湿润,仅有 27.5% 的站点有干旱态势。变湿区域主要分布在新疆西南部、天山山区和新疆北部地区。在 1997—

2015 年期间有 70.5% 的站点进入干旱期,主要分布在南疆、天山和新疆东部地区。因此,在过去 20 a 里新疆干旱程度有所增加。

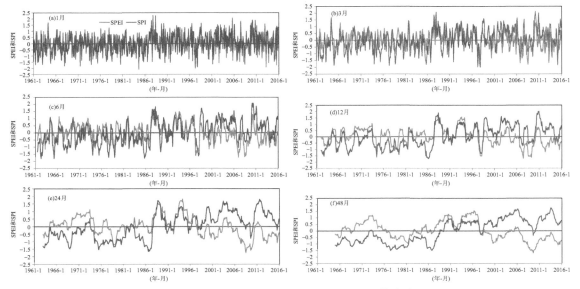

图 7.16　1、3、6、12、24 和 48 个月时间尺度 SPEI 与 SPI 指数演变(另见彩图 7.16)

图 7.17 反映了 1961—2015 年每年干旱月(SPEI≤-1)或湿润月份(SPEI≥1)个数的变化。20 世纪 60 年代初、70 年代末、80 年代初出现了较长的干旱期,90 年代末至 21 世纪初出现了较长的干旱期。相比之下,20 世纪 70 年代初出现了较短的湿润期,80 年代末至 90 年代中期出现了较长的湿润期。逐年干旱月份的变化呈现出明显的增加趋势(0.54 mon/10a,$p<$ 0.01)。在 1997 年以前,每年干旱月份不超过两个,但之后逐年干旱月份逐渐增加。21 世纪以来,年均干旱月份数大于 4 个月,而在 2007—2009 年年均干旱月份数大于 7 个月。

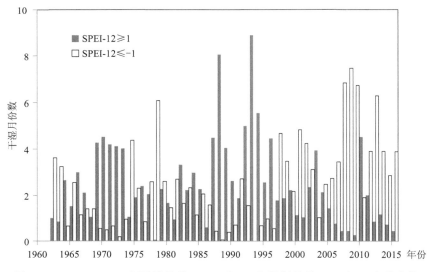

图 7.17　1961—2015 年干旱月份(SPEI≤-1)和湿润月份(SPEI≥1)个数变化

图 7.18(彩)显示了 1961—2015 年不同时间尺度下逐年干旱月份数的变化情况。在 1 个

月、3 个月和 6 个月的时间尺度上监测的干旱月份次数略少于 12 个月的时间尺度的干旱月份。然而,20 世纪 90 年代末出现了急剧的转变。SPEI-12 时间尺度年平均干旱月数为 4 个月,而 3 个月、6 个月时间尺度年平均干旱月数为 3.5 个月,1 个月时间尺度年平均干旱月数为 2.7 个月。在 2007—2009 年间,SPEI-12 时间尺度年平均干旱月数超过较小的时间尺度月份,如 SPEI-12 为 7.0 个月,SPEI-3 和 SPEI-6 为 5.2 个月,SPEI-1 为 3.3 个月。温度升高(降水减少或保持不变)的时期可能会增加这种差异。

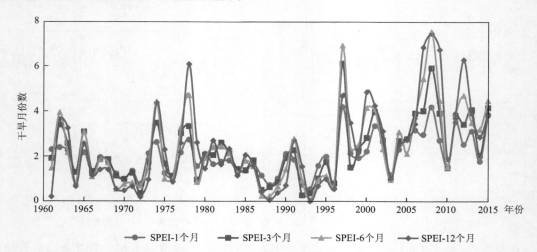

图 7.18 1961—2015 年不同时间尺度干旱月份(SPEI≤−1)个数的变化(另见彩图 7.18)

7.4.2 干旱频次和干旱站次比变化

(1)干旱频次

干旱频率是在研究区内发生干旱的月数占总月数的比例,其值越大表明干旱发生的越频繁。根据 SPEI 的干湿等级标准,采用 SPEI 月尺度数据,定义连续 3 个月发生轻度干旱以上为一次连续干旱过程。连续干旱过程的 SPEI 值为在干旱过程的 SPEI 平均值,然后再计算出各个站点所有干旱过程累计概率的均值,即为干旱强度,其值越小,则表示干旱强度越强。

从干旱频次的大小来看,3 个月尺度的干旱频次平均值为 18.7%,最小为 16.7%,最大为 22.6%;6 个月尺度的干旱频次平均值为 19.7%,最小为 16.5%,最大为 26.4%;12 个月尺度的干旱频次平均值为 20.5%,最小为 15.4%,最大为 29.3%。这说明时间尺度越长,干旱频次越高,波动也越大。

新疆干旱频次空间分布可以得出,年尺度的干旱发生频率由西南向东北呈现高—低的分布规律,干旱频次最大值是南疆西部的策勒,为 40%;而在天山北坡的博乐和天山山区的大西沟发生的干旱频次最低(20%)。新疆夏旱和秋旱的发生频率较高,分别为 32.26% 和 32.50%,春季和冬季的干旱频次相对较低,分别为 26.18% 和 26.58%。春旱由西北向东南递减,发生频率最大值出现在伊犁河谷和南疆西部,在 32% 左右,而最小值在铁干里克附近,为 14%。夏旱干旱频次分布规律不明显,最大值在吐哈盆地,频率为 40%,最小值在南疆西部(阿合奇,频率为 21%),整体干旱发生频率差距大。秋旱整体发生频率高,为 32.5%,高值区在南疆的喀什地区,频率最大发生在阿图什和莎车(40%),最小值在天山山区(大西沟和伊吾),在 25% 左右。冬旱发生频率较高,最大值在塔城、伊宁、乌恰、且末等地,发生频率为 34%

左右,最小值在天山大西沟,为 16% 左右。月尺度干旱频次高值区在新疆东南部,干旱频次最大值出现在新疆东部的库米什和吐鲁番,发生频率为 38%,最小值出现在天山北坡的石河子和蔡家湖,发生频率为 31%。

图 7.19 反映了 1961—1996 年和 1997—2015 年两个阶段干旱频次差异。发现在 1997—2015 年期间干旱频次增加明显,在偏湿频率较少了近乎一半。对于轻度干旱而言,1961—1996 年发生次数为 9.65 次/a,1997 年之后发生次数增加到 18.02 次/10a,增加了 1.9 倍。对于中度干旱,1961—1996 年发生次数为 4.60 次/10a,1997—2015 年发生次数显著增加至13.44 次/10a,增加了 2.9 倍。极端干旱的频次在 1997—2015 年迅速上升到 7.89 次/10a,而1961—1996 年只有 1.69 次/10a,增加了 4.7 倍。

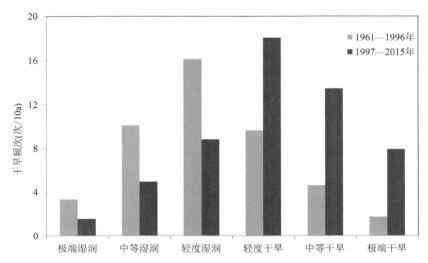

图 7.19　1997—2015 年和 1961—1996 年阶段不同等级干旱频次变化差异

两个阶段不同程度干旱频次差异的空间分布发现,干旱频次增加主要发生在新疆的南部和东部地区。然而,在新疆西北部和帕米尔高原,轻度和中度干旱频次差异有所下降。极端干旱情况下,干旱频次仅在帕米尔高原、天山中部和阿尔泰山有所下降。因此,近 20 a 来,新疆南部和东部地区的中度和极端干旱越来越频繁,新疆大部分地区的气候都在变得越来越干燥。

(2)干湿站次比

根据 12 个月时间尺度 SPEI 指数统计出轻度干旱以上事件的站次比随时间变化序列可以看出,从 1961—2015 年间有 56 个月出现了全域性的干旱事件,占整个时间段的 8.6%,集中出现在 20 世纪 70 年代后期及 2000 年以后;97 个月出现区域性的干旱事件,占整个时间段的 15%,主要发生在 20 世纪 70 年代后期至 80 年代前期及 2000 年以后;77 个月出现了部分区域性干旱事件,占整个时间段的 11.9%;96 个月出现了局域性干旱事件,占整个时间段的14.8%;其他月份则为无明显干旱发生。从 1961—1996 年期间站次比呈现下降趋势,且以局域性干旱和区域性干旱为主,而从 1997—2015 年站次比呈明显上升趋势,以区域性和全域性干旱为主。这说明新疆地区发生干旱的范围在 1961—1996 年在减少,在 1997 年以后出现了明显的扩大趋势,频次也在加强。

依据干湿等级标准,对新疆地区 1961—2015 年各站点的 SPEI 值进行干湿等级划分,统计每年不同等级干湿发生站点数,可以清晰地反映出不同等级干湿变化的年际特征

(图 7.20(彩))。可以发现在 1964、1966、1972、1987、1988、1992 和 1993 年这 7 个年份均未发生干旱,是相对湿润年,尤其是 1987 年中等湿润在各等级干湿的累计站点数达到 36%,而1993 年的中等和轻度湿润在各等级干湿的累计站点数达到 76%。此外,有 28 个年份发生各等级干旱的累计站点数在 80% 以下,且均未达到中等干旱等级。在 1962、1997、2006 和 2008年这 4 个年份发生干旱的站点数比例达到全部站点的 50% 以上,而这 4 a 也是新疆地区干旱程度严重的时期,尤其是 1997 年和 2008 年,干旱站点数比例分别达到了 82% 和 78%。其余16 a 发生干旱的站点数比例达到全部站点的 50% 以下。

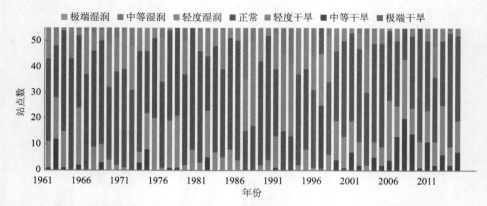

图 7.20　新疆地区 1961—2015 年不同等级干湿事件发生站点数(另见彩图 7.20)

　图 7.21 和图 7.22 显示了 1961—2015 年 12 个月尺度超过 3 个月和 6 个月干旱月份的站点百分比的变化,发现发生 3 个月以上干旱的站点比呈显著上升趋势,增幅为 5.80%/10a。1997 年之后干旱发生次数逐年增加,约 54.93% 的站点发生了干旱。以发生干旱站点比超过 60% 为严重干旱年,监测发现 1962 年、1974 年、1978 年、1997—1998 年、2000—2001 年、2007—2009 年和2012 年干旱站点比分别为 62%、64%、80%、71%、67%、60%、61%、75%、89%、89% 和 82%。近20 a 来新疆的旱情有所加剧。干旱超过 6 个月的站点百分比也呈现明显上升趋势,为 4.91%/10a($p<0.05$)。特别是在 2007—2008 年期间,71% 以上的监测站持续干旱 6 个月以上。

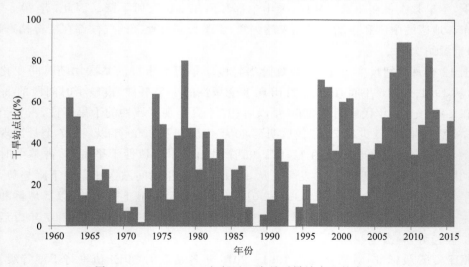

图 7.21　1961—2015 年超过 3 个月干旱站点比的变化

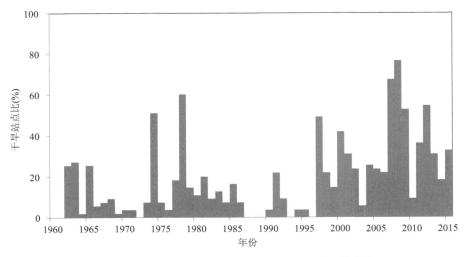

图 7.22　1961—2015 年超过 6 个月干旱站点比的变化

（3）干旱持续时间和强度

持续干旱时间也可以用来反映地区干旱的严重程度，持续时间越长，干旱越严重。对新疆干旱持续时间在 3 个月（及以上）的次数（表 7.3）统计得出：干旱时间持续达到 3 个月以上次数最多的是天山南坡的巴仑台，为 26 次，其次是乌鲁木齐、和静、焉耆和吐鲁番，为 25 次。持续干旱时间最长的是新疆东部的七角井，达到 13 个月，发生在 2006 年 6 月到 2007 年 6 月；其次是托里和巴仑台，达到 12 个月，分别发生在 1997 年 2 月到 1998 年 1 月、2006 年 7 月到 2007 年 6 月。2006 年是发生连续干旱时间最长的年份，55 个站点共发生干旱为 220 个月。其次是 2008 年，发生干旱为 202 个月。并且从 2006 年开始，干旱月份明显增加，新疆逐渐进入干旱期。

表 7.3　新疆各气象站点不同干旱持续时间发生频次

连续干旱月数	3	4	5	6	7	8	9	10	11	12	13
发生频次	633	292	112	44	28	12	8	2	1	2	1

新疆干旱强度空间分布可以看出，年尺度的干旱强度由东南向西北呈现高—低的分布规律，干旱强度高值区分布新疆东南部，干旱强度最大值在七角井，为 1.42，最小值在阿合奇为 0.64。新疆夏季和秋季的整体干旱强度高，平均值为 1.14、1.13，春季和冬季干旱强度相对较低，平均值为 0.94、1.03。春季干旱强度由北向南递减，高值中心在和田地区，强度最大值出现在泽普，为 1.23；最小值在巴仑台，为 0.79。夏季干旱强度从东南向西北减弱，最大值在若羌，强度为 1.36，最小值在阿合奇。秋季干旱强度与年尺度干旱强度分布规律相似，干旱强度高，平均值在 1.14，高值区在新疆东南部，干旱强度最大在七角井，为 1.38，最小值在巴仑台，为 0.99。冬季干旱强度高值区集中在新疆东南部，干旱强度最大值在泽普，为 1.33，最小值在蔡家湖，为 0.84。月尺度干旱强度高值区在新疆北部的塔城和博州，最大值在阿拉山口、石河子和蔡家湖，为 1.18，最小值在巴仑台，为 1.04。

7.4.3　极端干旱事件特征

按干旱强度，表 7.4 列出了新疆有观测以来十大干旱事件。最严重的干旱发生在 2008 年

5月至 2009 年 4 月,此次旱情发生东天山和南疆地区,受影响面积增加了 30%,强度增加了 40%。据报道,干旱造成农作物损失 122 万 hm²,草地损失 2800 万 hm²,直接经济损失 10 亿元,导致中国最长的内河塔里木河干涸 1100 多千米(Cao et al.,2015)。

表 7.4　新疆十大干旱事件

序号	时间 (年.月)	持续时间(月)	幅度	强度	站次比(%)
1	2008.05—2009.12	20	23.28	1.16	56.36
2	2006.09—2008.03	20	19.11	0.96	50.91
3	1977.09—1979.03	19	16.67	0.88	54.55
4	2011.09—2012.11	15	12.59	0.84	60.00
5	1981.03—1981.06	4	3.28	0.82	94.55
6	2000.04—2000.10	7	5.11	0.73	70.91
7	2015.03—2015.08	6	4.36	0.73	85.45
8	1974.05—1975.03	11	7.85	0.71	63.64
9	1962.08—1963.05	10	6.44	0.64	63.64
10	2001.10—2002.03	6	3.75	0.63	78.18

图 7.23 反映了干旱幅度、强度和站次比与干旱持续时间的关系。干旱幅度和强度随时间呈线性增加,两者相关系数分别为 0.94 和 0.58,说明干旱幅度和强度随时间而线性增加。而干旱站次比与干旱持续时间呈负相关,相关系数为 0.81。这些关系模型对于区域干旱频率分析和干旱影响评估有参考价值。

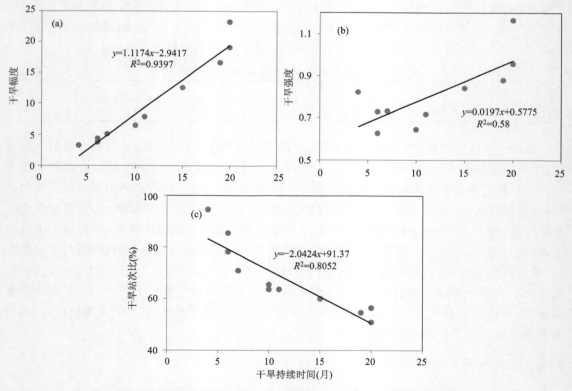

图 7.23　极端干旱事件的幅度、强度和面积(站点比)与干旱持续时间的关系

1974 年干旱事件主要分布在新疆北部,特别是天山北坡、乌鲁木齐、昌吉地区和阿勒泰地区。2008 年的干旱是近年来干旱持续时间、受影响地区最大、农牧业和经济损失最严重的干旱之一。旱情从春季持续到秋季,主要发生在新疆南部、天山地区、伊犁河谷、大城、阿勒泰和哈密地区。据报道,干旱造成农作物损失 122 万 hm^2,草地损失 2800 万 hm^2,直接经济损失 10 亿元(Cao et al.,2015)。2009 年旱情持续,主要影响南疆地区,而新疆东部和西北部地区也有略轻旱情。此次干旱导致中国最长的内陆河塔里木河干涸超过 1100 km。2012 年春夏两季发生干旱,主要分布在新疆北部和天山山区,伊犁、大成、阿勒泰地区尤为严重。此次干旱使工业番茄产量(新疆是世界三大工业番茄种植区之一)同比下降 50%。

7.5　气候干湿转折及可能机制

7.5.1　干旱区气候发生干湿转折信号

1~24 个月时间尺度的 SPI 和 SPEI 指数显示,1997 年之前新疆干湿气候有一致的变化特征。1975—1986 年是比较明显的干旱期,1986—1996 年期间监测到的干旱事件较少,干湿气候逐渐从暖干向暖湿转型。然而,SPEI 指数监测到 1997 年之后新疆逐渐变干的信号,比 SPI 指数监测到的更明显(图 7.24(彩),图 7.25(彩))。新疆气温的急剧升高与该时期干旱加剧有密切关系。

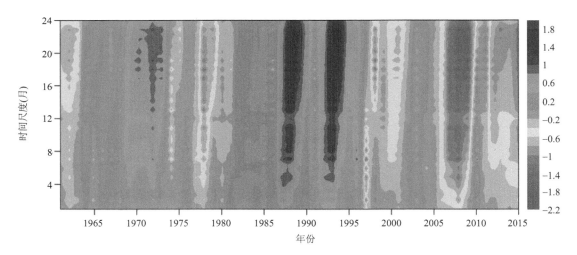

图 7.24　不同时间尺度(1~24 个月)SPEI 指数变化的 Hovmoller 图(新疆)(另见彩图 7.24)

图 7.26 显示了 12 个月事件尺度的 SPI 和 SPEI 指数逐站的变化趋势。以 1997 年为界分为两个阶段:1961—1996 年和 1997—2015 年。在 1961—1996 年,SPI 指数显示新疆大部分逐渐变湿,仅有几个站点有变干趋势;SPEI 指数也显示 72.5% 的站点有明显的增湿趋势。而在 1997—2015 年,SPI 指数监测到 47.1% 的站点有变湿趋势,主要分布在新疆西北部和西南部;而 SPEI 指数监测到了 70.5% 的站点逐渐变干,但也在新疆西北部和帕米尔高原附近表现为变湿趋势。总体来看,在过去 20 a,新疆干湿气候反映出逐渐变干的信号,即发生干湿转折。SPEI 指数比 SPI 指数监测到的干旱态势更加明显。

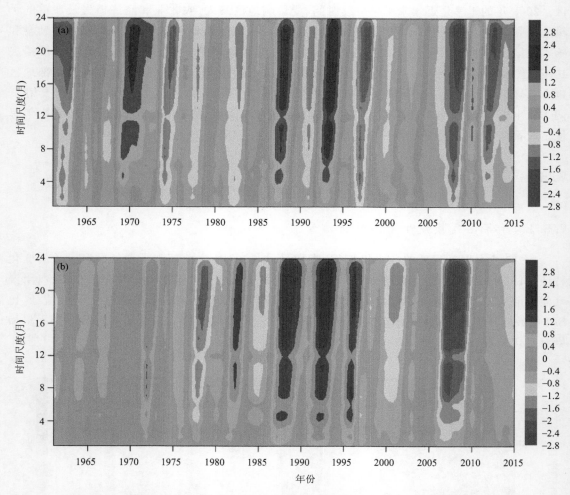

图 7.25　不同时间尺度(1～24 个月)SPEI 指数变化的 Hovmoller 图(另见彩图 7.25)

(a)北疆；(b)南疆

　　大气蒸发需求的变化对区域干湿有重要的影响。中国西北干旱区蒸发变化的主要驱动力是空气动力项的改变,特别是风速,而辐射项的影响较小。观测发现水汽压差(VPD)是影响蒸发量在 20 世纪 90 年代初变化的主要因素。在 1994—2010 年期间,VPD 主要呈增加趋势,增加率为 3.9 mm/a。温度的增加,一方面减少了水分供应,另一方面增加了大气持水能力。新疆蒸发皿蒸发量的观测也表明了蒸发需求的增强。在 1975—1993 年间,新疆蒸发皿蒸发量有明显的减少趋势,为−6.0 mm/a;而在 1994 年之后,蒸发皿蒸发量发生趋势反转,增加率为 10.7 mm/a。

　　总的来说,新疆气候发生"干湿转折"特征。20 世纪 80 年代中后期至 20 世纪末呈"暖湿化"特征;但 21 世纪以来,新疆气候出现暖干化的强烈信号。1997 年之后温度跃升,蒸发需求加剧,降水量微弱减少,导致 70% 以上的区域变干,干旱频率、强度、持续时间、极端干旱事件均明显增加。

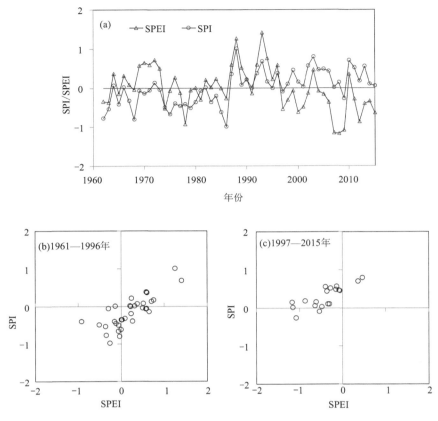

图 7.26　(a)SPI 和 SPEI 指数变化趋势和对比;
(b)1961—1996 年和(c)1997—2015 年两种指数的相关系数

7.5.2　AMO 对干湿气候变化的影响

北大西洋多年代际振荡(AMO)是发生在北大西洋区域具有海盆尺度的海面温度准周期性暖冷变化(Kerr,2000),其周期为 65~80 a,是气候系统的一种自然变率(Enfield et al.,2001;孙雪倩等,2018)。AMO 对北大西洋和全球其他区域的气候均有重要影响(Enfield et al.,2001;Li et al.,2007;Zhou et al.,2015;Hao et al.,2016)。

AMO 对南亚夏季降水存在显著影响。当 AMO 正(负)位相时,印度夏季降水更多(少),印度夏季风撤退较晚(早)(Goswami et al.,2006);AMO 正位相会增强印度夏季降水或延迟夏季风的结束时间(Wang et al.,2009),使得印度中部和南部夏季降水增多,北部降水减少(Delworth et al.,2000;Wang et al.,2009);同时,AMO 正位相对青藏高原有加热作用,使得热带印度洋和青藏高原对流层的温度梯度加大,导致印度夏季风加强(Feng et al.,2008)。

AMO 和 SPEI 指数有明显的反相关,AMO 正相位(AMO 负相位)对应着新疆的干旱时期(湿润时期),特别是在 1997 年之后(图 7.27)。相关分析显示,1961—2015 年逐月(或年)SPEI 和 AMO 有显著相关,两者相关系数为 -0.23(-0.32,$p<0.05$)。AMO 振荡发生在 1996/1997 年左右,60 a 的周期演化与 SPEI 变化时间非常吻合。

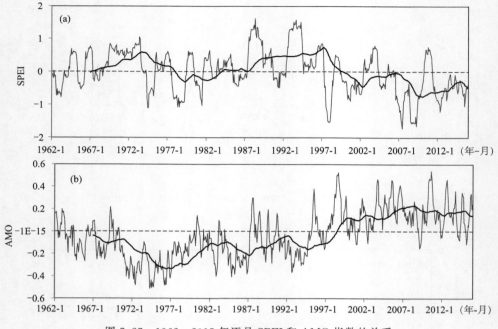

图 7.27　1962—2015 年逐月 SPEI 和 AMO 指数的关系

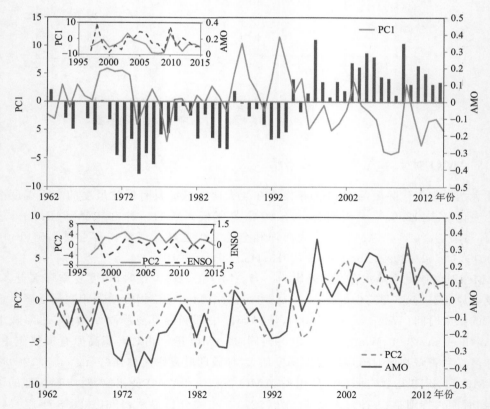

图 7.28　(a)1961—2015 年 AMO 和 PC1 的时间变化，其中红色柱状图
表示 AMO 正相位（AMO＋），蓝色柱状图表示 AMO 负相位（AMO－）；
(b) 1961—2015 年 AMO 和 PC2 的时间变化（另见彩图 7.28）

1997—2015 年 SPEI 和 AMO 的相关系数高于 1961—1996 年,其中 AMO 和月尺度或年尺度 SPEI 的相关系数分别为 0.25 和 0.44。新疆 SPEI 干湿变化的第一模态的时间序列(PC1)与 AMO 的相关系数在两个阶段分别为−0.35(0.45)。与原序列一致,说明第一模态能代表主要空间分布。1961—2015 年 PC2 与 AMO 有显著的正相关关系,但在 1997—2015 年存在较大差异。黄伟等(2015)认为,中亚干旱区(包括新疆)的极端降水变化与"丝绸之路模态"的有负相关,"丝绸之路模态"是全球遥相关的一部分。北大西洋在遥相关中发挥了重要作用,AMO 是北大西洋海面温度(SST)变化的年代际波动模式(Knight et al.,2005)。因此,AMO 异常可能在中亚夏季降水模式中发挥重要作用(Huang et al.,2015)。

7.5.3　ENSO 对干湿气候变化的影响

ENSO(El Niño/Southern Oscillation)是世界性气候异常最强的信号,也是影响我国气候异常的一个主要物理因素,ENSO 对我国气候的影响及相关机制备受关注(Huang et al.,1989;陈文,2002;Peng et al.,2011;Xu et al.,2013)。ENSO 现象不仅仅是 El Niño 事件,而且是包括 El Niño 和 La Niña 事件的一种循环,其平均周期为 3~5 a,并称之为 ENSO 循环(宗海锋,2017)。

1997—2015 年新疆干湿变化与 ENSO 有明显的负相关关系,也说明第二模式与 ENSO 存在相互作用。结果表明,新疆北部干旱与 ENSO 事件密切相关。1997 年以前,海温异常(Niño 3.4)与北疆 SPEI 的关系不强,但随后逐渐增强(图 7.29)。1997—2015 年干旱时期与 Niño 3.4 负海温异常造成的,并具有延迟效应。利用交叉相关分析来研究 ENSO 和干旱之间的延迟时间。

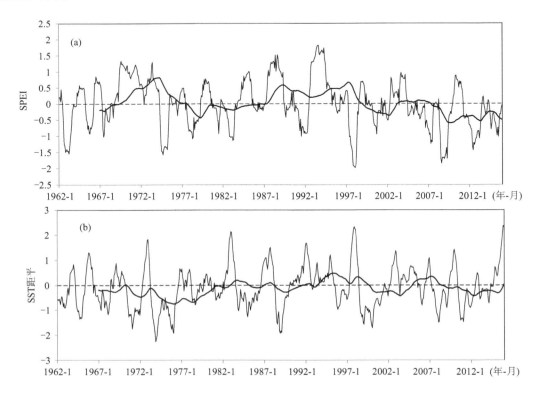

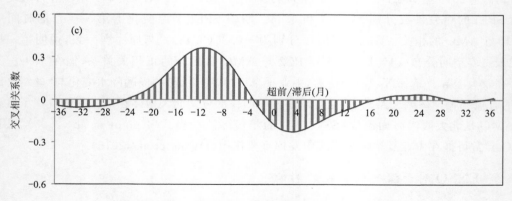

图 7.29　1962—2015a 年逐月 SPEI 与 SST 距平的关系

(a)、(b)5 a 滑动平均对应的干湿或正负相位);(c) Niño 3.4 SST 距平与 SPEI 的交叉相关分析

　　不同滞后时间新疆北部的 SPEI 与 ENSO 海温异常的相关性表明,新疆北部干旱比 EN-SO 海温异常滞后 12 个月。在新疆北部发生的干旱事件,如 1965、1977、1982、1991、1997 和 2015 年均发生了 ENSO 事件(表 7.5)。然而,干旱时期对应着负的海温异常,拉尼娜事件会引起严重干旱,如 1975 年、2008 年和 2010 年。但并非所有 ENSO 事件都会引起新疆北部发生干旱事件。因此,干旱事件显然不能完全用 ENSO 事件来解释。

表 7.5　ENSO 事件和干旱的对应关系

ENSO	发生时间(年.月)	干旱时间(年.月)	干旱强度
El Niño	1965.5—1966.5	1965.5—1966.2	0.73
La Niña	1973.6—1974.6	1974.5—1975.5	1.26
弱 El Niño	1977.9—1978.2	1977.9—1978.12	0.73
强 El Niño	1982.4—1983.6	1982.9—1983.5	0.98
El Niño	1991.5—1992.6	1991.4—1992.4	0.81
强 El Niño	1997.4—1998.4	1997.4—1998.4	1.47
La Niña	2007.8—2008.5	2008.5—2009.6	1.41
弱 La Niña	2011.8—2012.3	2011.12—2013.5	0.96
强 El Niño	2014.10—2016.4	2015.2—2015.8	0.77

第8章 气候变化对水资源的影响

8.1 气候变化影响水资源研究概述

气候变化对水资源的影响是当前全球变化研究的热点和前沿问题之一。气候变化对干旱内陆河流域水资源影响的研究也引起越来越多学者的关注与重视。

国际上关于气候变化影响方面的研究开始于20世纪70年代中后期,由世界气象组织(WMO)、联合国环境规划署(UNEP)和国际水文科学协会(IAHS)等组织发起了一系列的国际科学计划,其中包括气候变化影响方面的研究工作,如世界气候计划(WCP)和全球能量和水循环试验(GEWEX)等,但并没有得到应有的重视。到20世纪80年代中期,水文界开始重视这方面的研究,开始出现一些研究成果,如WMO的《水文水资源系统对气候变化的敏感性研究》、AAAS组织编写的《美国气候变化和水资源:不稳定性、适应和策略》等;90年代,Waggoner(1990)出版了《气候变化与美国的水资源》一书,系统地总结了气候变化对水资源影响的研究方法、研究内容和部分成果。在里约热内卢环境与发展大会上发表的《21世纪议程》指出,气候变化对水资源的影响是全球性应予以高度关注。自此以后,2001年举行的IGBP会议、第六届IAMAP-IAHS大会以及2004年IAHS大会均设立了气候变化对水文水资源的影响讨论专题。2007年IUGG国际会议又一次讨论了气候变化对水文水资源的影响问题。

中国关于气候变化对水资源的影响研究开始于20世纪80年代中后期,起步较晚,但发展较为迅速,国家自然科学基金委员会和中国科学院的支持力度较大,在重大项目中先后设立气候变化及其对水资源影响专题研究。如施雅风等主持的"七五"重大项目中的"气候变化对西北华北水资源的影响"、"八五"科技攻关中的张建云等主持的"气候变化对水文水资源的影响及适应对策"和"九五"科技攻关中的"气候异常对我国水资源及水分循环影响的评估模型研究"等(施雅风,1995;张建云,1996,2007)。2006年,国务院发布了《国家中长期科学和技术发展规划纲要(2006—2020)》,做为国家科技发展的纲要性文件,在国家重大战略需求"全球变化与区域响应"中指出了需要重点研究全球气候变化对中国的影响,强调了"大尺度水文循环对全球变化的响应以及全球变化对区域水资源的影响"的研究问题。国家重点基础研究发展计划项目(973)也对该领域加大了投入力度;2010年,为推进国家重大科学研究计划,全球变化研究作为重大科学专项资助的六大领域之一,科技部相继启动了全球变化研究专项项目,如陈亚宁研究员主持的"气候变化对西北干旱区水循环影响机理与水资源安全研究"(陈亚宁等,2012)和夏军研究员主持的"气候变化对黄淮海地区水循环的影响机理和水资源安全评估"等(夏军等,2010),有力地推进了气候变化对水资源的影响的基础研究。

国内一些学者详细研究了不同地区或流域气候变化对水资源的影响,研究内容概括起来包括三个方面:①历史时期气候变化对水资源的影响;②气候变化对水资源影响的定量分析;③未来气候变化对水资源的影响模拟。针对不同地区和内容,有着不同的研究方法。

历史时期主要指器测时期，在中国大致在 1950 年之后，有部分地区可追溯到 20 世纪初，针对重建资料的研究较少。涉及的水资源要素主要包括降水、径流和蒸散发等，而对径流和蒸散发的研究更具代表意义。Wang 等（2013）研究了黄河和长江流域水资源变化及其原因，指出黄河干流上游年降水量微弱下降，中下游降水减少趋势显著，而全流域径流量均呈现显著递减的趋势，长江流域大部降水减少趋势显著，上游径流系数增加不显著，中下游径流系数呈显著增加趋势；降水减少和人类活动引起的下垫面变化对黄河流域径流减少量的贡献率分别为 11％和 83％；而在长江流域，降水减少对径流量变化的贡献占 29％，人类活动引起的径流量增加占 71％；下垫面变化引起了黄河下游径流减少和长江下游径流增加，在干旱区和湿润区对径流变化的作用相反。姚允龙和王蕾（2008）通过 SWAT 模型研究三江平原挠力河的径流响应气候演变，发现气候因素仅是引起年径流量变化的一方面，还有其他因素影响研究区的年径流量。赵晓坤等（2010）通过降水—径流双累积曲线对窟野河径流量变化趋势及其影响因素分析，发现径流量变化受降水量和人类活动共同影响。陈利群和刘昌明（2007）通过 2 个分布式水文模型（SWAT 和 VIC）分析了黄河源区气候变化和土地覆被对径流的影响，发现气候变化是径流减小的主要原因。郝兴明等（2008）对塔里木河干流年径流量变化的人类活动和气候变化因子进行分析，发现人类活动是影响干流径流变化的最主要因子。Chen 等（2013）利用气候敏感法研究了开都河流域气候变化对径流的影响；王随继等（2012）利用新提出的累积量斜率变化率比较方法研究了皇甫川流域降水和人类活动对径流量变化的影响。

8.2 气候变化影响水资源的研究方法

定量化区分气候变化（降水、蒸发）和人类活动对流域地表径流影响的常用的研究方法有：水文模型模拟、水量平衡、降水—径流双累积曲线法、回归分析和水文要素统计分析等。

8.2.1 气候敏感法

对于某一独立的流域来说，水量平衡方程为

$$P = E + W + \Delta S \tag{8.1}$$

式中，P 为降水量，E 为实际蒸散发量，W 为河流径流量，ΔS 为流域的土壤储水量。从较长的时间来看，土壤储水量是不变的，即 $\Delta S = 0$。

降水和潜在蒸发量的波动都能引起水量平衡的变化。径流量的总体变化假设用式（8.2）表示：

$$\Delta Q_{\text{total}} = \Delta Q_{\text{climate}} + \Delta Q_{\text{human}} \tag{8.2}$$

式中，ΔQ_{total} 为年均径流量的总体变化量，$\Delta Q_{\text{climate}}$ 为气候变化引起的径流量的变化量，ΔQ_{human} 为人类活动引起的径流量的变化量。降水量和潜在蒸散发量的变化对径流量的变化起主要作用。由降水量和潜在蒸发量引起的径流量变化量可以表示为：

$$\Delta Q_{\text{climate}} = \frac{\partial Q}{\partial P} \Delta P + \frac{\partial Q}{\partial PET} \Delta PET \tag{8.3}$$

式中，ΔP 和 ΔPET 分别表示为年均降水量和潜在蒸散发量的变化量。降水量和潜在蒸散发量对径流变化的贡献率可以表示为：

$$\frac{\partial Q}{\partial P} = \frac{1+2S+3\omega S}{(1+S+\omega S^2)^2} \tag{8.4}$$

$$\frac{\partial Q}{\partial PET} = \frac{-(1+2\omega S)}{(1+S+\omega S^2)^2} \tag{8.5}$$

式中,$\dfrac{\partial Q}{\partial P}$ 为降水量变化对径流量变化的贡献率,$\dfrac{\partial Q}{\partial PET}$ 为潜在蒸发量对径流量变化的贡献率。

8.2.2　累积量斜率变化率比较法

Wang 等(2012)把累积量引入径流量变化的归因分析中,在一定程度上消除了实测数据年际波动的影响,所得的年份(自变量)与累积量(因变量)之间的相关性非常高,为进一步地定量分析创造了条件。可以利用累积量斜率变化率比较法来有效计算径流量变化中气候变化和人类活动的贡献率。

干旱区由于干湿季节分明,地下水对径流量的影响并不明显,而人类活动引起地下水位的下降需要消耗径流的补给。因此,地下水对径流量的影响包括在人类活动范围内。影响研究区径流量变化的自然因素包括降水量和蒸发量,而把诸如农业地下水变化、灌溉引水、水库拦水、生活用水、水土保持措施的实施等非自然因素都归结为人类活动。

利用累积距平方法结合 M-K 检验方法来判断径流量变化的拐点年份,根据径流量变化的拐点年份划分流域径流量的不同变化时期。在一定时期内,降水量对径流量变化的贡献率表示为降水量的变化率和径流量变化率的比值百分率。同样可以得到蒸发量对径流量变化的贡献率。根据水量平衡,则人类活动对径流量变化的贡献率为 100% 减去气候因素对径流量变化的贡献率。

假定累积径流量-年份线性关系式的斜率在拐点前后两个时期分别为 S_{Rb} 和 S_{Ra}(单位为 $10^8\,\mathrm{m}^3/\mathrm{a}$);则累积径流量斜率变化率($R_{SR}$:单位为%)为:

$$R_{SR} = 100 \times (S_{Ra}-S_{Rb})/|S_{Rb}| \tag{8.6}$$

式中,R_{SR} 为正数表示径流量增大,为负数表示径流量减小。同样,得到累积降水量斜率变化率 R_{SP}、累积蒸发量斜率变化率 R_{SE}。

降水量变化对径流量变化的贡献率(C_P,单位:%)可以表示为:

$$C_P = 100 \times (S_{Pa}-S_{Pb})/|S_{Pb}|/(S_{Ra}-S_{Rb})/|S_{Rb}| \tag{8.7}$$

气温变化导致蒸发量变化,从而引起径流量的变化。对径流量而言,蒸发量的增加对径流量增加是负贡献。

用 C_E 表示流域内累积蒸发总量-年份之间线性关系的斜率,即变化率,则

$$C_E = -100 \times (S_{Ea}-S_{Eb})/|S_{Eb}|/(S_{Ra}-S_{Rb})/|S_{Rb}| \tag{8.8}$$

根据水量平衡,人类活动对径流量变化的贡献率(C_H,单位:%)可以表示为:

$$C_H = 100 - C_P - C_E \tag{8.9}$$

潜在蒸散发根据 FAO56-PM 公式计算得到,公式为

$$PET = \frac{0.408\Delta(R_n-G)+\gamma\dfrac{900}{T+273}U_2(e_s-e_a)}{\Delta+\gamma(1+0.34U_2)} \tag{8.10}$$

式中,PET 为潜在蒸散发(mm/d),年潜在蒸散发量根据日潜在蒸散发累加而得到,该公式

被世界粮农组织推荐为潜在蒸散发通用公式。

8.3 气候变化对天山高寒盆地水资源的影响

8.3.1 天山高寒盆地概况

巴音布鲁克盆地位于新疆天山腹地中部,是一个典型的高山高寒盆地,包括大、小尤鲁都斯盆地之间的低湿地,面积约 136984 hm²,是我国唯一的天鹅国家级自然保护区。盆地东西长 270 km,南北宽 136 km,盆地底部地势平坦,海拔在 2400~2600 m,周围高山环绕,海拔4000~5500 m,有一定面积的永久性积雪和冰川,湿地水源主要依靠自然降水和冰雪融水补给,有大面积的沼泽草地和湖泊,是开都河的源头,最终汇入博斯腾湖。该区域除西北部的巩乃斯沟能够受到伊犁河谷地湿润气流的影响外,其余三面基本封闭,形成了独特的高寒山区气候,具有明显的高寒气候特征,冬季长达 7 个月之久,年均气温仅为−4.6 ℃,极端最低气温达−48 ℃以上,积雪日数多达 139.3 d,最大冻土深度 750 cm。由于其独特的高寒气候和地形地貌,发育着多种高寒草原和草甸生态系统,生长着丰富的水生植物和动物,形成独特的内陆湿地生态系统,作为新疆天山的四大主要组成部分之一,于 2013 年 6 月通过联合国教科文组织批准列入《世界遗产名录》,成为世界自然遗产的重要组成部分。作为塔里木河三大源流之一的开都河的发源地和水资源的储蓄地,它在水量调节、储水、维持地区水平衡方面发挥着巨大作用。随着全球气候系统的变化,巴音布鲁克盆地的水分相应地发生了改变,这直接关系到该地区湿地和博斯腾湖的生存与消亡,对塔里木河下游的生态环境和绿色走廊的恢复也是极为重要的。

8.3.2 气候变化对水资源的影响

(1)降水、蒸散发和径流量的变化

巴音布鲁克高寒盆地多年平均降水量为 279.65 mm,在 1960—2010 年降水量有增加趋势,增加速率为 8.13 mm/10a,表现出明显的年际和年代际波动变化,但 M-K 检验表明,在1991 年发生了突变,通过了 95%置信度检验(图 8.1)。潜在蒸散发量呈微弱的减少趋势,减小速率为 2.4 mm/10a,但没有通过 95%置信度检验。巴音布鲁克高寒盆地出山口大山口多年平均径流量为 186.4 mm。在 1960—2010 年径流量呈增加趋势,增加率为 11.24 mm/10a,通过了 95%置信度检验。M-K 突变检验表明在径流发生了突变,突变年为 1993 年,通过了99%置信度检验;以 1993 年为界,发现 1994—2010 年的径流量比 1960—1993 年的增加了 27.29%。

根据 M-K 突变检验结果,以 1993 年作为流域水分变化的突变点(图 8.2),把巴音布鲁克盆地水资源变化分为 2 个阶段,即 1960—1993 年和 1994—2010 年,巴音布鲁克盆地在 20 世纪 90 年代经历了较大的土地开发和旅游活动,对水资源有一定的影响,分别定义为基准期和变化期。分别计算了两个时期降水、蒸散发和径流量的变化量和变化率(表 8.1),可以看出1994—2010 年降水量比 1960—1993 年增加了 14.1%,径流量增加了 27.3%,而 1994—2010年蒸散发量比 1960—1993 年减少了 4.8%。蒸散发是水资源的主要消耗量,跟径流的变化呈相反的变化关系。

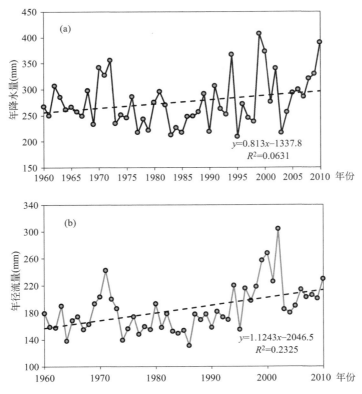

图 8.1　近 50 a 来巴音布鲁克盆地降水量和径流量的变化

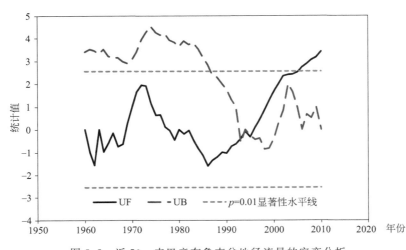

图 8.2　近 50 a 来巴音布鲁克盆地径流量的突变分析

表 8.1　不同时期降水、蒸散发和径流量的变化特征

时期	降水量			蒸散发			径流量		
	均值 （mm/a）	变化量 （mm/a）	相对变化 率（%）	均值 （mm/a）	变化量 （mm/a）	相对变化 率（%）	均值 （mm/a）	变化量 （mm/a）	相对变化 率（%）
1960—1993 年	263.7	/	/	745.0	/	/	169.8	/	/
1994—2010 年	300.9	37.2	14.1	709.3	−35.7	−4.8	216.1	46.3	27.3

(2)气候变化对径流量变化的定量分析

在傅抱璞公式中,结合水量平衡公式,计算得出巴音布鲁克流域的参数$\overline{w}=1.21$。估算了变化期内年均降水量、年均蒸发量对年均径流量的影响及气候变化对年径流量的总体影响,估算结果如表 8.2 所示。降水量变化对径流量变化的敏感性系数$\dfrac{\partial Q}{\partial P}$为 0.78,说明径流变化主要受降水波动的影响,这与巴音布鲁克盆地水资源补给中降水占的比重最大相一致;潜在蒸散发量变化对径流量变化的敏感性系数$\dfrac{\partial Q}{\partial ET_0}$为$-0.05$,潜在蒸散发是水资源的消耗项,潜在蒸散发量减少对径流量增加是正贡献,但是潜在蒸散发量的变化率(-2.4 mm/10a)相对径流量变化(11.2 mm/10a)较小,因此,潜在蒸散发量变化对径流量变化的敏感性较小;这与巴音布鲁克盆地的实际相符,巴音布鲁克盆地植被类型以草地为主(75.43%),高寒气候显著,实际蒸发消耗的水分较少,盆地多年平均实际蒸发量为 93.9 mm,实际蒸发对水资源变化的影响有限。与变化期相比,基准期径流量增加了 46.3 mm,降水量增加了 37.2 mm,而潜在蒸发量减少了 35.7 mm,其中降水量变化对径流量的影响$\dfrac{\partial R}{\partial P}\Delta P$为 62.67%,蒸发量变化对径流量的影响$\dfrac{\partial R}{\partial ET_0}\Delta ET_0$仅为 3.86%。综上所述,巴音布鲁克盆地径流量变化中因气候变化(降水增加和蒸发减少)引起的径流增加量为 30.8 mm,气候变化对径流量的影响为 66.52%。

表 8.2　气候变化对径流变化的定量分析

ΔR_{total}(mm)	$\dfrac{\partial Q}{\partial P}$	ΔP(mm)	$\dfrac{\partial Q}{\partial ET_0}$	ΔET_0(mm)	$\Delta R_{climate}$(mm)	贡献率(%)
46.3	0.78	37.2	-0.05	-35.7	30.8	66.52

在干旱区,影响径流量变化的气候因素不仅包括降水量和蒸发量的变化,而且还包括气温变化引起的冰雪融水量的变化对径流量的补给作用。因此,在干旱区,可以拓展为

$$\Delta Q_{total}=\Delta Q_{climate}+\Delta Q_{human}+\Delta Q_{melt} \tag{8.11}$$

式中,ΔQ_{melt}为冰雪融水量的变化引起的径流量的变化量。

在近 50 a,巴音布鲁克盆地平均气温迅速增加,1994 年之后温度上升了约 0.8 ℃。山区气候变暖必然引起流域内冰川物质平衡发生变化,引起冰雪融水资源在时空上的再分配。在 1961—2006 年,巴音布鲁克盆地流域内冰川物质平衡呈现显著的负平衡,累积物质平衡为-14.5 mm。巴音布鲁克盆地是塔里木河的主要源流之一。研究发现,塔里木河冰雪融水径流量以 1993 年为转折点,从波浪式下降转变为快速上升,这与巴音布鲁克盆地径流量变化是一致的。在塔里木河流域,包括巴音布鲁克在内的源流区冰川融水对径流的补给率呈上升趋势,由 1961—1993 年的 31.58% 增加到 1994—2006 年的 39.53%。20 世纪 90 年代之后是冰川融水量变化最明显的时期,比 90 年代之前增加了约 21.28%。

综上所述,发现巴音布鲁克盆地冰川融水量变化时期与径流量一致,均为 1993 年,可以认为 1993 年之后冰川融水增加量即为对径流增加的补给量。因此,受温度升高引起冰川融水量增加对径流量的影响为 21.28%。得出人类活动对地表径流的影响为 12.2%。

气候变化对径流量的影响研究可以采用的方法较多,各个方法各有优越性。气候变化敏感法结合了 Budyko 水热耦合平衡假设和敏感性系数估算,具有一定的物理意义,同时对气候变化的影响估算更为准确有效,但也存在参数较多、计算烦琐等缺点。如该研究中的参数 $\overline{w}$,参数 $\overline{w}$ 是 Budyko 水热耦合平衡假设和计算气候弹性系数时唯一的参数,该参数主要反映流域的下垫面特征,主要与流域的土壤属性、植被与覆盖类型、地貌特性等因素相关,这些因素由区域地貌地形、气候、土壤及植被间高度非线性的相互作用决定的。

"降水—径流"关系是研究气候变化对径流量的影响的最直接的方法,可以对其他方法进行验证。以 1993 年为界,分别计算降水量与径流量的相关系数,发现 1994—2010 年降水量与径流量的关系比 1960—1993 年更加密切,进一步证明 1994—2010 年径流量变化受降水量变化的影响更大(图 8.3)。

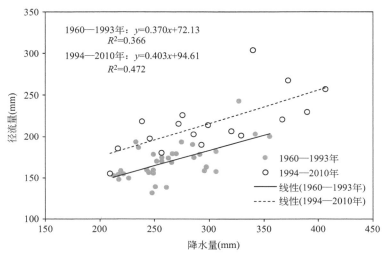

图 8.3　降水—径流关系变化

在全球变暖大背景下,高海拔地区气候变暖更快。高海拔地区快速变暖会加剧山区生态环境、冰冻圈和水文循环的变化,由此可能带来一系列环境问题,包括水资源短缺等。巴音布鲁克盆地是典型的山区高寒盆地,对气候变暖敏感,气温持续升高引起冰川融水量增加,对未来的预估发现,21 世纪上半叶冰川融水一直会处于增长状态,增长率会达到 25%～50%,这必然引起径流补给量的增加,在短期内可以使径流量持续增加;但对长期而言,流域内冰川储量较少,面临水资源危机。

本研究中考虑了降水、蒸发和冰川融水变化对径流量的影响,忽略了土壤蓄水量对流域水资源的影响,而巴音布鲁克盆地为高山湿地面积较大,土壤蓄水量较大,对河川径流的补给比例高,这也是本研究中得出人类活动对径流影响较大的原因之一。在水热耦合平衡的框架下,土壤水分随机模型为研究土壤水量变化对流域径流量的影响提供了可能,如考虑土壤湿度概率密度函数模型(Porporato 公式)等。在后续的研究中,可以对 Budyko 假设和 Porporato 公式进行耦合研究,得出更加全面的、考虑土壤水分变化的水资源对气候变化响应关系模型。

8.4 气候变化对天山北坡典型流域水资源的影响

8.4.1 呼图壁河流域概况

呼图壁河流域地处天山北坡中段,准噶尔盆地南缘,在 $86°05'—87°08'$ E 和 $43°07'—45°20'$ N 之间。呼图壁河流域总面积为 $10254.68~km^2$,其中南部山地及前山丘陵占流域面积的 34.71%,中部平原占 39.58%,北部沙漠占 25.71%。呼图壁河流域深居欧亚大陆腹地,远离海洋,主要受西风带天气系统和北冰洋冷空气的影响,属于典型的中温带大陆性干旱气候。根据海拔变化和土地利用的差异,呼图壁河流域呈现出山区、绿洲和荒漠三个气候区。位于天山山区的石门水文站高程为 1273 m,多年平均温度为 5.5 ℃,年降水量为 414 mm;平原区的呼图壁气象站,年平均气温为 7.0 ℃,年降水量为 160 mm;而荒漠地区降水稀少,干旱炎热。

呼图壁河流域位于天山山脉迎风坡的"雨影区",山区降水丰富,而随着海拔高程的变化,降水量由南至北存在明显的差异。高山区常年积雪覆盖,气候寒冷,雨雪较多,年降水量在 600 mm 以上;中山森林带降水量也较丰富,年降水量在 $400\sim500$ mm,主要集中在 5—8 月。该流域降水分布不均匀,随着地势的降低,流域自南向北降水量递减,平原和荒漠过渡带在 $100\sim180$ mm,而沙漠腹地地区降水量不足 50 mm。流域降水垂直地带性非常显著,流域多年平均降水量为 277.2 mm。蒸发量受气温、相对湿度、风速等气象因素和下垫面的影响,从绿洲平原区向山区和荒漠区递减。

呼图壁河流域是天山北坡中段的第二大河流,有大小 30 余条雨雪混合型补给,发源于喀拉乌成山分水岭,河流总长 176 km,总面积 $10255~km^2$。上游山区大部分支流源头在冰川和永久积雪区,靠季节性积雪消融和夏季降水补给。石门水文站以上为集水区,集水面积 $1840~km^2$,平均高程 2984 m,河道纵降比 23.13%,年径流量 $4.71×10^8~m^3$,占全河地表水量的 93.6%。主河道在中山区形成后,经过中山区、戈壁平原区,在冲积扇缘、泉水溢出带的芨芨坝处分为 2 条河(东河和西河),东河上建有小海子拦河水库,西河上建有大海子拦河水库。

8.4.2 气候变化对呼图壁河流域水资源的影响

在呼图壁河流域的研究中,潜在蒸发量的估算采用 Zhang 公式(张氏公式),具体为:

$$ET=\left(f\frac{1+2\dfrac{1410}{P}}{1+2\dfrac{1410}{P}+\dfrac{P}{1410}}+(1-f)\frac{1+0.5\dfrac{1100}{P}}{1+0.5\dfrac{1100}{P}+\dfrac{P}{1100}}\right)P \tag{8.12}$$

式中,ET 为月蒸发量(单位:mm),P 为月降水量(单位:mm),f 为森林覆盖率。呼图壁河流域森林覆盖率数据来源于呼图壁县林业局。在基准期和验证期,森林覆盖率数据分别为 4%和 4.8%。

1956—2011 年间径流量累积距平在 1986 年前后表现出减小和增大的趋势,显然,流域径流量发生变化的拐点年份为 1986 年(图 8.4)。1961—2011 年间降水量累积距平变化也表现

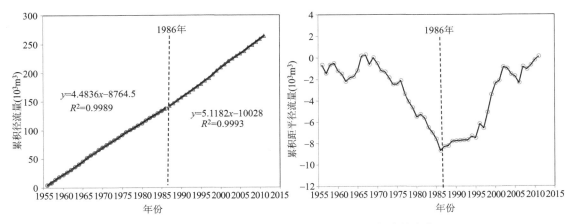

图 8.4　呼图壁河流域累积径流量及累积距平径流量变化

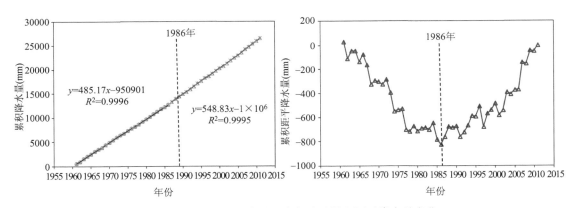

图 8.5　呼图壁河流域累积降水量及累积距平降水量变化

出先减小后增大的趋势,发生变化的拐点年份也是 1986 年(图 8.5)。显然,呼图壁河流域水分的变化拐点发生在 1986 年。呼图壁河流域在 20 世纪 80 年代中期以前,人类干扰相对轻微,拐点 1986 年反映了之前径流量变化主要受到气候变化的影响,可以看作基准时期;1986年以后,人类活动的影响逐渐显现,径流量的变化除了受到降水量等自然因素的影响外,还叠加了人类活动的影响。

呼图壁河流域水资源的变化可以分为 2 个时期:1956—1986 年和 1987—2011 年,第一个时期为基准期 A_R,第二个时期是变化期 B_R。表 8.3 反映了变化期和基准期累积径流量(降水量)斜率的变化量及变化率。B_R 与 A_R 时期相比,累积径流量斜率增加了 0.635×10^8 m^3/a,增加率为 14.16%;同期相比,累积降水量斜率增加了 63.7 mm/a,增加率为13.13%。结合张氏公式计算了阶段潜在蒸散发量的变化量及变化率(表 8.4)。根据计算结果可知,B_R 与 A_R 时期相比,降水量增加对径流量增加的贡献率为 92.73%,而蒸散发的增加会消耗掉部分径流量,蒸散发的增加对于径流量增加而言是负贡献,贡献率为-9.66%;因此,气候变化对于流域径流量变化的贡献率 83.07%,人类活动对流域径流量变化的贡献率为 16.93%(表 8.5)。

表 8.3　呼图壁河流域累积径流量(降水量)斜率及其变化

时期	累积径流量线性关系式斜率(亿 m³/a)	斜率与时段 A 比较		累积降水量线性关系式斜率(mm/a)	斜率与时段 A 比较	
		变化量(亿 m³/a)	变化率(%)		变化量(mm/a)	变化率(%)
A_R:1957—1986 年	4.483	—	—	485.1	—	—
B_R:1987—2011 年	5.118	0.635	14.16	548.8	63.7	13.13

表 8.4　不同时期呼图壁河流域潜在蒸散量

时期	森林覆盖率(%)	降水量(mm/a)	蒸散量(mm/a)	蒸散量(mm/a)
A_R:1957—1986 年	4.0	487.6	406.03	—
B_R:1987—2011 年	4.8	552.4	—	445.23

表 8.5　呼图壁河流域径流量变化的贡献率分析

流域	对径流量变化的贡献率			
	C_P+C_E	C_P	C_E	C_H
呼图壁河	83.07	92.73	−9.66	16.93

利用水量平衡和气候敏感法,分别计算出 HSAM 法过程中所需要的各项参数。其中,在本研究中,ω 是一个重要的参数,计算得出呼图壁河流域的 ω 值为 2.534。利用计算的 ω 值,结合水量平衡关系,对实际蒸散发进行估算,得出的结果较为可信。

根据呼图壁河流域水资源的变化拐点,分为基准期 A_R(1956—1986 年)和变化期 B_R(1987—2011 年)。B_R 与 A_R 时期相比,降水量增加对径流量增加的贡献率为 82.64%,而蒸散发的增加会消耗掉部分径流量,蒸散发的增加对于径流量增加而言是负贡献,贡献率为 −8.43%;因此,气候变化对于流域径流量变化的贡献率为 74.21%,人类活动对流域径流量变化的贡献率为 25.79%(表 8.6)。

表 8.6　呼图壁河流域径流量变化的贡献率分析

流域	对径流量变化的贡献率			
	$\Delta Q_{climate}$(%)	$\Delta Q_{precipitation}$(%)	$\Delta Q_{evaporation}$(%)	ΔQ_{human}(%)
呼图壁河	74.21	82.64	−8.43	25.79

通过上述两种方法定量评估了气候变化和人类活动对径流量变化的贡献率,发现 SCRAQ 法估算的气候变化对流域径流量变化的贡献率为 83.07%,人类活动的贡献率为 16.93%;而 HSAM 法估算的气候变化对流域径流量变化的贡献率为 74.21%,人类活动的贡献率为 25.74%。总体来看,SCRAQ 法估算结果与 HSAM 法的估算结果基本相似,但也存在一定的差别。相比而言,SCRAQ 法估算的气候变化对流域径流量变化的贡献率较大,这主要得益于降水量增加对径流量变化的影响,SCRAQ 法比 HSAM 法多 8.86%;而两种方法估算的蒸散发对流域径流量变化的贡献率相近。

HSAM 法耦合了水量平衡法和气候敏感法,对气候变化的影响估算更为准确有效,但依然存在参数较多、计算烦琐等缺点。SCRAQ 法具有计算简单快捷、所需参数较少等优点,但该法主要基于径流量只有降水量(或蒸散发)影响的假设,认为降水量对径流量变化的贡献率总是等于累积降水量斜率的变化率与累积径流量斜率变化率的比值,这必然导致对降水量变化的过度依赖,得出了降水量对径流量变化的贡献率较大的结论。流域蒸散发的增加会消耗掉部分径流量,会导致径流量的减少;但对于径流量增加的河流,蒸散发的增加对于径流量增加而言是具有负的贡献作用的。

众多人类活动,诸如土地利用变化、植被覆盖变化及各种用水引起的水量和水质的变化,影响着天然的水文过程。因此,在实测的水文过程中,包括了径流对人类活动响应的信息。在呼图壁河,人类活动对流域径流量变化的贡献率为 $16.93\%\sim25.79\%$,而径流量在变化期与基准期相比,呈现增加的趋势,即人类活动的干扰对流域径流量增加有正贡献,这可能与人类活动引起气候变暖的水文效应有关

8.5　气候变化对湖泊水文的影响

8.5.1　博斯腾湖概述

博斯腾湖位于天山南麓的博湖县境内,水面东西长 55 km,南北宽 25 km,2014 年该湖湖面面积 800 km²。博斯腾湖流域地处封闭的山间盆地——焉耆盆地,地形北高南低。博斯腾湖湖滨带年均气温 8.2～11.5 ℃,1 月最低,7 月最高,最高气温极端值达 40.0 ℃以上。年降水量 47.7～68.1 mm,主要集中在 5—9 月,年蒸发皿蒸发量达 1880 mm 以上。

博斯腾湖是焉耆盆地大小河流的汇集地,盆地集水面积约为 2.7×10^4 km²,进入盆地的地表总径流量为 40×10^8 m³,由于流域自然地理条件的差异,从盆地四周进入的水量不同,80% 以上的水来自开都河,其余则来自天山南坡的乌拉斯台河、黄水沟、清水河、曲惠沟和乌什塔拉河等小河。同时,湖水从湖的西部溢出,穿铁门关峡谷流经库尔勒市,形成孔雀河。博斯腾湖水位年内变化幅度有较大差异,从 0.2 mm 到 1.24 mm 不等。

博斯腾湖生态环境问题凸显,如湖泊萎缩、水体污染、土壤盐渍化等,严重影响着博斯腾湖生态系统和生态安全。

8.5.2　博斯腾湖流域干湿气候变化

PDSI、SPI 和 SPEI 被广泛用来评估区域干湿气候变化,而这些指标受不同的气候变量的控制,如降水量、大气蒸发需求(潜在蒸发量)和地表水分平衡等。尽管区域干湿变化主要受降水量多少的影响,但在全球持续变暖背景下,大气蒸发需求的增加势必会引起陆表的干旱。因此,潜在蒸发量是影响区域干湿变化的主要因素之一,而估算区域潜在蒸发量显得异常重要。Penman-Monteith 方程不仅具有明确的物理过程,还包括了更多的气候变量信息。

图 8.6 显示了 1961—2016 年博斯腾湖流域 SPEI、SPI 和 sc_PDSI 指数的逐年变化序列,以及阶段性特征,同时比较了不同阶段干旱频率的变化。博斯腾湖流域 SPEI、SPI 和 sc_PDSI 指数的变化趋势基本一致,SPEI 和 SPI 指数的相关系数为 $0.58(p<0.01)$,和 sc_PDSI 指数的相关系数为 $0.47(p<0.01)$。三个指数共同揭示出了三个变化阶段:1961—1987 年、1988—2002 年和 2003—2002 年。1988—2002 年为湿润期,而 1961—1987 年和 2003—2002 年主要以干旱为主。从变化趋势来看,1961—2016 年博斯腾湖流域总体有微弱的变干趋势,干旱指数趋势率为 $-0.007\sim0.025$ $a^{-1}(p>0.05)$,但从 1988 年开始有明显的变干趋势,

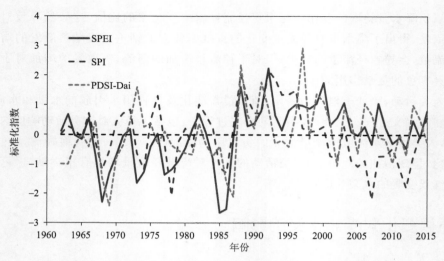

图 8.6　基于 SPI、SPEI 和 sc_PDSI 指数的博斯腾湖流域干湿指数变化

SPEI、SPI 和 sc_PDSI 指数的变化趋势分别为 $-0.023\ a^{-1}$，$-0.064\ a^{-1}$ 和 $-0.063\ a^{-1}$（$p<$ 0.01）。SPI 指数监测的干旱更加严重，主要是受降水量急剧减少的影响。

　　从干旱频率阶段性比较来看，1988—2002 年偏湿的频率明显大于 1961—1987 年，从 9.3 个月/10a 增加到 37.1 个月/10a。相对于 1988—2002 年，2003—2016 年干旱事件明显增加，干旱频率增加了 6.1～14.7 倍，极端干旱发生频率从 0.3 倍增加到 1.3 倍（图 8.7）。

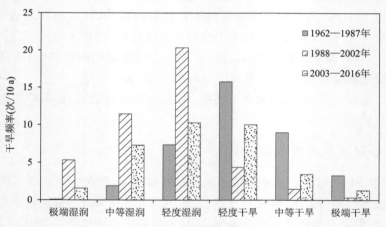

图 8.7　基于 SPEI 指数的不同阶段博斯腾湖流域干旱频率变化

8.5.3　博斯腾湖水文要素的变化

　　图 8.8（彩）显示了 1961—2016 年博斯腾湖逐年湖泊水位、水面面积和湖水储量的变化序列。从多年平均来看，湖泊水位为 1046.86 m±1.0 m，1987 年和 2013 年水位最低，为 1045.0 m；2002 年水位最高，为 1049.39 m。根据湖泊水文变量变化情况，被划分为 4 个不同的阶段，分别为 1961—1987 年、1988—2002 年、2003—2012 年和 2013—2016 年。总体来看，1961—2016 年博斯腾湖水位有下降趋势，趋势率为 -0.024 m/a。1961—1987 年，湖泊水文变量有下降趋势、急剧增加（1988—2002 年）、持续下降（2003—2012 年）和近期的增加态势（2013—

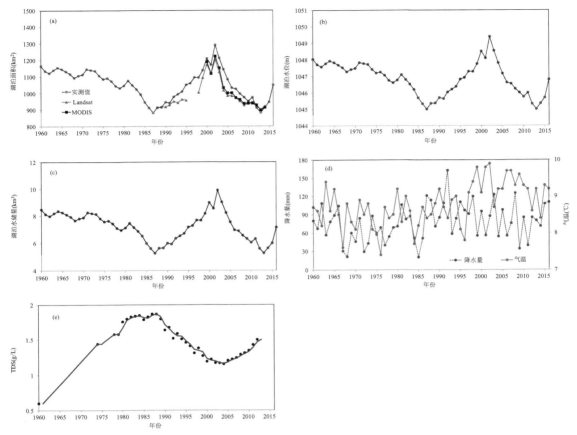

图 8.8　1961—2016 年博斯腾湖水位、水面面积和湖水储量逐年变化(a—c)，其中(a)中黑色实线为实测水面面积，红线为 Landsat 数据，蓝色为 MODIS 数据；(d)1961—2016 年博斯腾湖流域气温和降水量变化；(e)博斯腾湖 TDS 变化(1960—2012 年)(另见彩图 8.8)

2016 年)。1961—1987 年湖泊水位变化率为 -0.083 m/a，1988—2002 年、2003—2012 年和 2013—2016 年分别为 0.263 m/a、-0.309 m/a 和 0.575 m/a。

1961—2016 年博斯腾湖湖泊水面面积经历了类似的变化，湖泊水面多年平均面积为 1054.46 km²±93.1 km²。1961—1987 年期间湖泊水面变化率为 -7.720 km²/a，1988—2002 年、2003—2012 年和 2013—2016 年分别为 24.575 km²/a、28.898 km²/a 和 28.898 km²/a。利用 Landsat 卫星数据显示，1988—2002 年期间湖泊逐年扩大，变化率为 19.98 km²/a，而在 2003—2014 年期间急剧萎缩，变化率为 -14.49 km²/a。MODIS 数据显示 2003—2014 年博斯腾湖整体萎缩，变化率为 -16.79 km²/a。

此外，博斯腾湖湖水储量多年平均为 7.22 km³±1.06 km³。四个阶段的变化率分别为 -0.088 km³/a、0.279 km³/a、-0.309 km³/a 和 0.610 km³/a。

总体而言，博斯腾湖的水位、水面面积和湖水储水量变化分为四个阶段：下降(1961—1987 年)、快速上升(1988—2002 年)、急剧下降(2003—2012 年)和近期急剧上升(2013—2016 年)。1987 年以后，湖泊水位和水面面积的变化加速，这可能是区域气候暖湿化引起的。1961—2015 年期间流域温度和降水两呈现出明显的变化。1997 年气温急剧上升，之后一直在高位波动。降水量在 1987 年出现了急剧增加,但在近 20 a 以来降水的增加趋势有所减弱。这些变化与前人在中国干旱地区的研究结果一致。温度显著升高引起的蒸发需求增大加剧了区域干旱的程度。气候条件的急剧变化可能会带来一些不利影响,区域干湿改变可能是引起湖泊水文要素变化的主要原因。

在过去的 50 a 里,中国西北地区的气候发生了从暖干向暖湿的转型。气候的急剧变化会带来一些负面影响,博斯腾湖水位的剧烈变化就是一个很好的例子。比较了 SPEI、SPI 和 sc_PDSI 指标监测的干湿变化和频率,发现 SPEI 与 sc_PDSI 和 SPI 变化较为一致。实际上,SPEI 是监测全球变暖下干湿气候的最有效工具,因为它结合了 SPI 的多尺度特征和 PDSI 对蒸发需求变化的敏感性。湖泊水位变化与 SPEI 变化非常一致。1988 年以来,湖泊水位迅速上升,同时 SPEI 指数也在明显增加(图 8.9)。与此同时,气温的显著升高和降水的不显著增加加剧了干旱的程度。毫无疑问,气候转型是导致湖泊水位变化的原因之一,还有生态输水工程、农业灌溉用水等其他因素的影响。

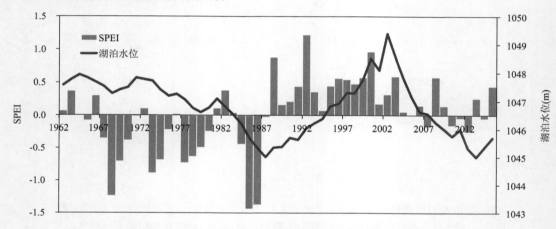

图 8.9　博斯腾湖流域湖泊水位和 SPEI 指数的变化

8.5.4　水文气候要素对入湖径流变化的定量影响

根据气候弹性理论,对于某一集水区,不同阶段的流量变化量(R)可表示为:

$$\Delta R = \Delta RC + \Delta RH \tag{8.13}$$

式中,ΔRC 和 ΔRH 分别表示气候变化和人类活动引起的径流量的变化量。

开都河流域源区处于自然系统中,人为干扰非常小。径流主要受山区降水和冰川融水补给。因此,流量变化量主要受气候变化变化量 ΔRC 影响。由气候变化引起的径流量变化量可以表示为:

$$\Delta R_{\text{climate}} = \frac{\partial R}{\partial P}\Delta P + \frac{\partial R}{\partial ET_0}\Delta ET_0 + \frac{\partial R}{\partial G}\Delta G \tag{8.14}$$

式中,ΔP,ΔET_0 和 ΔG 分别表示为年降水量、潜在蒸散发量和冰川融水量的变化量。

$\frac{\partial R}{\partial P}$,$\frac{\partial R}{\partial ET_0}$ 和 $\frac{\partial R}{\partial G}$ 分别为年降水量、潜在蒸散发量和冰川融水量对径流变化的敏感性系数。因此,三者之间的关系如下:

$$\frac{\partial R}{\partial P} + \frac{\partial R}{\partial ET_0} + \frac{\partial R}{\partial G} = 1 \tag{8.15}$$

根据 Budyko 理论,径流变化的敏感性系数分别为:

$$\frac{\partial R}{\partial P}=(P^{\overline{w}}+ET_0^{\overline{w}})^{(\frac{1}{\overline{w}}-1)}P^{\overline{w}-1} \tag{8.16}$$

$$\frac{\partial R}{\partial ET_0}=(P^{\overline{w}}+ET_0^{\overline{w}})^{(\frac{1}{\overline{w}}-1)}ET_0^{\overline{w}-1}-1 \tag{8.17}$$

因此,冰川融水量对径流变化的敏感性系数为:

$$\frac{\partial R}{\partial G}=1-\frac{\partial R}{\partial P}-\frac{\partial R}{\partial ET_0} \tag{8.18}$$

博斯腾湖入湖水量主要来自开都河,约占到 95% 以上。开都河的径流主要以山区降水和冰川融水补给为主,分别占 61.5% 和 38.5%。因此,开都河的径流变化主要受山区降水变化、冰川融水变化和蒸发变化的影响。

基于气候弹性法,定量分析了上述因素对开都河径流的影响。降水量、蒸发量和冰川融水对径流变化的敏感性系数 $\frac{\partial R}{\partial P}$、$\frac{\partial R}{\partial ET_0}$ 和 $\frac{\partial R}{\partial G}$ 分别为 0.78 ± 0.005、-0.05 ± 0.01 和 0.27 ± 0.05。这意味着降水量(冰川融水量)增加 10% 可以导致径流量增加 7.8%(2.7%),而蒸发量增加 10% 使得径流量减少 0.5%。这说明山区降水量和冰川物质平衡变化对入湖水量的变化更为敏感,蒸发量的变化影响较小。

8.5.5　博斯腾湖水量平衡

博斯腾湖是一个开放的湖泊,有出口流入孔雀河。因此,影响湖泊水位变化(ΔL)的水量平衡要素包括:湖面降水(P_L)、径流补给入湖水量(R_{in})、冰川融化水(G)、湖泊蒸发(E_L)、出湖水量(R_{out})、地下水流出和误差($R_g\pm\varepsilon$)。

湖泊水平衡模型可以表示为:

$$\Delta L=P+R_{in}+G-E_L-R_{out}+R_g\pm\varepsilon \tag{8.19}$$

根据陆地和湖泊表面降水、陆地和湖泊表面蒸发、冰川融水、入湖水量和出湖水量等多个湖泊水文变量的变化来研究湖泊水量平衡。1988—2002 年和 2003—2015 年是湖泊水量剧烈变化的两个阶段。表 8.7 和图 8.10 分别列出了两个阶段湖泊水文变量的变化情况。流域年降水量和年蒸发量变化趋势在空间上存在明显差异,两个阶段陆地年降水量分别为 287.5 mm 和 290.9 mm,湖泊表面年降水量分别为 91.2 mm 和 70.2 mm。两个阶段地表降水均有明显增加,而湖泊表面降水则减少。两个时期陆地年降水量的变化率分别为 52.9 mm/a 和 13.9 mm/a,湖泊表面年降水变化率分别为 −11.1 mm/a 和 −23.5 mm/a。陆地年蒸发量分别为 96.6 mm 和 100.3 mm,湖泊表面年蒸发量分别为 1018.2 mm 和 841 mm。这两个阶段陆地蒸发量在有增加趋势,而 1988—2002 年期间湖泊表面的蒸发量显著下降,而 2003—2015 年略有增加。两个阶段年入湖水量分别为 $2.7\ km^3$ 和 $2.1\ km^3$,出湖水量分别为 $1.5\ km^3$ 和 $1.8\ km^3$。两个阶段的入湖水量均显著增加,分别为 $0.14\ km^3/a$ 和 $0.05\ km^3/a$。而出湖水量在 1988—2002 年显著增加,而在 2003—2015 年有微弱下降态势。

基于集合模型模拟了湖泊流域冰川平衡变化,在 1961—2015 年冰川平衡变化减少了 $(-0.63\pm0.31)\times10^3\ kg/(m^2\cdot a)$;而基于 ICESat 卫星反演结果显示 2003—2009 年冰川平衡变化减少了 $(-0.68\pm0.43)\times10^3\ kg/(m^2\cdot a)$。

表 8.7　博斯腾湖水量平衡（1961—2015 年）

水量要素		1961—1987 年		1988—2002 年		2003—2015 年	
		均值（km³/a）	%	均值（km³/a）	%	均值（km³/a）	%
ΔL		−0.12		0.31		−0.48	
湖泊补给量	P_L	0.29	6	0.31	5	0.31	6
	R_{in}	1.41	31	1.98	35	1.59	29
	G	0.52	12	0.73	13	0.59	11
湖泊损失量	E_L	1.05	−23	1.06	18	0.88	−16
	R_{out}	1.15	−25	1.55	27	1.83	−33
$R_g \pm \varepsilon$		−0.13	−3	−0.1	2	−0.26	−5

注：湖量平衡要素包括：湖水储量变化量（ΔL），湖面降水量（P_L），降水补给形成的径流量（R_{in}），冰雪融水补给的径流量（G），湖面蒸发量（E_L），出湖量（R_{out}），地下水交换量和误差（$R_g \pm \varepsilon$）。

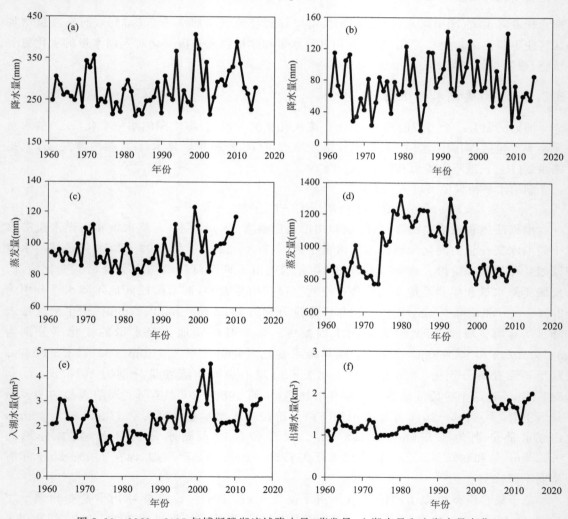

图 8.10　1961—2015 年博斯腾湖流域降水量、蒸发量、入湖水量和出湖水量变化

（a）、（c）为陆地；（b）、（d）为湖面

图 8.11 显示了博斯腾湖 1960—1987 年、1988—2002 年和 2003—2015 年三个阶段的湖泊水文变量变化。在不同阶段湖泊的降水量分别为 0.29 km³、0.29 km³ 和 0.31 km³；降水补给形成的入湖水量分别为 1.93 km³、2.71 km³ 和 2.18 km³；冰川融化补给形成的入湖水量分别为 0.52 km³、0.73 km³ 和 0.59 km³；湖面蒸发为 1.03 km³、1.07 km³ 和 0.88 km³；出湖水量分别为 1.15 km³、1.55 km³ 和 1.83 km³；地下水流出和误差为 −0.67 km³、−0.82 km³ 和 −0.85 km³；湖泊储水变化为 −0.12 km³、0.31 km³ 和 −0.48 km³。可以看出，在 1988—2002 年，降水和冰雪融水增加引起的入湖水量增加量明显大于湖面蒸发损失和出湖水量，因此湖泊呈扩张态势；而在 2003—2015 年，入湖水量减少，且出湖水量增加，两者共同导致湖泊萎缩。

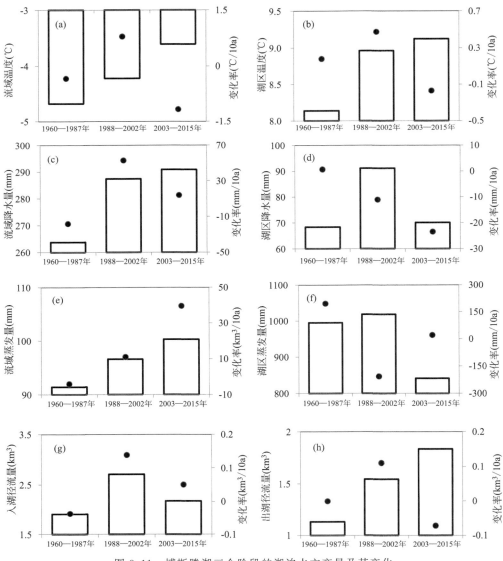

图 8.11　博斯腾湖三个阶段的湖泊水文变量及其变化
（柱状表示水文变量均值；圆点表示阶段变化趋势）

根据上述分析,降水和冰川融水是湖泊补给的主要来源,并影响着湖泊的扩张或萎缩。1988—2002 年湖泊降水、降水引起的入湖径流和冰川融化生成径流分别占总湖泊补给量的 10.27%、65.56% 和 24.17%,而 2003—2010 年分别为 12.45%、63.86% 和 23.69%。因此,降水量是影响湖泊补给的最主要因素,在两个阶段分别占到了 75.83% 和 76.31%。两个阶段比较发现,降水增加了 0.48%,而冰川融水有所减少。1988—2002 年蒸发损失和出湖水量分别占湖泊水量损耗的 35.43% 和 51.32%,而在 2003—2015 年分别占到 35.34% 和 73.49%(图 8.12)。因此,两个阶段蒸发量的微小变化并不能减少湖泊水量损失,主要是因为增加的湖泊水量比增加的蒸发量损失要大得多。

1988—2001 年湖泊水补给量比 1961—1987 年增加了 0.8 km³/a。降水(包括湖面和产生的径流)和冰川融水的比例分别占总补给量的 73.75% 和 26.25%。由于蒸发和出湖水量的增加,湖泊水量损失了 5% 和 50%。与 1988—2002 年相比,2003—2015 年平均湖泊储水量减少 0.79 km³/a。在补给量减少的情况下,降水量为 0.39 km³/a,冰川融水为 0.14 km³/a。同时,湖泊年出水量增加 0.28 km³/a,年蒸发量减少 0.19 km³/a(图 8.12)。

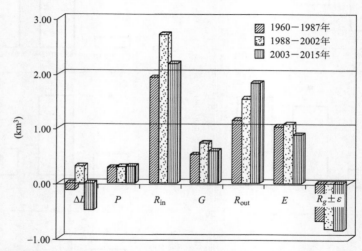

图 8.12 博斯腾湖流域水量平衡分析。流域水量平衡变量分别为:湖泊降水量(P_L),降水补给形成的入湖水量(R_{in}),冰雪融水量(G),湖面蒸发(E_L),出湖水量(R_{out}),地下水流出和误差($R_g \pm \varepsilon$)和湖水储量变化量(ΔL)

8.5.6 博斯腾湖水循环过程的影响因素

(1)冰川退缩和湖泊剧烈变化的关系

发源于天山的河流径流量严重依赖于冰川(雪)的变化,因此冰川融水在河流径流总量中占有重要地位。全球变暖加速了中国西北地区冰川的融化和退缩,其中约 82.2% 的冰川正在退缩,总面积减少了 4.5%。1990—1997 年以来,冰川消退趋势加剧,博斯腾流域也不例外。

基于气候弹性方法和博斯腾湖湖水平衡估算结果来看,冰川变化是湖泊扩张或退缩的关键因素。在 1963—2000 年间,博斯腾湖流域的冰川呈现出消退的趋势。冰川面积减少 38.5 km²,减少率为 0.31%/a。在 20 世纪 60 年代到 21 世纪初流域冰川面积和体积变化速率分别减少了 15.3% 和 19.5%。流域内大部分冰川为小型冰川,占冰川总数的 72%。冰川面积 <1

km² 的小型冰川退缩明显,1963—2004 年冰川面积和体积变化率分别为 23.9% 和 31.4%。

1961—2012 年冰川物质平衡变化率为 $-(0.63\pm0.31)\times10^3$ kg/(m² · a)。基于模型模拟结果和 ICESat 卫星结果揭示,2003—2009 年冰川物质平衡变化率为 $(-0.69\pm0.28)\times10^3$ kg/(m² · a)和 $(-0.68\pm0.43)\times10^3$ kg/(m² · a)。从冰川变化分析,从 1988—2002 年湖泊面积急剧扩大,从 2003—2015 年急剧缩小,1961—2012 年冰川总面积和物质平衡总体下降。因此,博斯腾湖流域内湖泊的剧烈变化与冰川的退缩并不完全一致。有人认为流域降水的变化引起了博斯腾湖的扩张或萎缩,而冰川融化速率影响次之,在青藏高原羊卓雍错湖也有类似的变化(图 8.13)。

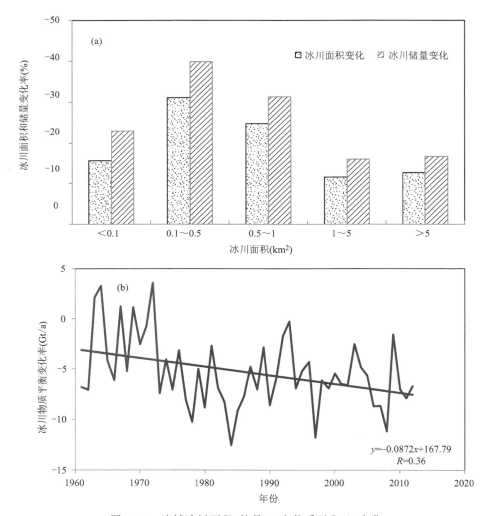

图 8.13　流域冰川面积、储量(a)和物质平衡(b)变化

随着气温持续上升,21 世纪初冰川退缩率明显高于 20 世纪后期。1961—2016 年天山地区年平均温度、最高温度和最低温度都经历了一个显著的增加趋势,增加率分别为 0.34 ℃/10a、0.19 ℃/10a 和 0.56 ℃/10a。同时,在过去的 50 a 里,天山山脉的冰川大量退缩。温度的升高对小型冰川的融化影响更大。而天山冰川以小型冰川为主,气温上升明显加快了天山冰川的融化速度。

（2）灌溉和输水加剧了水资源短缺和湖泊退化

图 8.14a 显示了开都河河流径流与入湖水量之间存在着明显的正相关关系。然而，通过农业灌溉、工业用水和生活用水等方式，焉耆绿洲的用水量明显影响着湖泊的补给量。图 8.14b 显示 1961—2010 年用水量和径流量的变化情况。流域年平均径流量为 3.51 km³，年平均耗水量为 1.31 km³，耗水量占流域总径流量的 37.3%。在三个时段，用水量分别占总径流量的 40.4%、30.2% 和 42.5%。博斯腾湖流域是一个灌区，主要由农田组成，1990 年农田的面积约为 5.47×10^4 hm²，而近年来快速增长，2010 年达到 11.75×10^4 hm²。因此，灌溉占了整个湖泊流域耗水量的 90%，表明灌溉耗水量对湖泊的剧烈变化影响很大。

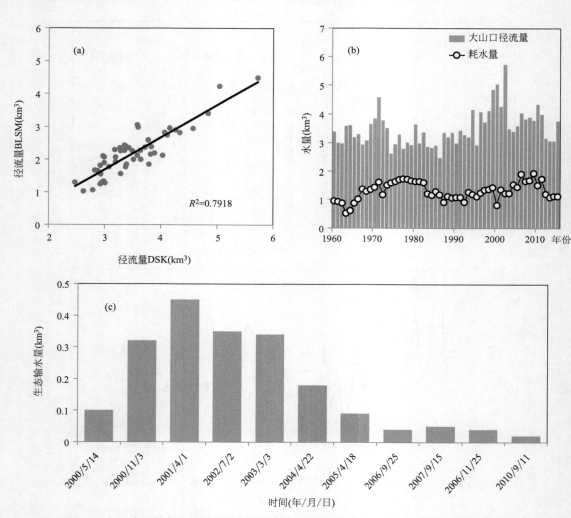

图 8.14　（a）大山口站和宝浪苏木站径流量的关系；（b）1961—2015 年大山口站径流量和焉耆绿洲耗水量的变化；（c）2000—2015 年塔河生态输水量的变化

塔里木河是我国最长的内陆河，由于水资源的不合理利用，已经发生了重大的生态退化。博斯腾湖流域是塔里木河的四大源流之一。2000 年，为恢复塔里木河下游的"绿色走廊"，实施了生态输水工程。该工程将博斯腾湖的水输送到大西海子水库，最后输送到台特玛湖。生态输水工程的实施显著提高了塔里木盆地地下水位，有效恢复了退化植被。而生态输水主要来自博斯腾湖湖水,同时流域节水灌溉,进一步加剧了博斯腾湖流域的缺水问题。2002—2010年,博斯腾湖生态总输水量为 1.91 km³,2010 年以后因河流低流量而停止输水(图 8.14c)。

总溶解固体(TDS),即水的盐度,是水环境的一个关键指标。博斯腾湖的 TDS 变化也经历了三个阶段:快速增加(1960—1987 年),大幅减少(1988—2002 年)和最近的增加(2003—2015 年),但它显示出明显的与水位反向变化。这表明 TDS 随着湖泊水位的升高而降低。1960 年 TDS 最小,为 0.6 g/L,而 1987 年最大,为 1.87 g/L。由于源区的大规模围垦、水资源的过度开发利用、入湖水量减少、流入湖泊的盐量增加等原因,导致该湖泊盐渍化严重。TDS与入湖水量、出湖水量和水位有明显的负相关,相关系数分别为 0.51、0.84 和 0.69($p<$0.01)。TDS 变化主要受湖泊水位的影响,而污水排放也是影响湖泊盐渍化的重要因素。相关分析显示,TDS 变化与废水总排放量和工业废水之间存在显著正相关,相关系数分别为0.90 和 0.86($p<$0.01)。2001 年废水排放约 3.45×10⁴ t,而近年来迅速增长,2010 年达到7.32×10⁴ t。工业废水排放量超过了湖泊流域总排放量的 50% 以上。废水的排放导致了流入湖泊的盐通量增加,加速了湖泊的盐渍化,最终影响了流域淡水环境。

农业灌溉和生态输水加剧了博斯腾湖流域的水资源短缺,污水排放导致水体盐碱化加剧。2000 年以前,博斯腾湖流域人为干扰强度为 62%～67.7%,而在 21 世纪达到 80.8% 以上。博斯腾湖流域的水循环系统非常脆弱,而全球变暖加剧了水资源不确定性。因此,人类活动在很大程度上改变着博斯腾湖流域的自然水循环系统,博斯腾湖的未来主要取决于人类活动的影响。

博斯腾湖是中国最大的内陆淡水湖。博斯腾湖水位在过去 50 a 发生了明显的改变。基于湖泊水平衡模型和弹性理论,研究了 1961—2016 年湖泊水循环主要要素的演变特征,并分析了水分平衡的变化。博斯腾湖水循环发生了明显的阶段性变化:1961—1987 年有减小趋势,1988—2002 年迅速增加,在 2003—2012 年期间大幅减少,但在 2013 年之后有明显增加。通过湖泊水平衡模型研究发现,博斯腾湖水的阶段性变化是气候转型和人类干扰共同影响的结果。湖泊水位在 1987 年之后的增加是由气候变湿引起的。但在 2003 年开始,塔里木河流域生态输水工程增加了博斯腾湖的出湖水量,而降水减少导致干旱频率增加,共同作用下使得水位大幅减少。山区气候变暖流域加速了冰川退缩趋势,大量的冰雪融水补给湖泊,使得近期湖泊水位上升。此外,废水排放能够导致水资源退化,人类活动改变了博斯腾湖自然水循环系统。因此,博斯腾湖的未来很大程度上依赖于人类。

第9章 气候变化对植被的影响

9.1 植被覆盖度变化特征

9.1.1 植被覆盖度 NDVI 介绍

植被是连接大气、水体和土壤的纽带,构成陆地生态系统的主体。归一化植被指数(Normalized Difference Vegetation Index,NDVI)是当前广泛应用于表征植被覆盖的参数。利用 NDVI 分析植被的动态变化,对研究陆地生态系统的演变过程具有重要意义。

基于遥感技术可以获取多种植被指数,揭示地表植被覆盖的空间格局和异质性,满足全球和区域尺度的研究。NOAA/AVHRR、SPOT/VGT、MODIS 卫星传感器获取的植被指数是长时间序列植被覆盖变化研究的主要数据源。其中,基于先进甚高分辨率辐射仪(the Advanced Very High Resolution Radiometer,AVHRR)影像制作的 GIMMS NDVI 数据集,具有时间序列长、覆盖范围广、精度较高等优点,已被应用于全球及区域植被动态变化的研究中。

NDVI 数据来自美国国家航空航天局(National Aeronautics and Space Administration,NASA)全球监测与模型研究组(Global Inventor Modeling and Mapping Studies,GIMMS)发布 的 1982—2013 年 GIMMS NDVI 数据集,下载地址(ftp://ftp.glcf.umd.edu/glcf/GIMMS/),空间分辨率为 8 km×8 km,时间分辨率为 15 d。为真实反映地表植被覆盖特征,选取植被生长季(4—10 月)的 NDVI 数据,采用最大值合成法(Maximum Value Composites method)得到月、年尺度的 GIMMS NDVI 数据集。

DEM 数据为 SRTM3(Shuttle Radar Topography Mission),空间分辨率为 90 m×90 m,从中国科学院数据云下载(http://www.csdb.cn/)。

9.1.2 植被覆盖度的时空分布

基于 1982—2013 年的 GIMMS-NDVI 数据,计算每一像元逐年的 NDVI 值,反映干旱区植被覆盖格局变化特征。将 NDVI 值大于 0.10 定义为植被覆盖区域,NDVI 值小于 0.10 定义为无植被覆盖区域,其中 NDVI 值在 0.10~0.40 为低植被覆盖区域,NDVI 值大于 0.40 为高植被覆盖区域。分析发现,新疆有植被覆盖区域占总面积 33.70%,无植被覆盖区域占到 66.30%,主要包括戈壁、沙漠、湖泊、冰川等。低植被覆盖区域占总面积的 32.27%,高植被覆盖区域仅占总面积的 1.43%。

在空间分布上,新疆植被覆盖有明显的地带规律分布。主要表现为:北部高于南部,西部高于东部,山区高于盆地。这主要受地理位置和地形格局引起的水分状况差异,其中降水量区域分布是导致植被覆盖区域差异明显的主要原因。受西风气流影响,来自大西洋和北冰洋的气流带来较多降水,而南部沙漠广阔,盆地周边海拔高,外来水汽难以轻易进入,降水量小。新疆西北部植被覆盖状况最好,尤其是伊犁河谷地带,NDVI 值也最大,为 0.49。伊犁河谷的喇叭口地形接受了西来的气流长驱直入,在地形的抬升作用下形成降水,年降水量约 400 mm,其中在中国科学院天山积雪雪崩站有 1000 mm 以上的年降水量记录,是新疆的降水最高中心。由于降水充沛,山地自然植被丰富多样,物种极其丰富,还有大量的遗留物种。天山北坡及其阿勒泰地区的植被覆盖也较好,大西洋水汽遇到阿尔泰山脉被迫抬升形成降水,年降水量在 300 mm 以上,而天山北坡绿洲连片分布。在新疆南部的山前地带,尤其是昆仑山及其带状山麓地带、盆地中的绿洲区域,也有较好的植被覆盖,主要受益于好的水热组合。植被覆盖低或无植被覆盖区域主要分布在盆地腹地的沙漠地带,从塔克拉玛干沙漠、古尔班通古特沙漠及周边荒漠地区,并延伸到甘肃和内蒙古西部。一方面,西风水汽被帕米尔高原与天山阻隔,同时,季风水汽也无法到达该地区,使得降水量极小,如新疆东部年降水量不足 150 mm,塔里木盆地年均降水量少于 100 mm,在库木塔格沙漠腹地发现最低降水量,被称为"干旱中心"。

在时间变化上,1982—2013 年,新疆 NDVI 值在 0.10～0.12,变幅较小,说明新疆的植被覆盖状况趋于稳定,年际变化小。但也存在较为明显的年代际变化特征,在 1982—1997 年期间,植被有明显的增加趋势,增加率为 0.004(10a)$^{-1}$,说明植被趋于好转。但在 1997 年之后,植被 NDVI 下降明显,减少率为 0.005(10a)$^{-1}$,尤其在 21 世纪初,在 2012 年达到最低值(图 9.1)。与前一阶段比较,该阶段植被波动较大,说明在 1997 年之后植被退化明显,出现生态逆转现象。

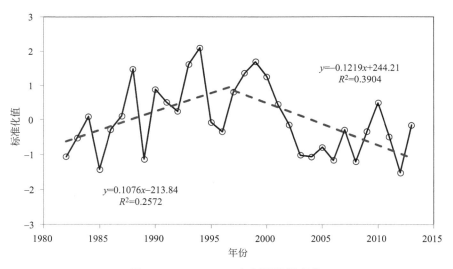

图 9.1　1982—2013 年新疆植被变化

区域上,北部植被覆盖较南部改善显著,如伊犁河谷、天山北坡等地,但在南部的塔里木河沿线也有改善,主要是人为作用的影响,如塔里木河流域实施输水生态工程,使得沿河形成绿色生态走廊。而植被退化区域主要位于天山山区、新疆西北部和阿勒泰西部等地区,南部和东部也有退化的区域。总的来说,植被状况好转的区域占总面积的 25% 以上,退化的区域也占到 20% 左右。同时,植被状况好转区域主要在河流沿线和绿洲地区,而植被退化主要分布在人类干扰强烈以及生态脆弱的地区,如山区、过渡带和荒漠地区等。

在年际变化上,用年际变异系数来分析变异性特征。其中,变异系数大于 0.2 为高的波动变化,而小于 0.1 为低的波动变化,植被覆盖度的年际波动变化主要与气候的干湿波动变化有关。研究发现，新疆植被覆盖度总体波动较低，以中等及以下波动变化区域为主，占到总面积的 70% 以上，主要分布在山前绿洲以及绿洲荒漠过渡带地区，以人为绿洲植被和小灌木为主。而高波动的区域占总面积的 30% 左右，主要分布在山区。山区地带以林地为主，水分条件充足，气温逐渐升高延长植被生长期，植被响应显著。

9.2 气候变化对植被动态的影响

现有研究表明，气候变暖增强了北半球的植被动态变化（Shen et al.，2015）。新疆降水量呈增加趋势，而蒸发量逐渐减少（表 9.1）。一般来说，NDVI 与降水量变化呈正相关，与潜在蒸散发量呈负相关，说明降水量是植被生长的关键因素，而潜在蒸散发量是竞争因素（表 9.2）。然而，1998 年以后 NDVI 与气候要素之间的关系发生了转变，NDVI 随着降水量的增加和气温的升高而减少。NDVI 与潜在蒸散发量呈显著负相关，说明干旱地区土壤水分蒸发可以诱导干旱发生，进而影响到植被退化（表 9.2）。干旱区的实际蒸发量的变化主要受水分条件（如降水量）的控制，而不是能量条件（如潜在蒸散发量）的控制。因此，新疆植被动态变化主要受水分变化的影响。与 1982—1998 年相比，1998—2010 年 NDVI 与干燥指数呈显著负相关（$R = -0.42$，$p < 0.01$）。

表 9.1　1961—2013 年新疆气候要素变化趋势

指标	变化趋势			
	新疆	北疆	南疆	天山
气温（℃/10a）	0.32[b]	0.37[b]	0.26[b]	0.34[b]
降水量（mm/10a）	10.28[b]	13.06[b]	5.60[a]	15.56[b]
潜在蒸发量（mm/10a）	−15.78[b]	−17.26[b]	−13.21[a]	−15.24[b]

注：[a] 通过了 $p < 0.05$ 的显著性检验；[b] 通过了 $p < 0.01$ 的显著性检验。

表 9.2　植被覆盖与气候要素的关系

指标	GIMMS-NDVI3g	
	1982—2010 年	1998—2010 年
气温	−0.06[a]	−0.13
降水量	0.30[a]	0.33[a]
潜在蒸发量	−0.49[b]	−0.58[b]

注：[a] 通过了 $p < 0.05$ 的显著性检验；[b] 通过了 $p < 0.01$ 的显著性检验。

9.3 水文要素对植被动态的影响

新疆是中亚干旱区核心区，地形复杂，形成了独特的山地—绿洲—沙漠景观（Chen et al.，2018）。水文气候要素异质性强，植被覆盖较少（Yao et al.，2018a）。该地区的生态系统非常脆弱，对气候变化极为敏感。植被动态是水文气候与陆地生态系统相互作用的重要指标（Peng et al.，2013）。同时，气温升高和蒸发增加加速土壤水分消耗（Li et al.，2015）。因此，气候和水文变化及其对植被动态的影响尚不明确。

遥感(RS)已成为研究区域水文气候和植被变化的有效方法(Piao et al.,2006;Jeong et al.,2011;Wang et al.,2014)。采用基于遥感手段获取的归一化植被指数(NDVI)作为植被绿度的代理指标(Peng et al.,2013)。1982—2013 年新疆的 NDVI 在 1998 年之前显著增加,之后趋势逆转(Yao et al.,2018a,b)。关于植被对水文气候变化响应的研究,大多使用气候指标,如温度和降水(Fang et al.,2013;Xu et al.,2016;Chen et al.,2015),还有极端气候的指标(Yao et al.,2018a,b)。但是,其他水文要素,如潜在蒸发量(PET)、实际蒸发量(ET)、总蓄水量(TWS)、土壤水分(SM)和地下水(GW)等的研究较少。随着遥感技术的发展,利用多卫星观测资料探测区域水文信息的方法逐渐成熟。重力恢复和气候实验(GRACE)卫星测量地球重力场的变化,这与水储量的变化直接相关(Ramillien et al.,2008)。GRACE-TWS 数据提供了新的水文信息,包括所有水体,如地表水、土壤水、地下水、雪/冰和生物水(Rodell et al.,2009)。全球土地数据同化系统(GLDAS)模型也被用于研究区域水文变化(Cao et al.,2014)。虽然许多研究考虑了新疆及其周边地区的水储量变化(Chen et al.,2016;Cao et al.,2014;Yang et al.,2017;Feng et al.,2018),但降水、PET、ET、TWS、SM、GW 等水文要素的变化来共同开展植被动态对水文变化的响应较少。

GRACE-TWS 反映了总的水储量变化,GLDAS-TWS 反映了地表水储量变化,包括地表水、土壤水、雪和冠层生物水的变化。根据水平衡方程,从 GRACE-TWS 中减去 GLDAS-SM 得到 GW(Xu et al.,2018)。Feng 等(2018)发现基于 GRACE 的地下水变化与新疆塔里木盆地地地下水观测井的观测结果吻合较好。

积雪数据提取自 MODIS/Terra 8 d 积雪 L3 产品(MOD10A2)。MOD10A2 数据是由国家冰雪数据中心(NSIDC)提供的日积雪产品,空间分辨率为 500 m(Hall et al.,2016)。研究证实了 MOD10A2 在新疆和天山地区的准确性(Chen et al.,2016)。冰川数据由 RGI 5.0 冰川目录提供。冰川质量平衡的估算来自天山地区的模拟结果(Farinotti et al.,2015)。

9.3.1　水文要素的年内循环

图 9.2 为 2003—2013 年新疆降水量、潜在蒸发量、实际蒸发量、GRACE-TWS、GLDAS-SM、GW、SPI、SPEI 的逐月分布。新疆 5—8 月降水相对较多,其余月份降水较少。PET 和 ET 的对应关系较好,夏季高,冬季低。GRACE-TWS 在 3—8 月为正值,其余月份为负值,最大值和最小值分别为 5 月的 18.46 mm 和 10 月的 -21.05 mm。同样,GLDAS-SM 在 3—7 月呈正值,其余月份呈负值。GLDAS-SM 最高值在 5 月,为 7.10 mm,最低值出现在 11 月,为 -6.76 mm。春夏季的 GRACE-TWS 变化最大,秋冬季最小。秋冬季降水相对较少,导致 GRACE-TWS 变化为负值。GLDAS-SM 和 GRACE-TWS 呈现一致的年内分布,但降水、PET 和 ET 年内分布存在差异。此外,春夏季水分主要以土壤水的形式储存,地下水分布有明显的变化。

9.3.2　水文要素的年际变化

2003—2013 年,新疆逐年降水量、PET、ET、GRACE-TWS、GLDAS-SM、GW、SPEI 和 SPI 的变化如图 9.3 所示。2003—2013 年新疆年降水量呈增减波动变化,变化趋势为 12.07 mm/10a。PET 增加较快,变化趋势为 19.20 mm/10a,2007 年发生转折,之后 PET 急剧下降。ET 有明显的减小趋势,变化率为 -14.79 mm/10a。GRACE-TWS 呈上升趋势,变化率

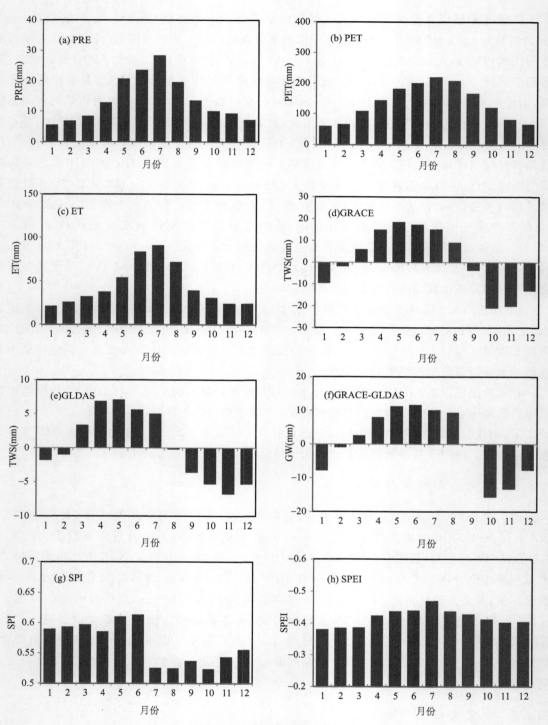

图 9.2　水文要素的年内循环

为 112.91 mm/10a,且在 2008 年后迅速增加。SM 呈上升趋势,变化率为 87.48 mm/10a。而 GW 的变化趋势较为明显,在 2003—2013 年以 25.43 mm/10a 的趋势增加。SM 和 GW 在 2008 年之后均出现了显著的增加。表明 SM 和 GW 的增加对新疆地区水储量的增加有较大

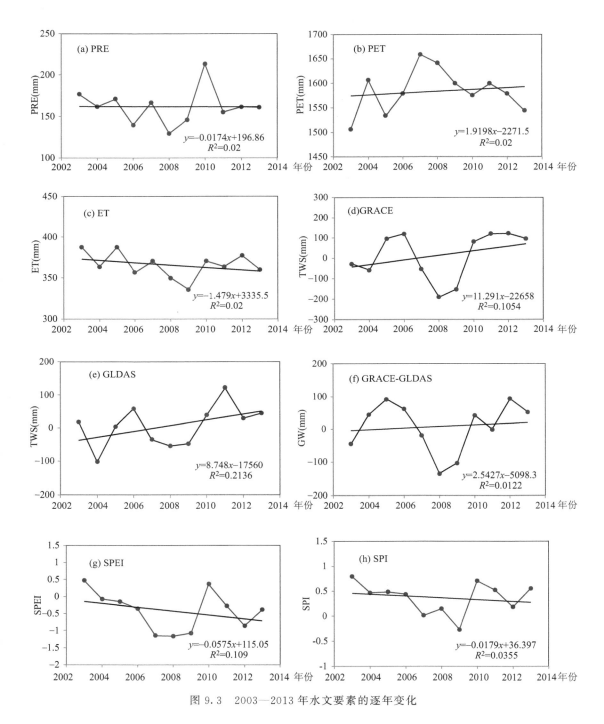

图 9.3　2003—2013 年水文要素的逐年变化

贡献。2003—2013 年，SPI 和 SPEI 干旱指数均有轻微的下降趋势，变化率分别为 $-0.58(10a)^{-1}$ 和 $-0.18(10a)^{-1}$。

2003—2013 年新疆降水量、PET、ET、GRACE-TWS、GLDAS-SM、GW、SPEI 和 SPI 的平均值分别为 161.9 mm、1583.5 mm、365.7 mm、13.4 mm、5.9 mm、7.5 mm、-0.4 和 0.4。具体来看，天山和新疆北部的多年平均降水量高于新疆南部，大部分区域增湿，山区增湿更加

明显。与此相反,塔里木盆地和准噶尔盆地的 PET 要高于天山地区,天山和新疆北部地区的 PET 呈上升趋势,南疆呈下降趋势。多年平均 ET 的空间分布与降水的空间分布一致。值得注意的是,卫星反演的 ET 值在山区大于降水量,意味着基于卫星的 ET 可能存在局限性,反演算法应把植被指数(如叶面积指数)与地表和冠层电导率等联系起来(Piao et al.,2006),而植被覆盖面积仅占新疆总面积的 40.57%(Xu et al.,2016)。ET 在塔里木河流域和天山北坡呈上升趋势,而在北疆和天山山区有下降趋势。此外,2003—2013 年,TWS、SM 和 GW 的变化都处于盈余状态。GRACE-TWS 分布与降水的分布不同,表明它不仅受降水的影响,还可能受下垫面性质的影响,如冰川、雪、绿洲和沙漠等。昆仑山和新疆西北部地区水储量出现了盈余,而在新疆中部,尤其是天山地区水储量出现了明显亏损。

9.3.3 水文要素对植被覆盖动态的影响

植被动态受气候和水文要素变化的直接控制,水文气候要素与植被的关系在不同生态系统之间存在差异(Fang et al.,2013;Chen et al.,2015)。Yao 等(2018a,b)认为干旱地区植被动态对水文气候变化更加敏感。

2003—2013 年 NDVI 指数的呈现出微弱的增加趋势,2008 年以后增加明显(图 9.4)。为了评价水文气候变化对植被动态的影响,计算了 2003—2013 年新疆水文气候要素变化与 NDVI 的相关关系(表 9.3)。

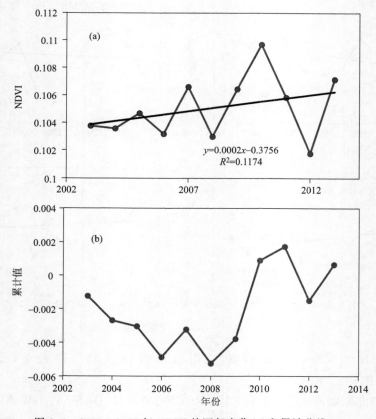

图 9.4　2003—2013 年 NDVI 的逐年变化(a)和累计曲线(b)

表 9.3　2003—2013 年 NDVI 和水文要素的相关系数

	p	PET	ET	SPEI	SPI	GRACE	GLDAS
相关系数	0.61 *	−0.37	0.32	0.53 *	0.57 *	0.57 *	0.62 *

注：* $p<0.05$。

降水量和 SPI 指数与 NDVI 指数相关较好，但 NDVI 与 PET 呈弱的负相关，降水直接促进植被生长，而 PET 对干旱地区植物生长产生不利影响。SPEI 考虑了气候水分平衡，并对降水和 PET 的变化敏感（Vicente-Serrano et al.，2010；Yao et al.，2018a，2018b）。SPEI 与 NDVI 呈较强的正相关关系，气候水分平衡影响干旱地区的生态系统。ET 与 NDVI 之间并无明显相关性。NDVI 与 GLDAS-SM 的相关系数比与 GRACE-TWS 大，相关系数分别为 0.62 和 0.57。但 NDVI 与 GLDAS-SM 变化的相关性大于 NDVI 与降水的相关性。表明 GLDAS-SM 和 GRACE-TWS 变化比降水量更能反映植被的变异性（Xu et al，2018）。总的来说，降水可以间接衡量植被生长所需的水分，而 ET 是一个限制因素。然而，与其他水文气候要素相比，新疆的水储量和土壤水分对植被动态响应的变化更为明显。

9.3.4　水文要素之间的相互关系

降水是影响水文系统内部相互作用的最重要的要素之一（Xu et al.，2018；Gao et al.，2014）。图 9.5（彩）给出了 2003—2013 年逐月的降水量、GRACE-TWS 和 GLDAS-SM 之间的关系。GRACE-TWS 在 2005—2009 年略有下降，在 2008—2009 年大幅下降，同期降水量也出现了类似的变化。2010 年以后，新疆年降水量略有增加，GRACE-TWS 也增加明显。两者之间有较好的一致性，是由于新疆的水储量对降水变化的高度依赖性所致。但是，2005—2009 年 GLDAS-SM 并没有显著变化。

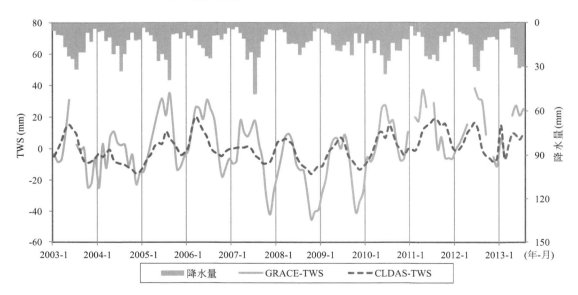

图 9.5　2003—2013 年逐月降水量、GRACE-TWS 和 GLDAS 变化（另见彩图 9.5）

203

图 9.6 给出了不同滞后时间下 GRACE-TWS 和 GLDAS-SM 对降水变化的响应。结果表明,降水与 GRACE-TWS 呈较强的正相关,滞后时间超过 1 个月,但在 6 个月的时间间隔内呈显著的负相关。在对应的时间,降水与 GLDAS-SM 呈弱的正相关。因此,降水越大,降水前 1 个月 GRACE-TWS 变化越大,降水前 6 个月 GRACE-TWS 变化越少。此外,降水对 GRACE-TWS 变化响应的时间滞后比 GLDAS-SM 变化的时间滞后更明显。

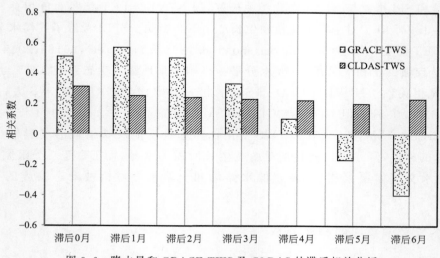

图 9.6 降水量和 GRACE-TWS 及 GLDAS 的滞后相关分析

表 9.4 为水文气候要素之间的相关关系。GRACE-TWS 和 GLDAS-SM 与 SPI 有较强的相关性,相关系数分别为 0.55 和 0.46。水储量的变化主要受降水的控制,更多的降水将导致新疆更多的地表水和土壤水分。SPEI 的变化与 GRACE-TWS 变化的关系比与 GLDAS-SM 变化的关系更强,与 ET 的相关是一致的。GRACE-TWS 与 GLDAS-SM 变化呈显著正相关,CC 值为 0.79。因此,降水和 ET 直接影响了 TWS 的变化,而 TWS 与土壤水分的变化密切相关。

表 9.4 水文要素之间的相关系数

	p	ET	SPEI	SPI	GRACE	GLDAS
GRACE	0.37	0.49 *	0.45 *	0.55 *	1	
GLDAS	0.18	0.24	0.33	0.46 *	0.79 **	1

注: * $p<0.05$; ** $p<0.01$。

9.3.5 冰川和积雪变化对水文过程的影响

冰川和积雪是新疆天山水循环最重要的要素,"中亚水塔"通过补充流域径流,并影响着水储量的变化(Chen et al.,2016)。气候变暖加速了区域水循环,在过去 50 a 里,天山山区冰川大量退缩(Farinotti et al.,2015)。观测发现天山大部分地区的冰川都发生了严重的退化。但在西天山,自 2000 年以来冰川一直保持稳定或退化不明显(表 9.5),冰川区和冰川物质平衡有所下降(Farinotti et al.,2015;Chen et al.,2016)。图 9.7(彩)显示了基于 GRACE 数据的中亚天山物质平衡变化。

表 9.5 2000—2010 年天山典型冰川面积变化

序号	冰川	2000—2010 年(km²/a)	2000—2010 年(%/a)
1	托木尔峰地区	−0.47	−0.11
2	西天山	−13.85	−0.65
3	西部-中部天山	−0.72	−1.51
4	东部-中部天山	−8.61	−1.71
5	乌鲁木齐河一号冰川	−0.01	−0.59
6	东天山	−0.80	−0.68
7	庙尔沟	−0.03	−0.80

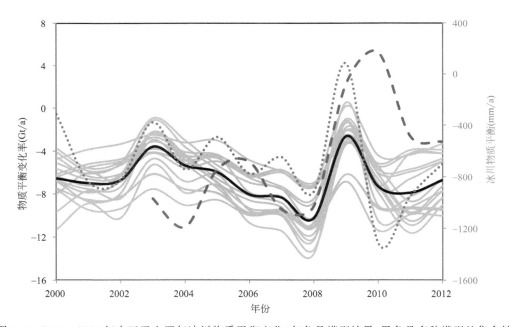

图 9.7 2000—2012 年中亚天山逐年冰川物质平衡变化(灰色是模型结果;黑色是多种模型的集合结果;
红色是 GRACE 预估结果;蓝色是乌鲁木齐一号冰川的观测结果)(另见彩图 9.7)

　　天山地区积雪面积较大,积雪变化对气候变暖非常敏感(Chen et al.,2016)。2003—2013
年,天山地区的最大和最小积雪量呈下降的趋势(图 9.8)。气候变暖导致冰川收缩和冰雪融
化加速,径流增加会导致更多地表水渗入土壤和地下,导致 TWS 增加。总的来说,近 10 a 来
天山山区 TWS 变化可能与冰川和积雪的变化有关。然而,Rodell 等(2018)发现快速的冰川
融化并不足以解释所有的 TWS 损失。流域调水和灌溉农业也会造成水储量的损失(Rodell et
al.,2009)。

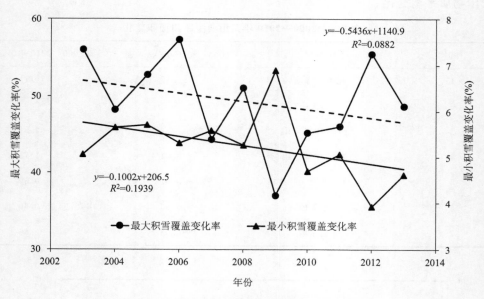

图 9.8　中亚天山最大和最小积雪覆盖率变化率

9.4　极端气候变化对生态的影响

9.4.1　极端气候变化

利用 Mann-Kendall 方法研究新疆区域极端气候变化，研究发现，在新疆区域极端温度指标中，极端最低温度（T_{nav}）和最暖夜天数（R_{wn}）均有显著上升趋势，而极端最高温度（T_{xav}）略有上升趋势（表 9.6，表 9.7，图 9.9）。除 T_{xav} 外，T_{nav} 和 R_{wn} 的变化趋势均通过了 99% 的显著性水平检验。在空间分布上，T_{nav} 在新疆北部、天山和新疆南部均有明显增加趋势，变化趋势为 0.87 ℃/10a、0.66 ℃/10 a 和 0.65 ℃/10a，表明新疆北部极端最低温度的增加趋势最明显。1961—2010 年，R_{wn} 的增加趋势为 6.74 d/a，增加了 39.83 d，且在 1998 年以后增加趋势更明显，为 12.82 d/a。

近 50 a 来，新疆区域的暴雨（TR）、暴雨日数（R_{24}）、降水日数（$R_{0.1}$）、最长连续降水日数（CWD）均呈增加趋势，而最长连续无降水日数（CDD）有减少趋势（表 9.6，表 9.7，图 9.9）。从极端降水指数时间变化来看，自 20 世纪 80 年代中期以来，TR 有明显的增长趋势，增长率为 1.78 mm/10a。空间分布上，北疆、南疆和天山地区的暴雨增幅分别达到了 1.74 mm/10a、0.65 mm/10a 和 4.96 mm/10a。R_{24} 也有明显的增加，增加了 0.05 d/10a，并在 1987 年发生明显突变。其中天山地区的暴雨出现频率最高，为 0.14 d/a，其次是北疆地区（0.05 d/a）和南疆地区（0.02 d/a）。$R_{0.1}$ 在新疆北部、南部和天山均有明显的增加趋势，变化率分别为 2.54 d/10a、1.42 d/10a 和 1.72 d/10a。对于 CWD 指数，新疆北部的增加趋势（0.22 d/10a）大于南疆（0.07 d/10a）和天山（0.001 d/10a）。新疆北部、天山山区和新疆南部的 CDD 指数均有下降趋势，分别为 1.06 d/10a、1.43 d/10a 和 3.08 d/10a。

表 9.6　极端气温和极端降水的定义

指标		指标名称	定义	单位
温度指标	T_{nav}	平均最低温度	多年平均最低温度	℃
	T_{xav}	平均最高温度	多年平均最高温度	℃
	R_{wn}	暖夜日数	夜间温度>90 分位温度的日数	d
降水指标	T_R	暴雨量	日降水量≥24 mm 的雨量	mm
	R_{24}	暴雨日数	日降水量≥24 mm 的天数	d
	$R_{0.1}$	降水日数	日降水量≥0.1 mm 的天数	d
	CDD	最长连续无降水日数	降水量<1 mm 的连续最长日数	d
	CWD	最长连续降水日数	降水量≥1 mm 的连续最长日数	d

表 9.7　1961—2013 年新疆极端气候要素变化趋势

指标	变化趋势				单位
	新疆	北疆	南疆	天山	
T_{nav}	0.75[b]	0.87[b]	0.65[a]	0.66[b]	℃/10a
T_{xav}	0.08	0.09	0.09	0.04	℃/10a
R_{wn}	6.74[b]	7.21[b]	5.24[a]	6.98[b]	d/10a
TR	1.77[b]	1.74[b]	0.65[a]	4.86[b]	mm/10a
R_{24}	0.05[b]	0.05[b]	0.02[a]	0.14[b]	d/10a
$R_{0.1}$	1.93[b]	2.54[b]	1.42[a]	1.72[b]	d/10a
CDD	−1.97[a]	−1.06[a]	−3.08	−1.43[a]	d/10a
CWD	0.11[a]	0.22[b]	0.07	0.001	d/10a

注：[a] 通过了 $p<0.05$ 的显著性检验；[b] 通过了 $p<0.01$ 的显著性检验。

9.4.2　极端气候变化对生态的影响

为了研究极端气候对新疆植被覆盖变化的影响,利用 GIMMS-NDVI3g 数据集,研究了 NDVI 变化与 8 个极端气候指标(T_{nav}、T_{xav}、R_{wn}、TR、R_{24}、$R_{0.1}$、CDD 和 CWD)之间的关系。前述研究得出新疆植被在 1997 年发生明显的生态逆转,因此,选取 1982—2010 年和 1998—2010 年期间的关系进行对比分析。

表 9.8 为 1998—2010 年极端降水指标(TR、R_{24}、$R_{0.1}$、CDD、CWD)与 NDVI 的相关分析。研究发现,CDD 和 R_{24} 与 NDVI 相关性较强,TR 相关系数也较大,而 NDVI 与其他指数($R_{0.1}$ 和 CWD)的相关系数较小(图 9.10)。研究表明,新疆极端降水量占到总降水量的 50% 左右,也就是说,降水增加主要是极端降水增加引起的。增加的蒸发量,暴雨日数增加和最长无降水日数的减少,可能共同导致土壤水分的大量流失,导致浅根系的荒漠植物死亡,从而减少物种多样性和植被覆盖度。因此,认为极端降水指标(如 CDD 和 R_{24})在新疆植被动态变化中非常重要。

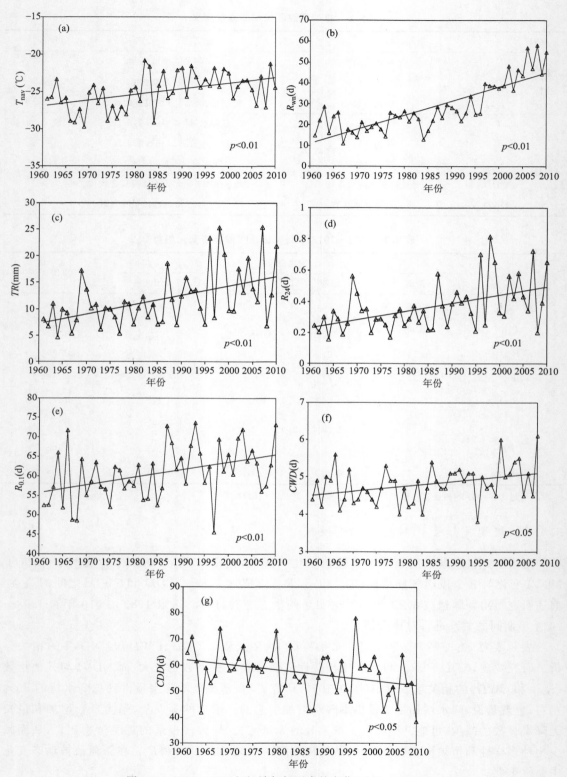

图 9.9　1961—2010 年极端气候要素的变化(a)T_{nav},(b)R_{wn},
(c)TR,(d)R_{24},(e)$R_{0.1}$,(f)CWD,(g)CDD

表 9.8　植被覆盖与极端气候要素的关系

指标	GIMMS-NDVI3g	
	1982—2010 年	1998—2010 年
T_{nav}	0.07	0.42^{b}
T_{xav}	−0.12	−0.14
R_{wn}	−0.14	$−0.53^{b}$
TR	0.20	0.36^{b}
R_{24}	0.24	0.45^{b}
$R_{0.1}$	0.31^{a}	0.13
CDD	0.27^{a}	0.48^{b}
CWD	0.05	−0.20

注：[a] 通过了 $p<0.05$ 的显著性检验；[b] 通过了 $p<0.01$ 的显著性检验。

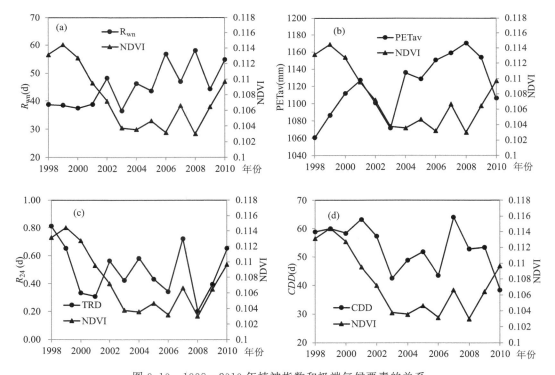

图 9.10　1998—2010 年植被指数和极端气候要素的关系

极端温度指标 R_{wn} 和 T_{nav} 与 NDVI 密切相关。研究发现在温带草原地区,夜间气温升高可能会通过增强自养呼吸作用来提高植被生产力。同时,本研究也发现 NDVI 的减小与 T_{nav} 的升高相一致,但 NDVI 的减小与 R_{wn} 有负相关。说明极端温度会影响植被的生产力,但是还需要进一步的研究来证实。

上述结果表明,新疆极端温度和极端降水对植被覆盖度变化有重要影响。气温升高提高了蒸发能力,加速了区域水循环,加剧极端降水和温度事件发生频率和强度,导致了不同尺度上水资源的时空异质性,进而影响到植被覆盖度变化。此外,极端温度对植被生产力也有重要影响。在青藏高原西南部,近 10 a 来 NDVI 生长期的减少与植被更新时间的延迟有关(Shen et al.,2015)。本研究发现,近 10 a 来植被覆盖度的下降可能是由极端温度和极端降水的共同作用引起的。

在今后的研究中,利用高分辨率植被数据、观测数据集以及先进的数值模型工具,对极端气候指标的生态响应进行定量研究,并进一步揭示可能机制。此外,陆地植被动态还受人类活动引起的土地利用/覆盖变化的密切影响。人口的快速增长和人类耕地的扩张,导致荒地和天然草地的开垦。此外,需要开展人类活动影响的生态效应研究,如土地利用和土地覆盖变化(LUCC),特别是灌溉的影响。

参考文献

蔡英,宋敏红,钱正安,等,2015.西北干旱区夏季强干、湿事件降水环流及水汽输送的再分析[J].高原气象,34(3):597-610.

曹艳萍,2015.GRACE重力卫星监测中国西部地区水文变化及干旱灾害[D].北京:中国科学院大学.

陈斌,徐祥德,施晓晖,2011.拉格朗日方法诊断2007年7月中国东部系列极端降水的水汽输送路径及其可能蒸发源区[J].大气科学,35(5):810-818.

陈春艳,王建捷,唐冶,等,2017.新疆夏季降水日变化特征[J].应用气象学报,1:72-85.

陈利群,刘昌明,2007.黄河源区气候和土地覆被变化对径流的影响[J].中国环境科学,27(4):559-565.

陈洺茹,2017.天山地区夏季降水的小时尺度特征[D].北京:中国气象科学研究院.

陈文,2002.El Niño和La Niña事件对东亚冬、夏季风循环的影响[J].大气科学,26(5):595-610.

陈曦,2009.中国干旱区自然地理[M].北京:科学出版社.

陈亚宁,2014.中国西北干旱区水资源研究[M].北京:科学出版社.

陈亚宁,杨青,罗毅,等,2012.西北干旱区水资源问题研究思考[J].干旱区地理,35(1):1-9.

程柏涵,2016.山区降水空间分布的影响因素及插值方法研究[D].北京:北京林业大学.

丛振涛,杨大文,倪广恒,2013.蒸发原理与应用[M].北京:科学出版社.

戴新刚,李维京,马柱国,2006.近十几年新疆水汽源地变化特征[J].自然科学进展(12):1651-1656.

邓兴耀,刘洋,刘志辉,等,2017.中国西北干旱区蒸散发时空动态特征[J].生态学报,37(9):2994-3008.

丁仁海,丁鑫,2014.九华山与周边区域的降水分布差异分析[J].气象,40(4):458-465.

符淙斌,1987.埃尔尼诺/南方涛动现象与年际气候变化[J].大气科学,2:209-220.

傅抱璞,1981.论陆面蒸发的计算[J].大气科学,5:23-30.

高辉,薛峰,王会军,2003.南极涛动年际变化对江淮梅雨的影响及预报意义[J].科学通报,S2:87-92.

龚道溢,朱锦红,王绍武,2002.长江流域夏季降水与前期北极涛动的显著相关[J].科学通报,7:546-549.

顾慰祖,2011.同位素水文学[M].北京:科学出版社.

郭毅鹏,2013.近40年青藏高原地区水汽循环变化特征研究[D].兰州:兰州大学.

郝兴明,李卫红,陈亚宁,等,2008.塔里木河干流年径流量变化的人类活动和气候变化因子甄别[J].自然科学进展,18(12):1409-1416.

胡汝骥,2004.中国天山自然地理[M].北京:中国环境科学出版社.

胡增运,倪勇勇,邵华,等,2013.CFSR、ERA-Interim和MERRA降水资料在中亚地区的适用性[J].干旱区地理,36(04):700-708.

黄秋霞,赵勇,何清,等,2015.伊宁市主汛期降水日变化特征[J].干旱区研究,32(04):742-747.

黄荣辉,张振洲,黄刚,1998.夏季东亚季风区水汽输送特征及其与南亚季风区水汽输送的差别[J].大气科学,22:460-469.

贾仰文,王浩,倪广恒,2005.分布式流域水文模型原理与实践[M].北京:中国水利水电出版社.

江志红,丁裕国,蔡敏,2009.未来极端降水对气候平均变暖敏感性的蒙特卡罗模拟实验[J].气象学报,67(2):272-279.

江志红,梁卓然,刘征宇,2011.2007年淮河流域强降水过程的水汽输送特征分析[J].大气科学,35(2):361-371.

江志红,任伟,刘征宇,等,2013.基于拉格朗日方法的江淮梅雨水汽输送特征分析[J].气象学报,71(2):295-304.

姜贵祥,孙旭光,2016.格点降水资料在中国东部夏季降水变率研究中的适用性[J].气象科学,36(4):448-456

蒋军,谭艳梅,李如琦,2005.2004年7月新疆特大暴雨过程的诊断分析[J].新疆气象,28(4):4-6.

康红文,谷湘潜,付翔,等,2005.我国北方地区降水再循环率的初步评估[J].应用气象学报(02):139-147.

孔彦龙,2013.基于氘盈余的内陆干旱区水汽再循环研究[D].北京:中国科学院大学.

李崇银,李桂龙,1999.北大西洋涛动和北太平洋涛动的演变与20世纪60年代的气候突变[J].科学通报,16:1765-1769.

李霞,2012.西北半干旱区大气可降水量和气溶胶光学特性的反演与分析[M].北京:气象出版社.

李晓燕,翟盘茂,2000.ENSO事件指数与指标研究[J].气象学报,58(1):102-109.

李艳永,2011.基于RS和GIS的新疆大气可降水量的反演和估算研究[D].乌鲁木齐:新疆师范大学.

廖菲,洪延超,郑国光,2007.地形对降水的影响研究概述[J].气象科技,35(3):309-316.

刘国纬,1997.水文循环的大气过程[M].北京:科学出版社.

刘蕊,2009.新疆大气水汽含量、水汽通量及其净收支的计算和分析[D].乌鲁木齐:新疆师范大学.

刘蕊,杨青,王敏仲,2010.再分析资料与经验关系计算的新疆地区大气水汽含量比较分析[J].干旱区资源与环境,24(4):77-85.

刘绍民,孙睿,孙中平,2004.基于互补相关原理的区域蒸散量估算模型比较[J].地理学报,59(3):331-340.

刘卫国,刘奇骏,2007.祁连山夏季地形云结构和云微物理过程的模拟研究(II):云物理过程和地形影响[J].高原气象,26(1):16-29.

刘玉芝,吴楚樵,贾瑞,等,2018.大气环流对中东亚干旱半干旱区气候影响研究进展[J].中国科学:地球科学,48(9):1141-1152.

刘裕禄,黄勇,2012.黄山山脉地形对暴雨降水增幅条件研究[J].高原气象,32(2):608-615.

刘元波,傅巧妮,宋平,等,2011.卫星遥感反演降水研究综述[J].地球科学进展,26(11):1162-1172.

吕达仁,王普才,邱金桓,等,2003.大气遥感与卫星气象学研究的进展与回顾[J].大气科学,4:552-566.

马禹,王旭,陶祖钰,1998.新疆"96·7"特大暴雨水汽场特征综合研究[J].新疆气象,21(5):9-13.

马柱国,符淙斌,杨庆,等,2018.关于我国北方干旱化及其转折性变化[J].大气科学,42(4):951-961.

穆振侠,姜卉芳,刘丰,2010.基于TRMM/TMI与实测站点的降水垂直分布差异性探讨[J].干旱区研究,27(4):515-521.

宁理科,2013.地形地貌对天山山区降水的影响研究[D].石河子:石河子大学.

乔少博,2018.冬季北极涛动/北大西洋涛动对后期东亚气候的影响及其年际间联系的变化[D].兰州:兰州大学.

尚松浩,孙艳丽,郝增超,2008.互补相关原理在绿洲月蒸发量估算中的应用[J].水文,3:67-69.

邵元亭,刘奇俊,荆志娟,2013.祁连山夏季地形云和降水宏微观结构的数值模拟[J].干旱气象,31(1):18-23.

盛春岩,高守亭,史玉光,2012.地形对门头沟一次大暴雨动力作用的数值研究[J].气象学报,70(1):65-77.

施雅风,1995.气候变化对西北华北水资源的影响[M].济南:山东科学技术出版社.

施雅风,沈永平,胡汝骥,2002.西北气候由暖干向暖湿转型的信号、影响和前景初步探讨[J].冰川冻土,24(3):219-226.

施雅风,沈永平,李栋梁,等,2003.中国西北气候由暖干向暖湿转型的特征和趋势探讨[J].第四纪研究,23(2):152-164.

史玉光,孙照渤,杨青,2008.新疆区域面雨量分布特征及其变化规律[J].应用气象学报,19(3):326-332.

苏宏新,李广起,2012.基于SPEI的北京低频干旱与气候指数关系[J].生态学报,32(17):5467-5475.

孙福宝,2007.基于 Budyko 水热耦合平衡假设的流域蒸散发研究[D].北京:清华大学.

孙雪倩,李双林,孙即霖,等,2018.北大西洋多年代际振荡正、负位相期间欧亚夏季副热带波列季节内活动特征及与印度降水的联系[J].大气科学,42(5):1067-1080.

陶诗言,1980.中国之暴雨[M].北京:科学出版社.

王丹,王爱慧,2017.1901～2013 年 GPCC 和 CRU 降水资料在中国大陆的适用性评估[J].气候与环境研究,22(4):446-462.

王佳津,王春学,陈朝平,2015.基于 HYSPLIT4 的一次四川盆地夏季暴雨水汽路径和源地分析[J].气象,41(11):1315-1327.

王苗,郭品文,邬昀,等,2012.我国极端降水事件研究进展[J].气象科技,40(1):79-86.

王胜,郭海瑛,牛喜梅,2018.甘肃省汛期小时降水的变化特征[J].干旱气象,36(4):610-616.

王随继,闫云霞,颜摇明,2012.皇甫川流域降水和人类活动对径流量变化的贡献率分析——累积量斜率变化率比较方法的提出及应用[J].地理学报,67(3):388-397.

王秀荣,徐祥德,姚文清,2002.西北地区干湿夏季的前期环流和水汽差异[J].应用气象学报(05):550-559.

王艳君,姜彤,许崇育,2006.长江流域 20cm 蒸发皿蒸发量的时空变化[J].水科学进展,17(6):830-833.

王雨,张颖,傅云飞,等,2015.第三代再分析水汽资料的气候态比较[J].中国科学:地球科学,45(12):1895-1906

王志杰,2008.新疆地表水资源概评[M].北京:中国水利水电出版社.

魏维,张人禾,温敏,2012.南亚高压的南北偏移与我国夏季降水的关系[J].应用气象学报(06):650-659.

闻新宇,王绍武,朱锦红,等,2006.英国 CRU 高分辨率格点资料揭示的 20 世纪中国气候变化[J].大气科学,64(5):894-904.

吴国雄,李伟平,郭华,1997.青藏高原感热气泵和亚洲夏季风[A]//赵九章纪念文集.北京:科学出版社:116-126.

吴国雄,毛江玉,段安民,等,2004.青藏高原影响亚洲夏季气候研究的最新进展[J].气象学报(05):528-540.

吴国雄,王军,刘新,2005.欧亚地形对不同季节大气环流影响的数值模拟研究[J].气象学报,63(5):603-612.

吴厚水,1983.新水热平衡联系方程的建立及其在水文学应用的可能途径[J].地理科学,8(2):102-108.

吴统文,钱正安,1996.夏季西北干旱区干、湿年环流及高原动力影响差异的对比分析[J].高原气象,15:387-396.

武炳义,卞林根,张人禾,2004.冬季北极涛动和北极海冰变化对东亚气候变化的影响[J].极地研究,3:211-220.

夏军,刘春蓁,任国玉,2010.气候变化对我国东部季风区陆地水循环与水资源安全的影响及适应对策[J].地理学报,65(3):378-379.

夏军,左其亭,邵民诚,2003.博斯腾湖水资源可持续利用——理论.方法.实践[M].北京:科学出版社.

徐俊增,彭世彰,丁加丽,等,2010.基于蒸渗仪实测数据的日参考作物蒸发腾发量计算方法评价[J].水利学报,41(12):1497-1505.

徐祥德,陶诗言,王继志,2002.青藏高原季风水汽输送"大三角扇型"影响域特征与中国区域旱涝异常的关系[J].气象学报,60:257-266.

徐祥德,王寅钧,魏文寿,等,2014.特殊大地形背景下塔里木盆地夏季降水过程及其大气水分循环结构[J].沙漠与绿洲气象(02):1-11.

杨大文,李翀,倪广恒,2004.分布式水文模型在黄河流域的应用[J].地理学报,59(1):143-154.

杨浩,江志红,刘征宇,2014.基于拉格朗日法的水汽输送气候特征分析——江淮梅雨和淮北雨季的对比[J].大气科学,38(5):965-973.

213

杨景梅,邱金桓,2002.用地面湿度参量计算我国整层大气可降水量及有效水汽含量方法的研究[J].大气科学,1:9-22.

杨莲梅,李霞,张广兴,2011.新疆夏季强降水研究若干进展及问题[J].气候与环境研究,16(2):188-198.

杨莲梅,张庆云,2007.新疆北部汛期降水年际和年代际异常的环流特征[J].地球物理学报,50(2):412-419.

杨莲梅,张云惠,汤浩,2012.2007年7月新疆三次暴雨过程的水汽特征分布[J].高原气象,31(4):963-973.

杨庆,李明星,郑子彦,等,2017.7种气象干旱指数的中国区域适应性[J].中国科学:地球科学,47(3):337-353.

杨远东,1987.多年平均陆面蒸发量的计算[J].地理研究,6(4):62-69.

杨兆萍,张小雷,2017.新疆天山世界自然遗产[M].北京:科学出版社.

姚俊强,2015.干旱内陆河流域水资源供需平衡与管理[D].乌鲁木齐:新疆大学.

姚俊强,杨青,陈亚宁,等,2013.西北干旱区气候变化及其对生态环境影响[J].生态学杂志,32(5):1283-1291.

姚俊强,杨青,刘志辉,等,2015.中国西北干旱区降水时空分布特征[J].生态学报,35(17):5846-5855.

姚俊强,杨青,伍立坤,等,2016.天山地区水汽再循环量化研究[J].沙漠与绿洲气象(05):37-43.

姚允龙,王蕾蕾,2008.基于SWAT的典型沼泽性河流径流演变的气候变化响应研究——以三江平原挠力河为例[J].湿地科学,6(2):198-203.

俞永强,陈文,2005.海—气相互作用对我国气候变化的影响[M].北京:气象出版社.

张家宝,邓子风,1987.新疆降水概论[M].北京:气象出版社.

张家宝,苏起元,孙沈清,1986.新疆短期天气预报指导手册[M].乌鲁木齐:新疆人民出版社.

张建新,廖飞佳,王文新,2004.中天山北坡云与降水的气候特征[J].新疆气象,27(5):25-34.

张建云,1996.短期气候异常对我国水资源的影响评估[J].水科学进展,7(增刊):1-3.

张建云,王国庆,2007.气候变化对水文水资源影响研究[M].北京:科学出版社.

张乐英,徐海明,施宁,2017.冬季南极涛动对欧亚大陆地表气温的影响[J].大气科学,41(4):869-881.

张利利,周俊菊,张恒玮,2017.基于SPI的石羊河流域气候干湿变化及干旱事件的时空格局特征研究[J].生态学报,37(3):996-1007.

张良,张强,冯建英,等,2014.祁连山地区大气水循环研究(Ⅱ):水循环过程分析[J].冰川冻土(05):1092-1100.

张明军,李瑞雪,贾文雄,2009.中国天山山区潜在蒸发量的时空变化[J].地理学报,64(7):798-806.

张强,张存杰,白虎志,等,2010.西北地区气候变化新动态及对干旱环境的影响——总体暖干化,局部出现暖湿迹象[J].干旱气象(01):1-7.

张强,张杰,孙国武,等,2007.祁连山山区空中水汽分布特征研究[J].气象学报(04):633-643.

张强,张良,崔显成,等,2011.干旱监测与评价技术的发展及其科学挑战[J].地球科学进展,26(7):763-778.

张学文,1962.新疆的水分循环和水分平衡[C]//新疆气象论文集(二).乌鲁木齐:新疆气象学会:63-81.

张学文,2002.新疆水汽压力的铅直分布规律[J].新疆气象,4:1-2.

张学文,2004.可降水量与地面水汽压力的关系[J].气象(02):9-11.

张扬,李宝富,陈亚宁,2018.1970—2013年西北干旱区空中水汽含量时空变化与降水量的关系[J].自然资源学报,33(6):1043-1055.

赵兵科,蔡承侠,杨莲梅,等,2006.新疆夏季变湿的大气环流异常特征[J].冰川冻土(03):434-442.

赵晓坤,王随继,范小黎,2010.1954—1993年间窟野河径流量变化趋势及其影响因素分析[J].水资源与水工程学报,21(5):32-36.

赵勇,黄安宁,王前,等,2016.青藏高原地区5月热力差异和后期夏季北疆降水的联系[J].气候与环境研究,6:653-662.

赵勇,黄丹青,古丽格娜,2010.新疆北部夏季强降水分析[J].干旱区研究,27(5):773-779.

赵勇,杨青,黄安宁,等,2013.青藏和伊朗高原热力异常与北疆夏季降水的关系[J].气象学报(04):660-667.

朱素行,徐海明,徐蜜蜜,2010.亚洲夏季风区中尺度地形降水结构及分布特征[J].大气科学,34(1):71-82.

宗海锋,2017.两个典型 ENSO 季节演变模态及其与我国东部降水的联系[J].大气科学,41(6):1264-1283.

Allan R P,Liepert B G,2010. Anticipated changes in the global atmospheric water cycle[J]. Environmental Research Letters,5(2):025201.

Allen R G,Pereira L S,Raes D,et al,1998. Crop evapotranspiration:guidelines for computing crop water requirements FAO Irrigation and drainage paper 56[J]. Food and Agric Org Rome 300(9):D05109.

Barry R G,1992. Mountain weather and climate[M]. Routledge,London:402.

Becker A,Finger P,Meyer-Christoffer A,2013. A description of the global land-surface precipitation data products of the Global Precipitation Climatology Centre with sample applications including centennial (trend) analysis from 1901 to present[J]. Earth System Science Data Discussions,5(2):921-998.

Bengtsson L,2010. The global atmospheric water cycle[J]. Environmental Research Letters,5(2):025202.

Bengtsson L,Hodges K I,Koumoutsaris S,et al,2011. The changing atmospheric water cycle in polar regions in a warmer climate[J]. Tellus A:Dynamic Meteorology and Oceanography,63(5):907-920.

Beniston M,Diaz H F,Bradley R S,1997. Climatic change at high elevation sites:An overview[J]. Clim Chang,36:233-251.

Bosilovich M G,Schubert S D,Walker G K,2005. Global changes of the water cycle intensity[J]. Journal of Climate,18(10):1591-1608.

Bothe O,Fraedrich K,Zhu X H,2012. Precipitation climate of Central Asia and the large-scale atmospheric circulation[J]. Theoretical and Applied Climatology,108(3-4):345-354.

Bouchet R J,1963. Evapotranspiration reele ET potential,signification climatique in General Assembly of Berkeley,Red Book,62:134-142,IAHS,Gentbrugge,Belgium.

Brown M E,de Beurs K,Vrieling A,2010. The response of African land surface phenology to large scale climate oscillations[J]. Remote Sens Environ,114(10):2286-2296.

Brubaker K L,Entehabi D,Eagleson P S,1993. Estimation of continental precipitation recycling[J]. J Clim,6:1077-1089.

Brutsaert W,Stricker H,1979. An advection-aridity approach to estimate actual regional evapotranspiration[J]. Water Resour Res,15(2):443-450.

Budyko M I,1958. The Heat Balance of the Earth's Surface,US Dept[R]. Commerce,Washington,DC:258.

Budyko M I,1963. Evaporation under natural conditions[Z]. Israel Program for Scientific Translations.

Budyko M I,1974. Climate and Life[M]. Academic Press:508.

Burde G I,Zangvil A,2001. The estimation of regional precipitation recycling. Part II:A new recycling model[J]. J Clim,14(2):2509-2527.

Cao Y,Nan Z,Cheng G,2015. GRACE gravity satellite observations of terrestrial water storage changes for drought characterization in the arid land of northwestern China[J]. Remote Sensing,7(1):1021-1047.

Chen Y N,2014. Water Resources Research in Northwest China[M]. Springer Netherlands,Dordrecht.

Chen Y,Deng H,Li B,2014. Abrupt change of temperature and precipitation extremes in the arid region of Northwest China[J]. Quaternary International,336:35-43.

Chen Y,Li W,Deng H,et al,2016. Changes in central Asia's water tower:past,present and future[R]. Scientific Reports,6,35458.

Chen Y,Li Z,Fan Y,et al,2015. Progress and prospects of climate change impacts on hydrology in the arid region of northwest China[J]. Environmental Research,139:11-19.

Chen Z S,Chen Y N,Li B F,2013. Quantifying the effects of climate variability and human activities on runoff for Kaidu River Basin in arid region of northwest China[J]. Theor Appl Climatol,111:537-545.

Choudhury B J,1999. Evaluation of an empirical equation for annual evaporation using field observations and results from a biophysical model[J]. J Hydrol,216:99-110.

Cong Z T,Zhang X Y,Li D,et al,2015. Understanding hydrological trends by combining the Budyko hypothesis and a stochastic soil moisture model[J]. Hydrol Sci J,60(1):145-155.

Dai A,2011. Drought under global warming:A review[J]. WIREs Climate Change,2:45-65.

Dai A,2012. Increasing drought under global warming in observations and models[J]. Nature Climate Change, 3:52-58.

Dai X G,Wang P,2010. Zonal mean mode of global warming over the past 50 years[J]. Atmospherie and Oceanic Science Letters,3(1):45-50.

Dansgaard W,1964. Stable isotopes in precipitation[J]. Tellus,16:436-468.

Davison J E,Breshears D D,van Leeuwen W J D,et al,2011. Remotely sensed vegetation phenology and productivity along a climatic gradient:on the value of incorporating the dimension of woody plant cover[J]. Glob Ecol Biogeogr,20(1):101-113.

Delworth T L,Mann M E,2000. Observed and simulated multidecadal variability in the Northern Hemisphere [J]. Climate Dyn,16:661-676.

Deng H,Chen Y,Shi X,2014. Dynamics of temperature and precipitation extremes and their spatial variation in the arid region of northwest China[J]. Atmospheric Research,138:346-355.

Deng H,Chen Y,Wang H,2015. Climate change with elevation and its potential impact on water resources in the Tianshan mountains,central Asia[J]. Global and Planetary Change,135:28-37.

Dominguez F,Kumar P,2008. Precipitation recycling variability and ecoclimatological stability — A study using NARR data. Part I:central U. S. Plains Ecoregion[J]. J Climate,21(20):5165.

Dominguez F,Kumar P,Liang X Z,et al,2006. Impact of atmospheric moisture storage on precipitation recycling[J]. J Clim,19:1513-1530.

Dong D,Huang G,Qu X,2014. Temperature trend-altitude relationship in China during 1963-2012[J]. Theoretical and Applied Climatology,14:1-10.

Donohue R J,Roderick M L,McVicar T R,2011. Assessing the differences in sensitivities of runoff to changes in climatic conditions across a large basin[J]. J Hydrol,406(3-4):234-244.

Dooge J C,Bruen M,Parmenter B,1999. A simple model for estimating the sensitivity of runoff to long-term changes in precipitation without a change in vegetation[J]. Advances in Water Resources,23(2):153-163.

Draxler R R, Hess G D,1998. An overciew of HYSPLIT_4 modeling system for trajectories dispersion and deposition[J]. Aust,Meteor,Mag,47:295-308.

Eastman J R,Sangermano F,Machado E A,et al,2013. Global trends in seasonality of normalized difference vegetation index(NDVI),1982-2011[J]. Remote Sensing,5(10):4799-4818.

Eltahir E A B,Bras R L,1994. Precipitation recycling in the Amazon Basin[J]. Quart J Roy Meteorol Soc,120: 861-880.

Enfield D B,Mestas-Nuñez A M,Trimble P J,2001. The Atlantic multidecadal oscillation and its relation to rainfall and river flows in the continental U S[J]. Geophys Res Lett,28:2077-2080.

Environment Canada, 1977. Manual of surface weather observations [J]. Atmospheric Environment Service,440.

Fang S,Yan J,Che M,et al,2013. Climate change and the ecological responses in Xinjiang,China:Model simulations and data analyses[J]. Quaternary International:311:108-116.

Farinotti D,Longuevergne L,Moholdt G,et al,2015. Substantial glacier mass loss in the Tien Shan over the

216

past 50 years[J]. Nature Geoscience,8(9):716.

Feng G L,Wu Y P,2016. Signal of acceleration and physical mechanism of water cycle in Xinjiang,China[J]. PloS One,11(12):e0167387.

Feng S,Hu Q,2008. How the North Atlantic multidecadal oscillation may have influenced the Indian summer monsoon during the past two millennia[J]. Geophys Res Lett,35:L01707.

Feng W,Shum C K,Zhong M,et al,2018. Groundwater Storage Changes in China from Satellite Gravity:An Overview[J]. Remote Sensing,10(5):674.

Fontaine B,Roucou P,Trzaska S,2003. Atmospheric water cycle and moisture fluxes in the West African monsoon:Mean annual cycles and relationship using NCEP/NCAR reanalysis[J]. Geophys Res Lett,30(3):1117.

Froehlich K,Gonfiantini R,Aggarwal P,2004. Isotope hydrology at IAEA:history and activities,The Basis of Civilization—Water Science? [J]. IAHS Publ,286.

Froehlich K,Kralik M,Papesch W,2008. Deuterium excess in precipitation of Alpine regions-moisture recycling [J]. Isot Environ Healt S,44(1):61-70.

Gao G,Xu C Y,Chen D,et al,2012. Spatial and temporal characteristics of actual evapotranspiration over Haihe River basin in China[J]. Stoch Environ Res Risk Assess,26(5):655-669.

Gao Ge,Chen Deliang,Xu Chongyu,2007. Trend of estimated actual evapotranspiration over China during 1960-2002[J]. Journal of Geophysical Research,112,D11120.

Gao J,Zhang Y,Liu L,et al,2014. Climate change as the major driver of alpine grasslands expansion and contraction:A case study in the Mt. Qomolangma(Everest)National Nature Preserve,southern Tibetan Plateau[J]. Quat Int,336:108-116.

Gomez-Mendoza L,Galicia L,Cuevas-Fernandez M L,et al,2008. Assessing onset and length of greening period in six vegetation types in Oaxaca,Mexico,using NDVI-precipitation relationships[J]. Int J Biometeorol,52(6):511-520.

Goswami B N,Madhusoodanan M S,Neema C P,2006. A physical mechanism for North Atlantic SST influence on the Indian summer monsoon[J]. Geophys Res Lett,33:L02706.

Granger R J,Gray D,1989. Evaporation from natural nonsaturated surfaces[J]. Journal of Hydrology,111(1):21-29.

Guo J,Chen H,Zhang X,2018. A dataset of agro-meteorological disaster-affected area and grain loss in China (1949-2015)[DB/OL]. Science Data Bank. DOI:10. 11922/sciencedb. 537.

Guo Y P,Wang C H,2014. Trends in precipitation recycling over the Qinghai-Xizang Plateau in last decade[J]. Journal of Hydrology,517(19):826-835.

Hall D K, Riggs G A, 2016. MODIS/Terra Snow Cover 8-Day L3 Global 0. 05Deg CMG,Version 6. (MOD10A2)[M]. Boulder,Colorado USA. NASA National Snow and Ice Data Center Distributed Active Archive Center. https://nsidc. org/data/MOD10C2/versions/6/(Date Accessed 15 July 2017).

Hao X,He S P,Wang H J,2016. Asymmetry in the response of central Eurasian winter temperature to AMO [J]. Climate Dyn,47:2139-2154.

Harding K J,Snyder P K,2014. Modeling the atmospheric response to irrigation in the Great Plains. Part II: The precipitation of irrigated water and changes in precipitation recycling[J]. J Hydrometeorol,601(13):1687-1703.

Held I M,Soden B J,2000. Water vapor feedback and global warming[J]. Annu Rev Energy Environ,2525(2):445-475.

Huang Ronghui,Wu Yifang,1989. The influence of ENSO on the summer climate change in China and its mechanism[J]. Adv Atmos Sci,6 (1):21-32.

Huang W,Chang S Q,Xie C L,et al,2017. Moisture sources of extreme summer precipitation events in North Xinjiang and their relationship with atmospheric circulation[J]. Advances in Climate Change Research,8 (1):12-17.

Huang W,Feng S,Chen J H,et al,2015. Physical Mechanisms of Summer Precipitation Variations in the Tarim Basin in Northwestern China[J]. Journal of Climate,28(9):3579-3591.

Huntington T G,2006. Evidence for intensification of the global water cycle:Review and synthesis[J]. Journal of Hydrology,319(1-4):83-95.

Immerzeel W W,van Beek L P H,Bierkens M F P,2010. Climate change will affect the Asian water towers[J]. Science,328:1382-1385.

IPCC,2013. Climate change 2013:The physical science basis,observations:Atmosphere and surface[Z]: 201-220.

Jeong S J,Ho C H,Gim H J,et al,2011. Phenology shifts at start vs. end of growing season in temperate vegetation over the Northern Hemisphere for the period 1982-2008[J]. Glob Chang Biol,17(7):2385-2399.

Jin S,Feng G, 2013. Large-scale variations of global groundwater from satellite gravimetry and hydrological models,2002-2012[J]. Glob Planet Chang,106(3): 20-30.

Jomaa I,Myriam S S,Jaubert R,2015. Sharp expansion of intensive groundwater irrigation,semi-arid environment at the northern Bekaa Valley Lebanon[J]. Nat Resour,06(6):381-390.

Kang H W,Gu X Q,Zhu C W,et al,2004. Precipitation recycling in Southern and Central China[J]. Chin J Atmos Sci,28(6):892-900.

Kerr R A,2000. A North Atlantic climate pacemaker for the centuries[J]. Science,288:1984-1985.

Kong Y,Pang Z,Froehlich K,2013. Quantifying recycled moisture fraction in precipitation of an arid region using deuterium excess[J]. Tellus,65B,19251.

Kurita N,Yamada H,2008. The role of local moisture recycling evaluated using stable isotope data from over the middle of the Tibetan Plateau during the monsoon season[J]. J Hydrometeor,9:760-775.

Lawrimore J H,2011. An overview of the Global Historical Climatology Network monthly mean temperature data set,version 3[J]. J Geophys Res,116,D19121.

Li B,Chen Y,Chen Z,et al,2016. Why does precipitation in northwest China show a significant increasing trend from 1960 to 2010? [J]. Atmospheric Research,167:275-284.

Li B,Chen Y,Shi X,2013. Temperature and precipitation changes in different environments in the arid region of northwest China[J]. Theoretical and Applied Climatology,112(3-4):589-596.

Li D,Pan M,Cong Z,et al,2013. Vegetation control on water and energy balance within the Budyko framework [J]. Water Resour Res,49:1-8.

Li R,Wang C,Wu D,2018. Changes in precipitation recycling over arid regions in the Northern Hemisphere [J]. Theoretical and Applied Climatology,131(1-2):489-502.

Li S L,Bates G T,2007. Influence of the Atlantic multidecadal oscillation on the winter climate of East China [J]. Advances in Atmospheric Sciences,24:126-135.

Li Y,Chen Y,Li Z,et al,2018. Recent recovery of surface wind speed in northwest China[J]. International Journal of Climatology,38(12):4445-4458.

Li Z,Chen Y N,Shen Y J,2013. Analysis of changing pan evaporation in the arid region of Northwest China [J]. Water Resources Research,49(4):2205-2212.

Li Z,Chen Y,Fang G,et al,2017. Multivariate assessment and attribution of droughts in Central Asia[J]. Scientific Reports,7(1):1316.

Li Z,Chen Y,Li W,et al,2015. Potential impacts of climate change on vegetation dynamics in Central Asia[J]. J Geophys Res Atmos,120:12345-12356.

Li Z,He Y,Theakstone W H,2012. Altitude dependency of trends of daily climate extremes in southwestern China,1961-2008[J]. Journal of Geographical Sciences,22(3):416-430.

Matsuo K,Heki K,2010. Time-variable ice loss in Asian high mountains from satellite gravimetry[J]. Earth and Planetary Science Letters,290(1-2):30-36.

Milly P,Shmakin A,2002. Global modeling of land water and energy balances. Part II:Land characteristic contributions to spatial variability[J]. Journal of Hydrometeorology,3(3):301-310.

Morton F I,1983. Operational estimates of areal evapotranspiration and their significance to the science and practice of hydrology[J]. Journal of Hydrology,66(1-4):1-76.

Mountain Research Initiative EDW Working Group,2015. Elevation-dependent warming in mountain regions of the world[J]. Nature Climate Change,5(5):424-430.

Myneni R B,Keeling C D,Tucker C J,et al,1997. Increased plant growth in the northern high latitudes from 1981 to 1991[J]. Nature,386:698-702.

Nieto R,Gimeno L,Trigo R,2006. A Lagrangian identificantion of major sources of Sahel moisture[J]. Geophy Research Letter,33:L18707.

Ohmura A,2012. Enhanced temperature variability in high-altitude climate change[J]. Theoretical and Applied Climatology,110(4):499-508.

Pang Z,Kong Y,Froehlich K,et al,2011. Processes affecting isotopes in precipitation of an arid region[J]. Tellus,63B:352-359.

Peng H B,Mayer A Norman,Krouse H R,2005. Modeling of hydrogen and oxygen isotope compositions for local precipitation[J]. Tellus,57B:273-282.

Peng Jingbei,Zhang Qingyun,Chen Lieting,2011. Connections between different types of El Niño and southern/northern oscillation[J]. Acta Meteorologica Sinica,25 (4):506-516.

Peng S,Piao S,Ciais P,et al,2013. Asymmetric effects of daytime and night-time warming on Northern Hemisphere vegetation[J]. Nature,501(7465):88-92.

Penman H L,1948. Natural evaporation from open water,bare and grass[J]. Proc R Soc Lond,Ser A,193:120-145.

Peterson T C,Vose R S,1997. An overview of the Global Historical Climatology Network temperature database[J]. Bulletin of the American Meteorological Society,78(12):2837-2849.

Philipona R B,Diirr C,Marty A Ohmura,2004. Radiative forcing-measured at Earth's surface-corroborate the increasing greenhouse effect[J]. Geography Research Letter,31:L03202.

Philipona R,Diirr B,Ohmura A,2005. Anthropogenic greenhouse forcing and strong water vapor feedback increase temperature in Europe[J]. Geography Research Letter,32:L19809.

Piao S L,Fang J Y,Zhou L M,et al,2006. Variations in satellite-derived phenology in China's temperate vegetation[J]. Glob Chang Biol,12(4):672-685.

Price M F,Butt N,2000. Forests in sustainable mountain development:A state of knowledge report for 2000 vol 5[M]. CABI,Oxon,New York.

Ramanathan V,Barkstrom B R,Harrison E F,1989. Climate and the Earth's radiation budget[J]. Phys Today,42(5):22-32.

Ramillien G,Famiglietti,J S,Wahr J,2008. Detection of continental hydrology and glaciology signals from GRACE:a review. Surv[J]. Geophys,29(4):361-374.

Rienecker M M,Suarez M J,Gelaro R,et al,2011. MERRA:NASA's Modern-Era retrospective analysis for research and applications[J]. Journal of Climate,24(14),3624-3648.

Rodell M,Velicogna I,Famiglietti J,2009. Satellite-based estimates of groundwater depletion in India[J]. Nature,460:999-1002.

Roderick M L,Farquhar G D,2005. Changes in New Zealand pan evaporation since the 1970s[J]. International Journal of Climatology,25:2031-2039.

Roderick M L,Farquhar G D,2011. A simple framework for relating variations in runoff to variations in climatic conditions and catchment properties[J]. Water Resour Res,47:W00G07.

Roderick M L, Rotstayn L D, Farquhar G D,et al,2007. On the attribution of changing pan evaporation[J]. Geophys Res Lett,34,L17403.

Schaake J C,1990. From climate to flow[M]//Waggoner P E. Climate Change and U. S. Water Resources. John Wiley,New York:177-206.

Schär C,Frei C,Lüthi C,et al,1996. Surrogate climate change scenarios for regional climate models[J]. Geophys Res Lett,23:669-672.

Schär C,Lüthi D,Beyerle U,1999. The soil-precipitation feedback:a process study with a regional climate model[J]. J Clim,12(3):722-741.

Schneider U,Becker A,Finger P,2014. GPCC's new land surface precipitation climatology based on quality-controlled in situ data and its role in quantifying the global water cycle[J]. Theor Appl Climatol,115:15-40.

Shi X H,Xu X D,2008. Interdecadal trend turning of global terrestrial temperature and precipitation during 1951-2002[J]. Prog Nat Sci,18:1382-1393.

Skliris N,Zika J D,Nurser G,et al,2016. Global water cycle amplifying at less than the Clausius—Clapeyron rate[J]. Scientific Reports,6,38752.

Sneyers R,1990. On Statistical Analysis of Series of Observations[C]. WMO Technical Note No. 143,WMO No. 415. Geneva,Switzerland:192.

Sodemann H,Schwierz C,Wernli H,2008. Interannual variability of Greenland winter precipitation sources:Lagrangian moisture diagnostic and North Atlantic Oscillation influence[J]. Journal of Geophysical Research,113:D03107.

Staubwasser M,Weiss H,2006. Holocene climate and cultural evolution in late prehistoric~early historic West Asia[J]. Quat Res,66:372-387.

Stohl A,Hittenberger M,Wotawa G,1998. Validation of the Lagrangian particle dispersion model FLEXPART against large scale tracer experiment data[J]. Atmos Environ,32 (24):4245-4264.

Stone R,2012. For China and Kazakhstan,no meeting of the minds on water[J]. Science,3 37(6093):405-407.

Thompson D W J,Wallace J M,2001. Regional climate impacts of the Northern Hemisphere annular mode[J] . Science,2929(3):85-89.

Thornthwaite C W,1948. An approach toward a rational classification of climate[J]. Geogr Rev,38:55-94.

Trenberth K E,1998. Atmospheric moisture recycling:role of advection and local evaporation[J]. J Clim,12:1368-1381.

Trenberth K E,et al,2007. Observations:Atmospheric Surface and Climate Change//Climate Change 2007:The Physical Science Basis[M]. Cambridge University Press,Cambridge:235-336.

Trenberth K E,Smith L,Qian T,et al,2007. Estimates of the global water budget and its annual cycle using observational and model data[J]. Journal of Hydrometeorology,8(4):758-769.

Tsujimura M,Numaguti A,Tian L,2001. Behaviour of subsurface water revealed by stable isotope and tensiometric observation in the Tibetan Plateau[J]. J Meteorol Soc Japan,79(1B):599-605.

Vervoort R W,Torfs P,Van Ogtrop F F,2009. Irrigation increases moisture recycling and climate feedback[J]. Aust J Water Resour,13:121.

Vicente-Serrano S M,Beguería S,López-Moreno J I,2010. A multiscalar drought index sensitive to global warming:the standardized precipitation evapotranspiration index[J]. Journal of Climate,23(7):1696-1718.

Waggoner P E,1990. Climate Change and US Water Resources[M]. New York:Wiley.

Wahr J,Molenaar M,Bryan F,1998. Time variability of the Earth's gravity field:Hydrological and oceanic effects and their possible detection using GRACE[J]. Journal of Geophysical Research:Solid Earth,1998, 103(B12):30205-30229.

Wang H,Chen Y,Chen Z,2013. Spatial distribution and temporal trends of mean precipitation and extremes in the arid region,northwest of China,during 1960-2010[J]. Hydrological Processes,27(12):1807-1818.

Wang J,Ye B,Liu F,et al,2011. Variations of NDVI over elevational zones during the past two decades and climatic controls in the Qilian mountains,northwestern China[J]. Arct Antarct Alp Res,43(1):127-136.

Wang S J,Zhang M J,Che Y J,2016. Contribution of recycled moisture to precipitation in oases of arid Central Asia:a stable isotope approach[J]. Water Resources Research,52(4):3246-3257.

Wang S,Yan M,Yan Y,et al,2012. Contributions of climate change and human activities to the changes in runoff increment in different sections of the Yellow River[J]. Quaternary International,282:66-77.

Wang Y F,Shen Y J,Sun F B,et al,2014. Evaluating the vegetation growing season changes in the arid region of northwestern China[J]. Theor Appl Climatol,118(3):569-579.

Wang Y M,Li S L,Luo D H,2009. Seasonal response of Asian monsoonal climate to the Atlantic multidecadal oscillation[J]. J Geophys Res Atmos,114:D02112.

Wang Y,Ding Y J,Ye B S,2013,Contributions of climate and human activities to changes in runoff of the Yellow and Yangtze rivers from 1950 to 2008[J]. Science China:Earth Sciences,56:1398-1412.

Wernli H,1997. A Lagrangian-based analysis of extratropical cyclones II:A detailed case study[J]. Quart J Roy Meteor Soc,123:1677-1706.

Wild M,Gilgen H,Roesch A,2005. From dimming to brightening:decadal changes in solar radiation at earth's surface[J]. Science,308:847-850.

Wu M,Chen Y,Wang H,et al,2015. Characteristics of meteorological disasters and their impacts on the agricultural ecosystems in the northwest of China:a case study in Xinjiang[J]. Geoenvironmental Disasters,2 (1):1-10.

Xu Kang,Zhu Congwen,He Jinhai,2013. Two types of El Niño—related southern oscillation and their different impacts on global land precipitation[J]. Adv Atmos Sci,30 (6):1743-1757.

Xu M,Kang S,Chen X,et al,2018. Detection of hydrological variations and their impacts on vegetation from multiple satellite observations in the Three-River Source Region of the Tibetan Plateau[J]. Science of The Total Environment,639:1220-1232.

Xu Y,Yang J,Chen Y,2016. NDVI-based vegetation responses to climate change in an arid area of China[J]. Theoretical and Applied Climatology,126(1-2):213-222.

Yan L,Liu X,2014. Has climatic warming over the Tibetan Plateau paused or continued in recent years? [J]. J Earth Ocean Atmos Sci,1:13-28 .

Yang D,Sun F,Liu Z,et al,2006. Interpreting the complementary relationship in non-humid environments based on the Budyko and Penman hypotheses [J]. Geophys Res Lett, 33, L18402, doi: 10. 1029/2006GL027657.

Yang D,Sun F,Liu Z,et al,2007. Analyzing spatial and temporal variability of annual water-energy balance in non-humid regions of China using the Budyko hypothesis [J]. Water Resour Res, 43, W04426, doi:

10. 1029/2006 WR005224.

Yang H B,Yang D W,2011. Climatic factors influencing changing pan evaporation across China from 1961 to 2001[J]. J Hydrol,414:184-193.

Yang L M,Duolaite X,Zhang Q Y,2009. Relationships between rainfall anomalies in Xinjiang summer and Indian rainfall[J]. Plateau Meteorol,28:564-572.

Yang P,Xia J,Zhan C,et al,2017. Monitoring the spatio-temporal changes of terrestrial water storage using GRACE data in the Tarim River basin between 2002 and 2015[J]. Sci Total Environ,595:218-228.

Yang T,Wang C,Chen Y,et al,2015. Climate change and water storage variability over an arid endorheic region[J]. J Hydrol,529:330-339.

Yao J Q,Chen Y N,Zhao Y,et al,2018a. Response of vegetation NDVI to climatic extremes in the arid region of Central Asia: A case study in Xinjiang, China[J]. Theoretical and Applied Climatology, 131(3-4): 1503-1515.

Yao J Q, Mao W, Yang Q, et al, 2017. Annual actual evapotranspiration in inland river catchments of China based on the Budyko framework[J]. Stochastic Environmental Research and Risk Assessment, 31(6): 1409-1421.

Yao J Q, Yang Q, Mao W Y, et al, 2016. Precipitation trend-Elevation relationship in arid regions of the China [J]. Global and Planetary Change,143:1-9.

Yao J Q, Zhao Y, Chen Y N, et al, 2018b. Multi-scale assessments of droughts: A case study in Xinjiang, China [J]. Science of the Total Environment,630:444-452.

Yao J Q, Zhao Y, Yu X J, 2018. Spatial-temporal variation and impacts of drought in Xinjiang (Northwest China) during 1961—2015. PeerJ 6:e4926.

Yao J, Chen Y, Yang Q, 2016. Spatial and temporal variability of water vapor pressure in the arid region of northwest China, during 1961-2011[J]. Theoretical and Applied Climatology,123(3):683-691.

Yatagai A, Yasunari T, 1998. Variation of summer water vapor transport related to precipitation over and around the arid region in the interior of the Eurasian continent[J]. J Meteorol Soc Jpn,76 (5):799-815.

Zhang H L, Zhang Q, Yue P, et al, 2016. Aridity over a semiarid zone in northern China and responses to the East Asian summer monsoon[J]. J Geophys Res-Atmos,121:13901-13918.

Zhang L, Dawes W R, Walker G R, 2001. Response of mean annual evapotranspiration to vegetation changes at catchment scale[J]. Water Resources Research,37(3):701-708.

Zhang L, Hickel K, Dawes W R, et al, 2004. A rational function approach for estimating mean annual evapotranspiration[J]. Water Resour Res,40:W02502.

Zhang L, Potter N, Hickel K, et al, 2008. Water balance modeling over variable time scales based on the Budyko framework Model development and testing[J]. Journal of Hydrology,360(1-4):117-131.

Zhang M J, Wang S J, 2016. A review of precipitation isotope studies in China: basic pattern and hydrological process[J]. Journal of Geographical Sciences,26(7):921-938.

Zhang M J, Wang S J, 2018. Precipitation isotopes in the Tianshan Mountains as a key to water cycle in arid central Asia[J]. Sciences in Cold and Arid Regions,10(1):0027-0037.

Zhao Y, Huang A N, Zhou Y, 2014. Impact of the middle and upper tropospheric cooling over central Asia on the summer rainfall in the Tarim Basin, China[J]. Journal of Climate,27(12):4721-4732.

Zhao Y, Zhang H, 2016. Impacts of SST Warming in tropical Indian Ocean on CMIP5 model-projected summer rainfall changes over Central Asia[J]. Climate Dynamics,46(9-10):3223-3238.

Zheng H, Zhang L, Zhu R, et al, 2009. Responses of streamflow to climate and land surface change in the headwaters of the Yellow River Basin[J]. Water Resources Research,45,W00A19.

Zheng Z,Ma Z,Li M,et al,2017. Regional water budgets and hydroclimatic trend variations in Xinjiang from 1951 to 2000[J]. Climatic Change,144(3):447-460.

Zhou L M,Tucker C J,Kaufmann R K,et al,2001. Variations in northern vegetation activity inferred from satellite data of vegetation index during 1981 to 1999[J]. J Geophys Res,106:20069-20083.

Zhou X M,Li S L,Luo F F,et al,2015. Air-sea coupling enhances the East Asian winter climate response to the Atlantic multidecadal oscillation[J]. Advances in Atmospheric Sciences,32:1647-1659.

附录 A 作者本书相关论文发表清单

[1]Yao J,Hu W,Chen Y,et al. Hydro-climatic changes and their impacts on vegetation in Xinjiang,Central Asia[J]. Science of the Total Environment,2019,660:724-732.

[2]Yao J,Tuoliewubieke D,Chen J,Huo W,Hu W. Identification of drought events and correlations with large-scale ocean atmospheric patterns of variability:A case study in Xinjiang,China[J]. Atmosphere,2019,10(2),94.

[3]Yao J,Zhao Y,Chen Y,Yu X,Zhang R. Multi-scale assessments of droughts:A case study in Xinjiang,China[J]. Science of the Total Environment,2018,630:444-452.

[4]Yao Junqiang,Chen Yaning,Zhao Yong,Yu Xiaojing. Hydroclimatic changes of Lake Bosten in Northwest China during the last decades[J]. Scientific Reports,2018,8:9118. DOI:10.1038/s41598-018-27466-2.

[5]Yao Junqiang,Zhao Yong,Yu Xiaojing. Spatial-temporal variation and impacts of drought in Xinjiang(Northwest China)during 1961-2015[J]. Peer J,2018,6:e4926.

[6]Yao J Q,Chen Y N,Zhao Y,et al. Response of vegetation NDVI to climatic extremes in the arid region of Central Asia:A case study in Xinjiang,China[J]. Theoretical and Applied Climatology,2018,131:1503-1515. DOI 10.1007/s00704-017-2058-0.

[7]Yao Junqiang,Li M,Yang Q. Moisture sources of a torrential rainfall event in the East Xinjiang, arid China, based on a Lagrangian model[J]. Natural Hazards, 2018. DOI:10.1007/s11069-018-3386-9.

[8]Yao J,Mao W,Peng Z,Habudula B,Shalamu A. Contributions of surface water vapor to temperature rise in the arid region of Northwest China during 1961—2011[J]. Fresenius Environmental Bulletin,2018,27(3):1639-1646.

[9]Zhao Yong,Yu Xiaojing,Yao Junqiang,et al. Evaluation of the subtropical westerly jet and its effects on the projected summer rainfall over Central Asia using multi-CMIP5 Models[J]. International Journal of Climatology,2018. DOI:10.1002/joc.5443.

[10]Zhao Yong,Yu Xiaojing,Yao Junqiang,et al. The concurrent effects of the South Asian monsoon and the plateau monsoon over the Tibetan Plateau on summer rainfall in the Tarim Basin of China[J]. International Journal of Climatology,2019,39(1):74-88.

[11]Yao J Q,Mao W Y,Yang Q,Xu X B,Liu Z H. Annual actual evapotranspiration in inland river catchments of China based on the Budyko framework[J]. Stoch Environ Res Risk Assess,2017,31(6):1409-1421. DOI 10.1007/s00477-016-1271-1.

[12]Yao J Q,Yang Q,Mao W Y,Zhao Y,Xu X B. Precipitation trend-Elevation relationship in arid regions of the China[J]. Global and Planetary Change,2016(143):1-9. DOI:10.1016/j.gloplacha.2016.05.007.

[13]Yao J,Chen Y,Yang Q. Spatial and temporal variability of water vapor pressure in the arid region of northwest China,during 1961—2011[J]. Theoretical and Applied Climatology,2016,123(3):683-691. DOI:10. 1007/s00704-015 -1373-6.

[14]Yao J Q,Zhao Q D,Liu Z H,et al. Effect of climate variability and human activities on runoff in the Jinghe River Basin,Northwest China[J]. Journal of Mountain Science,2015,12(2):358-367. DOI:10. 1007/S11629-014-3081-7.

[15]Hu W F,Yao J Q,He Q,et al. Spatial and temporal variability of water vapor content during 1961—2011 in Tianshan Mountains,China[J].Journal of Mountain Science,2015,12(3):571-581. DOI:10. 1007/s11629-014-3364-y.

[16]Yao J Q,Liu ZH,Yang Q,et al. Responses of runoff to climate change and human activities in the Ebinur Lake Catchment,Western China[J]. Water Resources,2014,41(6):738-747.

[17]Yao Junqiang,Liu Yang,Wang Yuejian,Liu Zhihui. Research of the surface runoff forecast on medium-small river basin based on multi-variate time series CAR(Controlled Auto Regressive)model[J]. International Journal of Applied Environmental Sciences,2014,9(3):741-749.

[18]Zhang Yuan,Zheng Jianghua,Liu Zhihui,Yao Junqiang. Evapotranspiration of Hutubi calculated based on SEBS Model[C]. 2014 Third International Workshop on Earth Observation and Remote Sensing Applications,2014 IEEE,978-1-4799-4184-1/14.

[19]姚俊强,杨青,毛炜峄,韩雪云.基于 HYSPLIT4 的一次新疆天山夏季特大暴雨水汽路径分析[J].高原气象,2018,37(1):68-77.

[20]姚俊强,杨青,毛炜峄,刘志辉.西北干旱区大气水分循环要素变化研究进展[J].干旱区研究,2018,35(2):269-276.

[21]邓兴耀,姚俊强,刘志辉,刘洋.2000—2014 年天山山区蒸散发时空动态特征[J].水土保持研究,2017,24(4):266-273.

[22]邓兴耀,刘洋,刘志辉,姚俊强.中国西北干旱区蒸散发时空动态特征[J].生态学报,2017,37(09):2994-3008.

[23]姚俊强,杨青,韩雪云,刘洋.气候变化对天山山区高寒盆地水资源变化的影响——以巴音布鲁克盆地为例[J].干旱区研究,2016,33(6):1167-1173.

[24]姚俊强,杨青,伍立坤,许兴斌.天山地区水汽再循环量化研究[J].沙漠与绿洲气象,2016,10(5):37-43.

[25]石晓兰,杨青,姚俊强,韩雪云,李建刚.基于 ERA-Interim 资料的中国天山山区云水含量空间分布特征[J].沙漠与绿洲气象,2016,10(2):50-56.

[26]姚俊强,杨青,刘志辉,李诚志.中国西北干旱区降水时空分布特征[J].生态学报,2015,35(17):5846-5855.

[27]魏天锋,刘志辉,姚俊强,习阿幸,张润.呼图壁河径流过程对气候变化的响应[J].干旱区资源与环境,2015,29(4):102-107.

[28]许兴斌,王勇辉,姚俊强.艾比湖流域气候变化及对地表水资源的影响[J].水土保持研究,2015,22(3):121-126.

[29]姚俊强,杨青,陈亚宁,胡文峰,刘志辉,赵玲.西北干旱区气候变化及其对生态环境影响[J].生态学杂志,2013,32(5):1283-1291.

[30]姚俊强,杨青,胡文峰,赵玲,刘志辉,韩雪云,赵丽,孟现勇.天山山区空中水汽含量及与气候因子的关系[J].地理科学,2013,33(7):859-864.

[31]姚俊强,杨青,韩雪云,赵玲,赵丽.乌鲁木齐夏季水汽日变化及其与降水的关系[J].干旱区研究,2013,30(1):67-73.

[32]杨青,姚俊强,赵勇,赵玲,韩雪云,赵丽,黄有志.伊犁河流域水汽含量时空变化及其和降水量的关系[J].中国沙漠,2013,33(4):1174-1183.

[33]韩雪云,杨青,姚俊强.新疆天山山区近51年来降水变化特征[J].水土保持研究,2013,20(2):139-144.

[34]姚俊强,杨青,赵玲.全球变暖背景下天山地区近地面水汽变化研究[J].干旱区研究,2012,29(2):320-327.

[35]姚俊强,杨青,黄俊利,赵玲.天山山区及周边地区水汽含量的计算与特征分析[J].干旱区研究,2012,29(4):567-573.

附录 B   主要作者简介

姚俊强,男,1987 年生于甘肃通渭县,博士,硕士生导师,现为中国气象局乌鲁木齐沙漠气象研究所副研究员,中亚天气气候研究室主任。从事干旱区气候变化与水循环过程研究工作,主持国家重点研发计划子课题、国家自然科学基金、中国博士后科学基金等科研项目 7 项,参加国家级项目多项,共发表学术论文 69 篇,其中第一或通讯作者 37 篇,SCI 收录论文 20 篇。入选新疆维吾尔自治区天山青年人才计划、自治区党委"天山沃土"农牧业人才计划,曾获得新疆优秀博士后特等奖、新疆维吾尔自治区自然科学优秀论文一等奖等奖励,是国际水文科学协会会员(IAHS)、中国冰冻圈科学学会(筹)会员、中国地理学会会员、《人民珠江》特约编委等,是 *Science of The Total Environment*、*International Journal of Climatology*、《地理学报》等 20 余种期刊审稿人,获得 Elsevier 出版社 2018 年度 Outstanding Contribution in Reviewing 奖励。

陈亚宁,男,1958 年 1 月出生,博士,博士生导师,中国科学院新疆生态与地理研究所二级研究员,荒漠与绿洲生态国家重点实验室主任,"973"项目首席科学家,我国西北干旱区资源开发利用与荒漠生态研究领域的学术带头人。自 1982 年大学毕业以来,一直在新疆的天山、昆仑山及塔里木河流域等地做考察研究工作,在干旱区水文水资源、生态水文过程、绿洲可持续管理和荒漠环境保育恢复等方面,进行了系统理论创新研究和科研实践。先后主持完成国家"973"计划项目、国家科技支撑计划项目(课题)、国家自然科学基金项目、中国科学院知识创新项目等 30 余项,取得一系列创造性的成就,研究成果得到了国内外同行的充分认可。入选首批国家级"新世纪百千万人才工程",先后荣获全国"五一"劳动奖章、新疆科技进步特等奖、何梁何利基金科学与技术创新奖、全国优秀科技工作者、新疆维吾尔自治区民族团结进步模范和全国创新争先奖等荣誉,享受国务院颁发的政府特殊津贴。科研成果获国家科技进步奖二等奖 4 项(排名 1、2、1、5),省部级一等奖 5 项(均排名第 1);发表 SCI 论文 290 余篇、CSCD 论文 300 余篇,出版论著 16 部,国家发明专利授权 26 项,计算机软件登记 34 项,培养硕士研究生 40 人,博士(含留学生)31 人。

图 2.28　安装在伊宁气象观测站的微波辐射计和地基 GPS

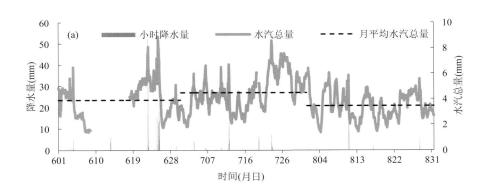

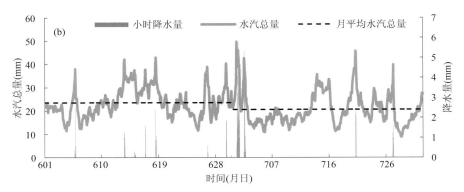

图 2.32　微波遥感水汽总量与降水变化图

(a)2010 年 6—8 月；(b)2011 年 6—7 月

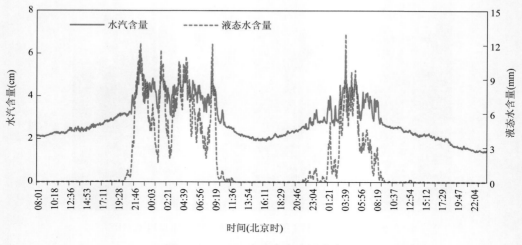

图 2.33 PWV 和液态水含量演变图

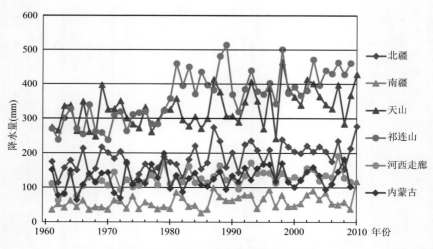

图 3.2 西北干旱区各区域降水量变化

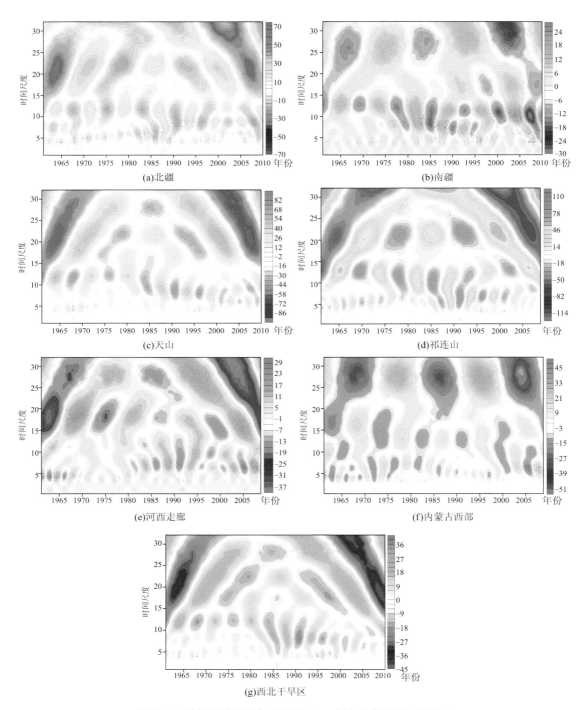

图 3.4　西北干旱区及各子区 Morlet 小波变换实部时频分布

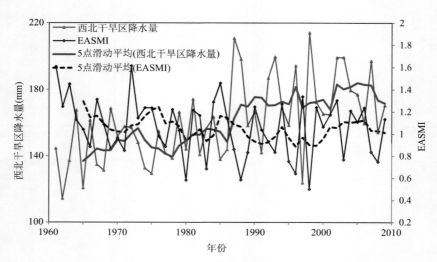

图 3.8　西北干旱区年降水量和 EASMI 指数的关系

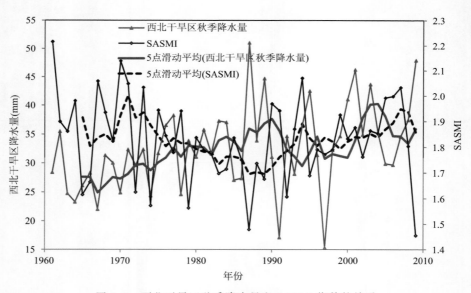

图 3.9　西北干旱区秋季降水量和 SASMI 指数的关系

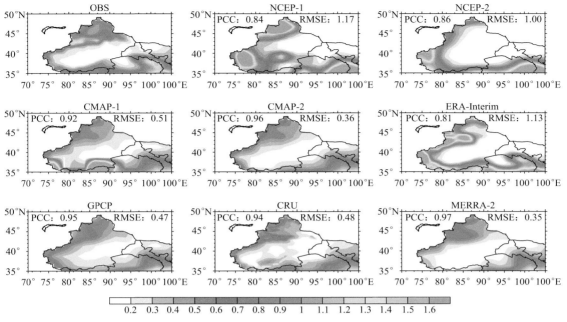

图 3.10 1980—2014 年西北干旱区降水量的空间分布

（单位：mm/d；PCC 为空间相关系数；RMSE 为均方根误差）

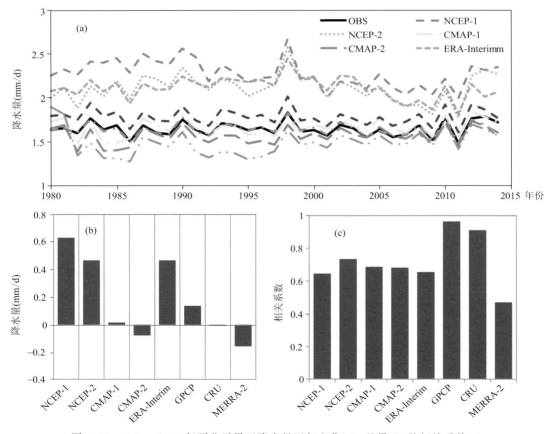

图 3.11 1980—2014 年西北干旱区降水量逐年变化（a）、差异（b）及相关系数（c）

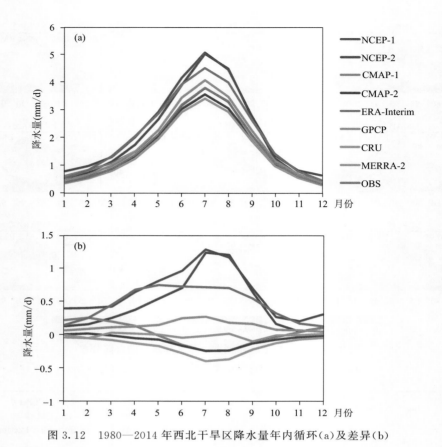

图 3.12 1980—2014 年西北干旱区降水量年内循环(a)及差异(b)

图 3.14 1980—2014 年西北干旱区降水量标准差的空间分布
(单位:mm/d;PCC 为空间相关系数;RMSE 为均方根误差)

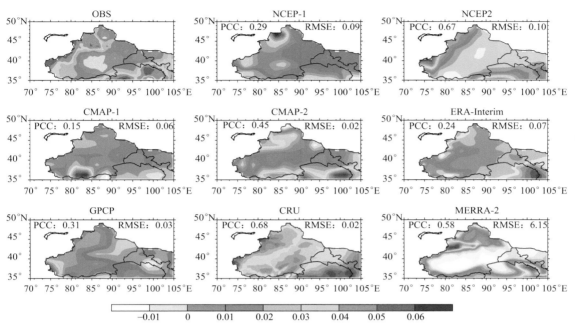

图 3.15 1980—2014 年西北干旱区降水量变化趋势的空间分布
（单位：mm/（d·a）；PCC 为空间相关系数；RMSE 为均方根误差）

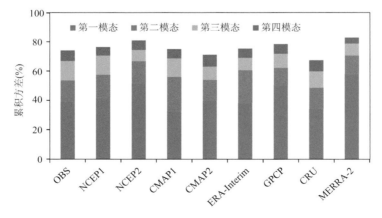

图 3.17 前 4 个 EOF 模态的贡献方差和累积方差

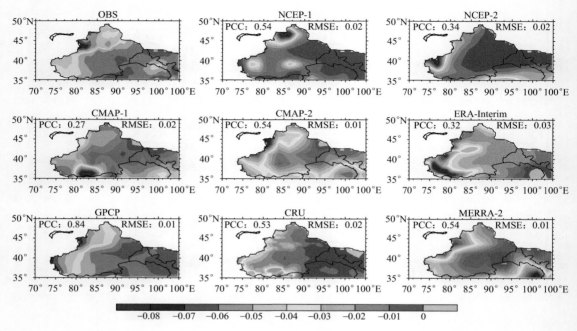

图 3.18 西北干旱区降水量的 EOF-1 模态空间分布

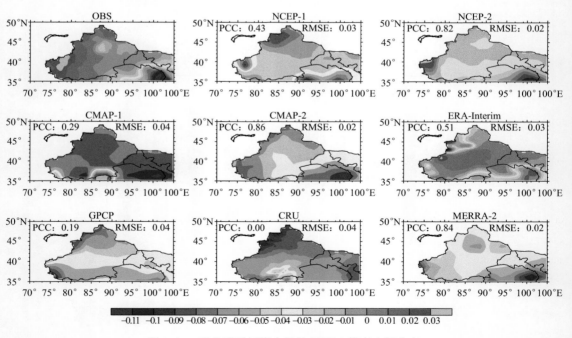

图 3.19 西北干旱区降水量的 EOF-2 模态空间分布

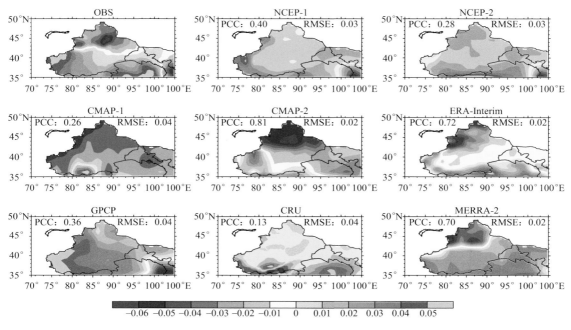

图 3.20　西北干旱区降水量的 EOF-3 模态空间分布

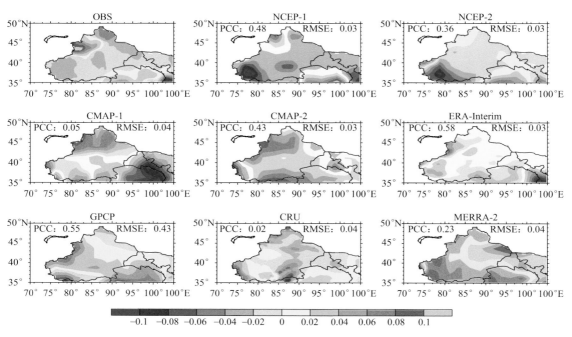

图 3.21　西北干旱区降水量的 EOF-4 模态空间分布

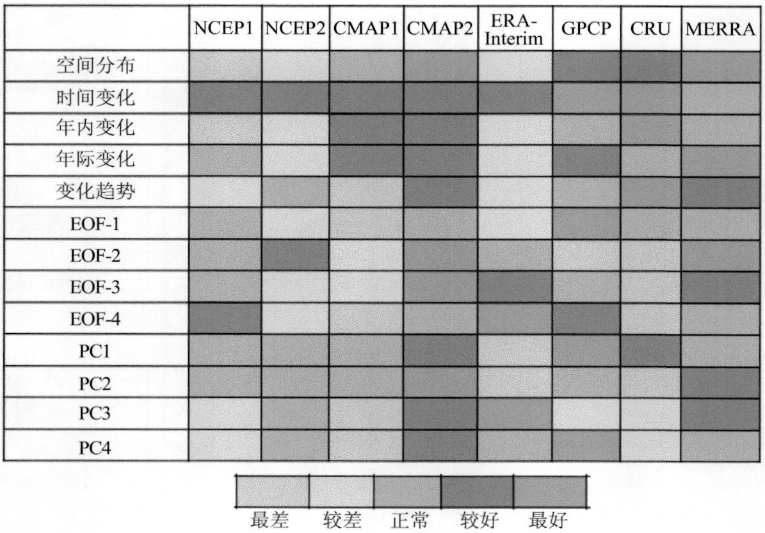

	NCEP1	NCEP2	CMAP1	CMAP2	ERA-Interim	GPCP	CRU	MERRA
空间分布								
时间变化								
年内变化								
年际变化								
变化趋势								
EOF-1								
EOF-2								
EOF-3								
EOF-4								
PC1								
PC2								
PC3								
PC4								

最差　较差　正常　较好　最好

图 3.23　多源降水数据集在西北干旱区的评估结果

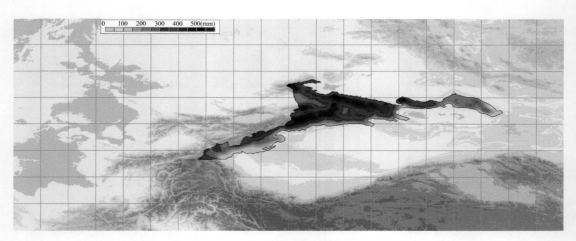

图 3.24　天山山区年平均降水量分布(单位:mm)

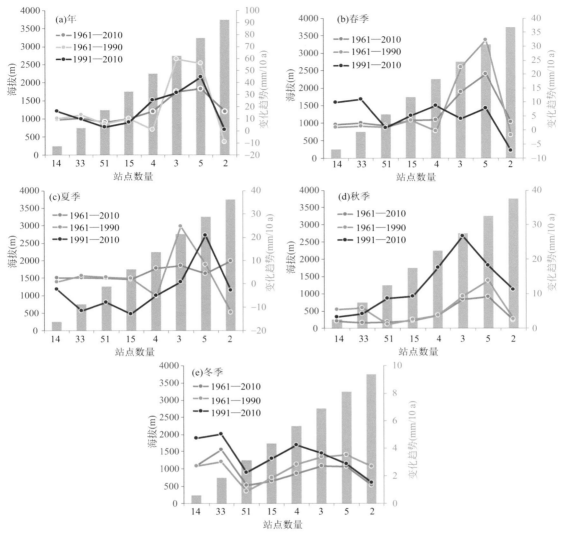

图 3.31　增湿海拔依赖性的季节和年代际变化特征

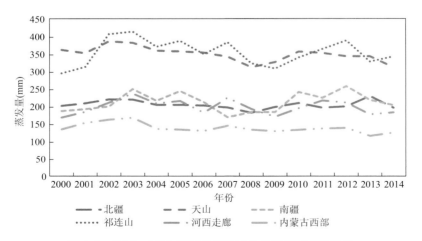

图 4.2　2000—2014 年西北干旱区各分区年际 ET 变化

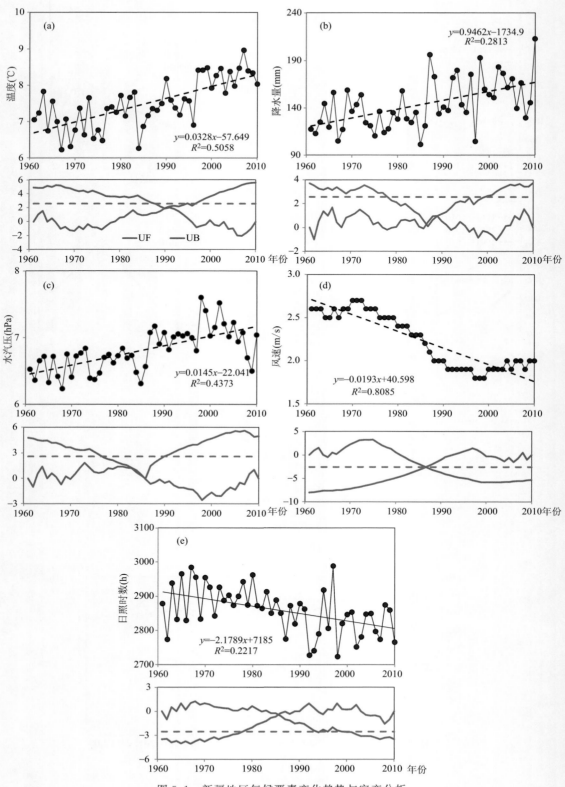

图 5.1　新疆地区气候要素变化趋势与突变分析

（a）平均气温；（b）降水量；（c）地表水汽压；（d）地表风速；（e）日照时数

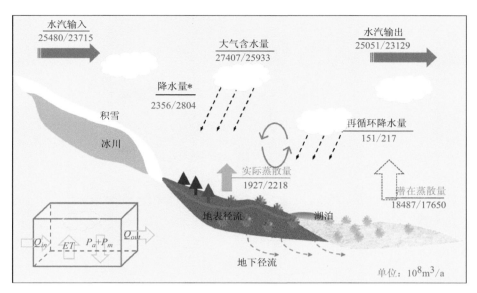

图 5.9　新疆大气水分循环过程

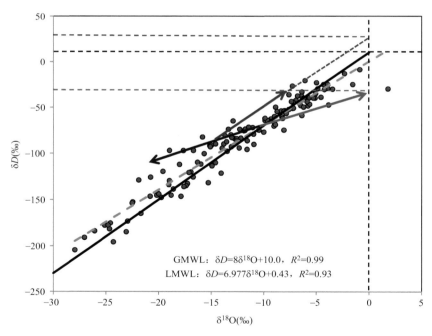

图 5.10　乌鲁木齐水分内循环与云下蒸发控制的降水同位素演化示意图

（黑色实线为全球降水线（GMWL）；红色虚线为乌鲁木齐区域降水线（LMWL_Urumqi）；
绿色实线为云下蒸发控制的降水线；蓝色实线为水分内循环的降水线）

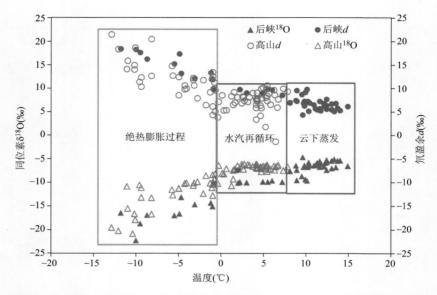

图 5.11 乌鲁木齐河流域降水同位素^{18}O、氘盈余与气温的关系(孔彦龙,2013)

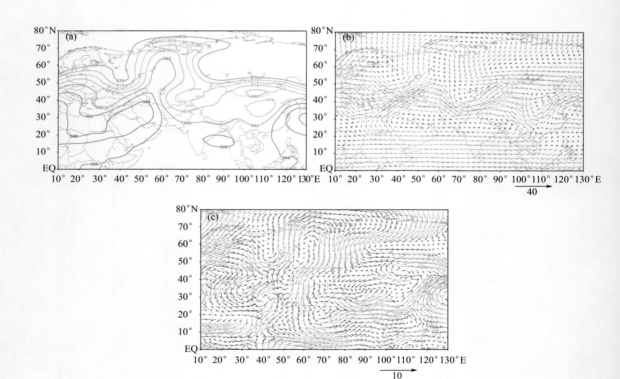

图 6.2 2004 年 7 月 17—21 日暴雨过程

(a)500hPa 高度场(单位:gpm)和(b)200 hPa、(c)700 hPa 风场(单位:m/s)分布

14

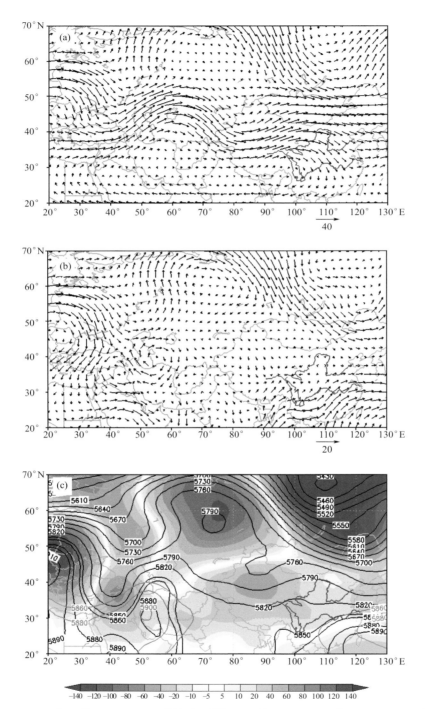

图 6.6　2007 年 7 月 14 日 00:00(世界时,下同)至 7 月 18 日 00:00 的(a)200 hPa 风矢量
(单位:m/s)、(b)700 hPa 风矢量(单位:m/s)、(c)500 hPa 位势高度(等高线,
单位:dagpm)和异常场(阴影,单位:dagpm)。红线代表 5880 线

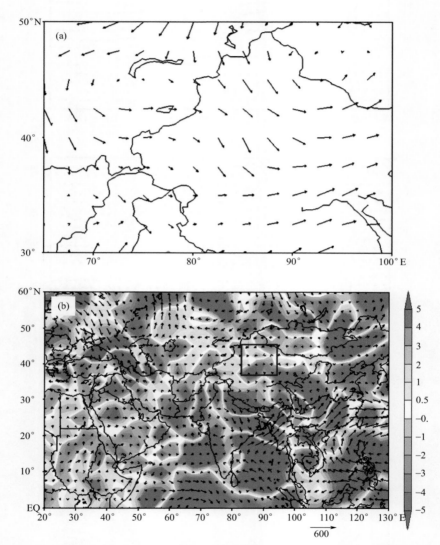

图 6.7 2007 年 7 月 15—18 日(a)垂直积分水汽输送通量(矢量,单位:kg/(s・m));
　　　(b)距平(向量,单位:kg/(s・m))和散度异常(阴影,单位:10^{-5} kg/(s・m^2))

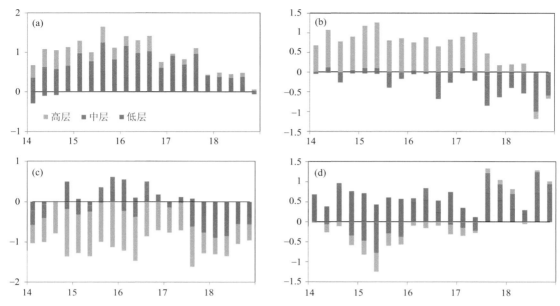

图 6.8　各边界不同高度层水汽输送通量收支(单位:10⁹t)

(a)西边界;(b)南边界;(c)东边界;(d)北边界,其中高层是 500～300 hPa,

中层是 700～500 hPa,低层是地表至 700 hPa

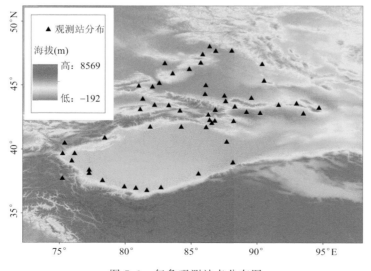

图 7.1　气象观测站点分布图

图 7.5　数据集下载界面

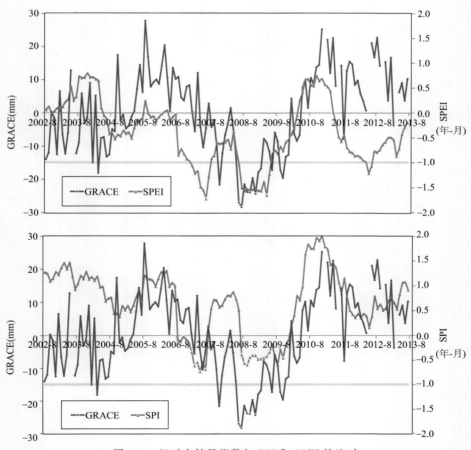

图 7.7　相对水储量指数与 SPI 和 SPEI 的比对

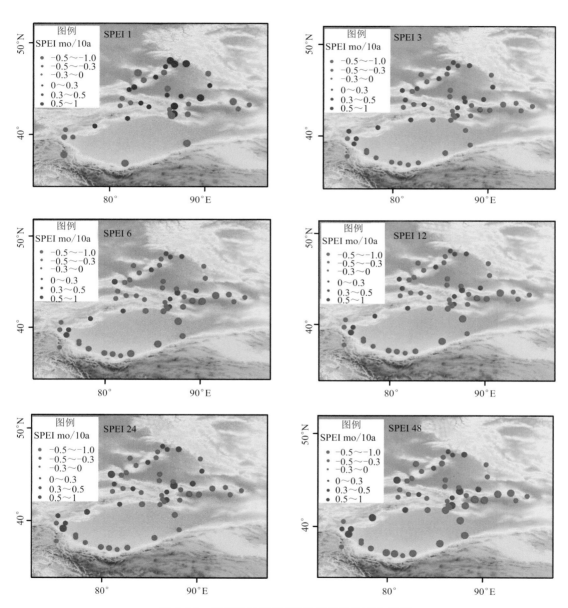

图 7.15　不同时间尺度 SPEI 干旱指数变化趋势

19

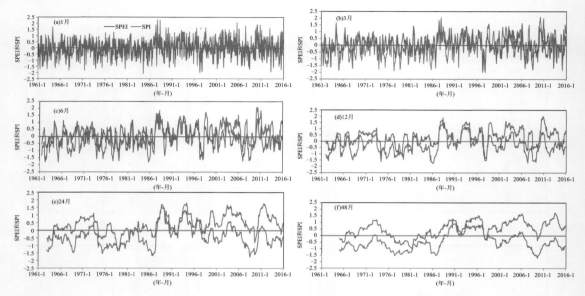

图 7.16　1、3、6、12、24 和 48 个月时间尺度 SPEI 与 SPI 指数演变

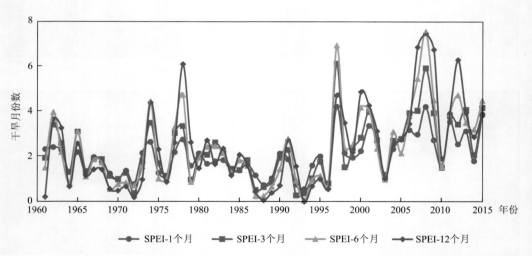

图 7.18　1961—2015 年不同时间尺度干旱月份(SPEI≤−1)个数的变化

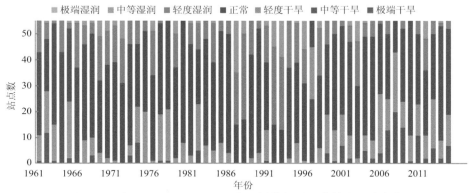

图 7.20　新疆地区 1961—2015 年不同等级干湿事件发生站点数

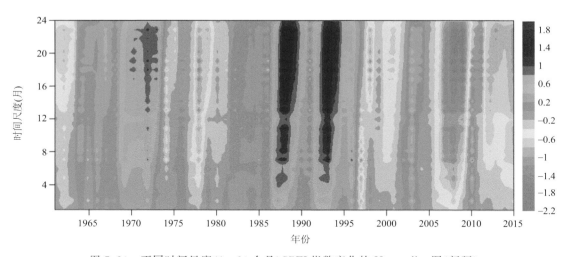

图 7.24　不同时间尺度(1～24 个月)SPEI 指数变化的 Hovmoller 图(新疆)

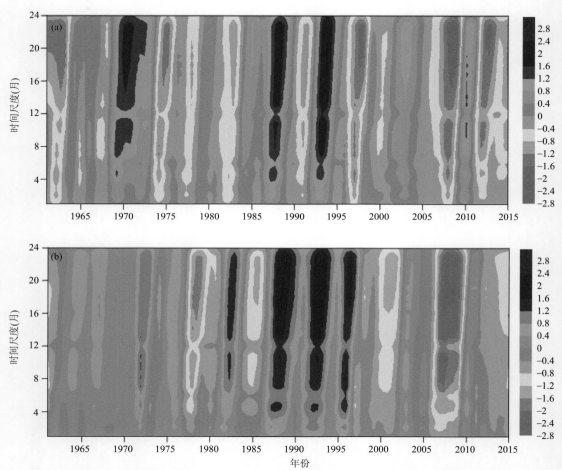

图 7.25　不同时间尺度(1～24 个月)SPEI 指数变化的 Hovmoller 图

(a)北疆；(b)南疆

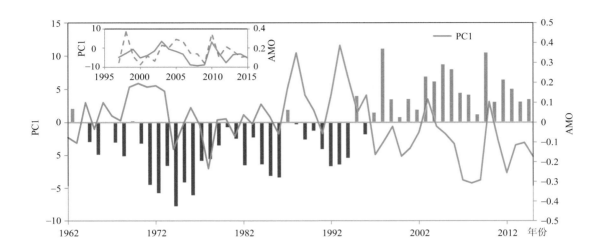

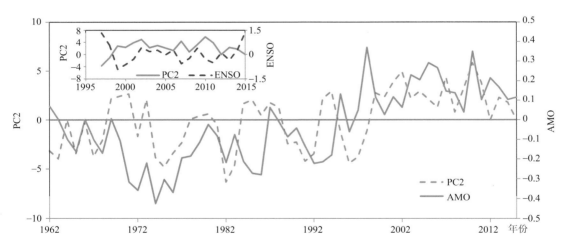

图 7.28 （a)1961—2015 年 AMO 和 PC1 的时间变化,其中红色柱状图
表示 AMO 正相位（AMO＋),蓝色柱状图表示 AMO 负相位（AMO－）；
（b) 1961—2015 年 AMO 和 PC2 的时间变化

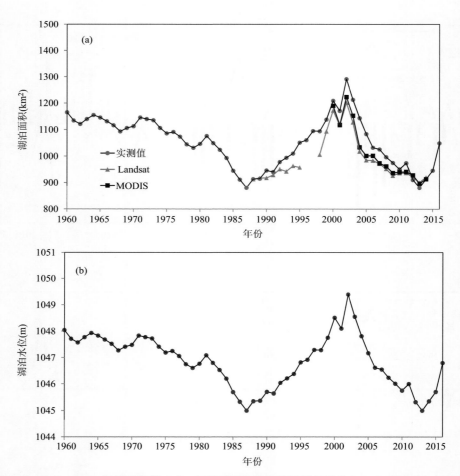

图 8.8　1961—2016 年博斯腾湖水位、水面面积和湖水储量逐年变化(a—c),其中(a)中黑色
实线为实测水面面积,红线为 Landsat 数据,蓝色为 MODIS 数据。(d)1961—2016 年博斯腾湖
流域气温和降水量变化;(e)博斯腾湖 TDS 变化(1960—2012 年)

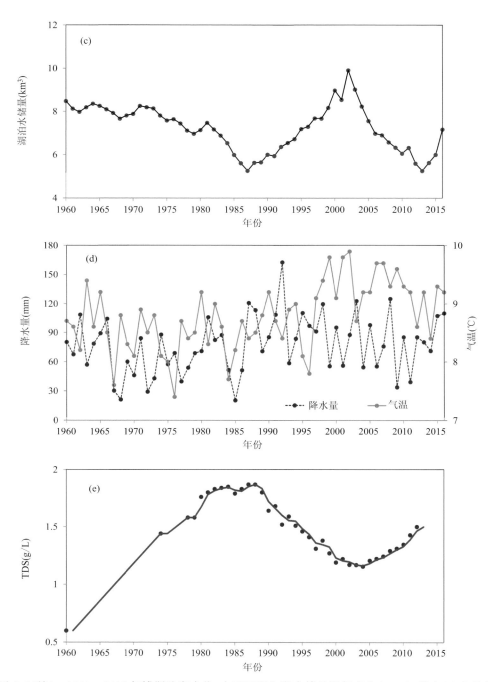

图 8.8（续）　1961—2016 年博斯腾湖水位、水面面积和湖水储量逐年变化（a—c），其中（a）中黑色
实线为实测水面面积，红线为 Landsat 数据，蓝色为 MODIS 数据。（d）1961—2016 年博斯腾湖
流域气温和降水量变化；（e）博斯腾湖 TDS 变化（1960—2012 年）

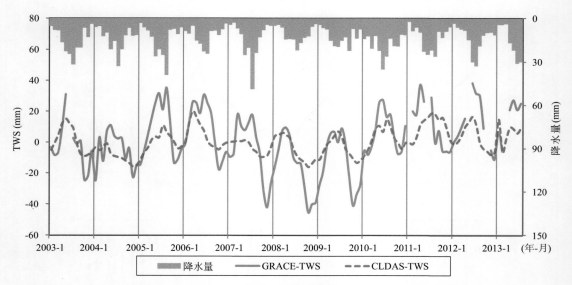

图 9.5　2003—2013 年逐月降水量、GRACE-TWS 和 GLDAS 变化

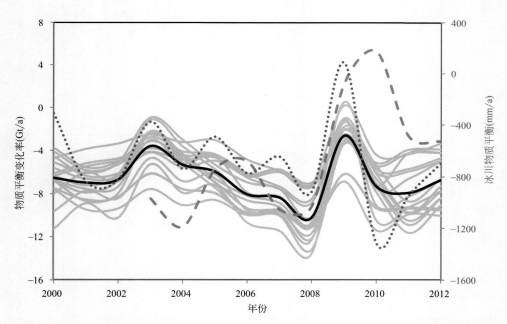

图 9.7　2000—2012 年中亚天山逐年冰川物质平衡变化(灰色是模型结果;黑色是多种模型
的集合结果;红色是 GRACE 预估结果;蓝色是乌鲁木齐一号冰川的观测结果)